IT×仕事術

IT×Work Hacks

Excel関数 最強時短仕事術

Moriya Keiichi
守屋恵一

技術評論社

はじめに

本書はエクセルの初級者から中級者に向けて、関数の使い方を解説した本です。「見よう見まねで関数を入力したが、エラーが出てしまう」「IF関数を使った場合分けは苦手だ」「SUM関数は使えるが、VLOOKUP関数はよくわからない」といったレベルのエクセルユーザーに役立つ内容を集めてあります。

関数をマスターするのは、大半のエクセルユーザーに必須です。同僚が用意してくれたワークシートの決まった場所に、紙に書かれた数字などの文字列を入力するだけの仕事なら、関数をマスターしなくても業務は回ります。あるいは、会員番号、名前、電話番号、住所、入会日などの入った名簿を入力・印刷するだけなら、罫線を引き、セルの背景色やフォントを設定したいだけなら、関数は不要です。

しかし、会員の名前と電話番号と入会日を別の表に取り出す作業が頻繁に発生するとしたら、どうでしょうか。いちいちコピー&ペーストを手作業でやっていては、いくらショートカットキーを使いこなしたとしても、手間と時間はバカになりません。しかも、ミスをする確率も高くなってしまいます。もし関数を使えば、会員番号を入力するだけで、一瞬で名前や電話番号などを元の表から取り出すことができます。

あるいは、入会日から半年経過した会員の行だけ、セルの背景色を変更して目立たせたいとき、どうすればよいでしょうか。入会日のセルの値を見ながら、半年経過したかどうかを暗算し、セルの書式設定のダイアログを表示して操作するのでしょうか。会員数が100人程度なら、せいぜい1時間程度で終わりますが、会員数が1万人だと、いくらショートカットキーを駆使しても、とても1人では無理でしょう。これに対して、関数を条件付き書式と組み合わせれば、動作検証を含めても10分程度で終わります。

このように、**データを単に入力して表示・印刷するだけでなく、加工したり、分析したりする人すべてにとって、関数は必要不可欠のツール**なのです。「自分は数値を扱わないから、関数は関係ないよ」というのは、とんでもない思い違いです。文字だけのデータを扱う場合でも、関数を知っていれば作業の大幅な時短が図れることが珍しくありません。

本書のねらい

エクセルの関数を扱った本は、書店に行けば、大量に並んでいます。すべての関数の機能や書式を説明するリファレンス本、利用頻度の高い関数を数十ほど取り上げて、実例とともに解説する本、1つから数個の重要な関数のみを取り上げて詳しく述べている本など、切り口はさまざまです。

本書を著すときに、なるべく「はじめに関数ありき」で解説を始めないように注意しました。紙幅の関係で関数の紹介から始めた箇所もありますが、できるだけ「どういう状況で、この関数を使うのか」「この関数を取り上げた理由は何か」に触れるようにしました。

また、高度すぎるために理解せずにコピー&ペーストしかできないようなテクニックや、何が何でも関数で解決するためのアクロバティックな解決方法は避けています。また、関数以外の機能を使って解決すべき問題は、そのように追記しています。

言うまでもなく、**関数は目的ではなく手段です**。関数を使うためにエクセルを使う人は、ほとんどいません。業務のデータを処理するのが目的でしょう。その目的に合致するのであれば、新しくExcel 2019で加わった関数や、まだMicrosoft 365のExcelでしか利用できない関数も積極的に紹介しています。

たとえば、XLOOKUP関数はVLOOKUP関数やHLOOKUP関数の上位互換として紹介されることが多いでしょうが、実際にはINDEX関数とMATCH関数の一部の使い方までカバーできる、大変便利な関数なのです。以前から存在し、互換性もあるVLOOKUP関数を使わねばならない状況も考えられますが、使える環境なら**「新しい関数だから」と尻込みすることなく、積極的に使っていくべき**です。そういう態度こそが、時短へとつながる早道なのです。

また、本書では**面倒な処理を関数で実行したいとき、なるべく「ロジック」を解説する**ようにしました。関数を1つ書けば済むような単純な処理なら別ですが、複数の関数を「入れ子」にして複雑な処理を実行するには、正しい組み合わせで関数を書かなければ、正しい結果が得られません。与えられたデータから、どういうロジックで正解にたどり着くのか、関数を実際に入力する前に考える必要があります。通常は、入力すべき関数・数式を提示するだけになりがちですが、紙幅の許す限り、ロジックも解説するようにしています。本書で紹介した関数の使い方をそのままコピー&ペーストして終わり……とするのではなく、ロジックの部分を学ぶようにしてください。

関数が使えるようになるためのステップ

関数を実務で自由自在に使うためには、以下のステップをクリアする必要があります。まず、**①関数の基本的な書き方のルールをマスター**してください。入力は「=」から始めること、引数以外は半角英数字で入力すること、カッコの閉じ忘れがないようにすることなど、必須のルールを守るようにします。

次のステップは、**②必要な関数を探し出すスキルを身に付ける**ことです。エクセルには関数がたくさん用意されていますが、どの関数を利用するのかはユーザーが決めねばなりません。その際、どんな関数があって、それぞれがどんな機能を備えているのかを知らなければ、関数を使いこなすことはできません。すべての関数の情報を記憶するのは無理なので、本書やエクセルのヘルプ機能、あるいはネット検索などで目的の関数を探し出す必要があります。

使用する関数が決まれば、**③関数の書式を調べるスキルも必要**になります。ただし、このスキルは難易度の高いものではありません。使用例が併記されている情報ソースが見つかれば、比較的容易にわかるはずです。このステップに苦手意識を持つ人もいますが、慣れてしまえば大きな問題ではありません。

最後のステップは、**④ロジックを組み立てることができるようになる**ことです。このスキルは一朝一夕には身に付かないものなので、複雑な処理が必要な場面に出会えば、ぜひともじっくりとロジックを組み立てるトレーニングをしてみてください。

関数活用のすすめ

エクセルの関数が苦手な人は少なくありません。そもそも「関数」という名前からして、数学の関数を連想させてしまいます。しかし、エクセルの関数の大半は、使いこなすのに難しい数学の知識は必要ありません。大量のデータを短時間で処理するのに、なくてはならないツールなので、本書でぜひともマスターしてください。

本書では、若干マイナーな関数でも読者のみなさんの興味を引きそうであれば、取り上げるようにしています。また、関数そのものの話でなくても、知っておくべきことについて突っ込んだ話をしている箇所もあります。そういう部分から、関数を実務で使うワークシートに落とし込む際の「楽しさ」を感じてもらえれば、著者としてこれ以上の喜びはありません。

本書で今まで知らなかった関数や関数の使い方に出会ったら、実際にその有効性を試し、さらなる時短へと踏み出してください。

本書によって、1人でも多くの人がエクセルの関数になじんで、関数による時短を実現できることを心から望んでいます。

守屋 恵一

■本書の読み方

関数の入力がまだおぼつかないと思う人は、1章の01節と02節をしっかり読んだあと、2章で関数の考え方を身につけてから、3章から7章までの自分が使いそうなところを読んでください。

「関数入力はできるんだが、今ひとつ使えている気がしない」という人は、1章の03節と04節を読んでから、2章から7章までの興味のあるテーマを読んでください。

他人の書いた関数をメンテナンスする立場の人、ひとととおりの入力はできるのだが、もっと複雑な関数が入力できるようになりたい人は、1章の05節、06節、07節を読んだあと、8章に進んでください。難関の配列数式にも触れています。

なお、本書で扱った関数を含むブックは、以下のリンク先よりダウンロードできます。

https://gihyo.jp/book/2021/978-4-297-12026-9

目次

第1章
いまさら聞けない！関数の基本

第2章
もうデータ集計で困らない！「数える」と「合計する」のコツ

第3章

数値計算の間違いやすいポイントを押さえておこう

第4章

関数の使い道を広げる「IF」関数をマスターする

第5章

エクセル仕事を爆速にする簡易データベースの作り方

第6章 ミスしやすい日付・時刻の計算を確実に行う

第7章 面倒な文字列操作の手間を激減させる

第8章

知っておくと便利な関数のテクニック

◉本書で紹介する関数書式の見方

本書では、関数の書式（書き方）を下記のような形式で掲載しています。ここでは、書式の見方について説明します。

関数書式

=VLOOKUP(検索値,範囲,列番号,［検索方法］)

- ( )で囲んだ部分を「引数」といいます。引数は、わかりやすいように色分けしています。
- ［ ］で囲んだ部分は、省略可能な引数です。不要な場合は記述しなくてもかまいません。

第1章

いまさら聞けない！関数の基本

「はじめに」でも述べたように、エクセルの使いこなしにおいて関数は最大の難関です。しかし、最初から何もかも難しいわけではなく、簡単に入力して結果を得られる関数も多数存在します。本章では、関数を学び直したいときに必ず知っておきたい基礎知識をまとめました。「引数」「戻り値」などの用語に不安のある人、関数の入力方法に自信が持てない人は、ぜひ具体的な関数の利用に入る前に読んでおいてください。初心者が特にぶつかりやすいセル参照についても、相対参照と絶対参照の違いや、どのように使い分けるべきかなどを、詳しく解説しています。さらに、関数を使いやすくするための表の作り方や、うまく動作しないときのチェック方法など、中級者以上にも役立つ実践的なテクニックも取り上げているので、一度は目を通しておいてください。

1-01

時短 05 分

必ず知っておくべき関数の書き方

KEYWORD 引数、戻り値

それぞれの関数についての解説に入る前に、本書で扱う関数の基本についておさらいしておきます。多少関数が使える人も、ざっと目を通しておいてください。

関数とは何か

関数の書き方を述べる前に、まず「エクセルの関数とは何か」について考えておきます。**関数とは、与えた値をあらかじめ決まった手順で計算・処理して答えを出すもの**です。

たとえば、関数は電子レンジのようなものだということができます。電子レンジに冷凍食品を入れて数分温めると、温かい料理を得ることができます。エクセルでは、調理前の冷凍食品のことを「引数（ひきすう）」、調理後の温かい料理のことを「戻り値（もどりち）」または「返り値（かえりち）」、冷凍食品から温かい料理を得ることを「返す」といいます。関数によって、引数や戻り値として使える値の種類や数、順序は決まっています。

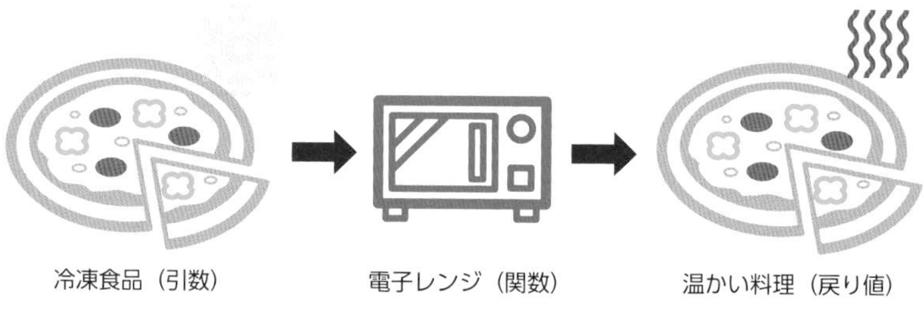

POINT

エクセルには約500の関数が用意されていますが、よほど特殊な作業をしていない限り、9割以上の関数は業務で使う機会がないはずです。大半の関数は、使いこなすどころか、その存在さえ知らなくてもいいので、数の多さを恐れる必要はありません。逆にいえば、残りの1割を自由に使えるなら、「関数を使いこなしている」といえるのです。

関数の基本的な書き方

関数を記述するには最初に「=」、続けて関数名を入力し、そして丸カッコで囲んだ引数を入力します。引数に入る値は関数によって異なり、数値しか取らない関数もあれば、文字列しか取らない関数もあります。ほかの関数を引数として取ることのできる関数も少なくありません。引数の数もまちまちで、引数不要の関数があるかと思えば、255個まで取れる関数もあります。

```
=関数名(引数)
```

引数が複数ある場合は、それぞれの引数の間をカンマ「,」で区切ります。また、前から「第1引数」「第2引数」などと呼びます。

```
=関数名(引数1,引数2, ...)
```

ATTENTION

引数なしで使える関数でもカッコは必要です。たとえば、乱数を求めるRAND関数は「=RAND()」と書きます。

引数には、数値や文字列のほか、日付・時刻を表すためのシリアル値、TRUEまたはFALSEといったブール値（論理値）、セル参照、関数などを取ることができます。

文字列を引数に取る場合のみ、ダブルクォーテーションで文字列を囲みます。数字であっても文字列として扱いたい場合は、ダブルクォーテーションが必要です。

```
=関数("文字列①","文字列②")
```

ほかのセルの値を引数に取りたい場合は、セル参照を利用します。

```
=関数名(A1,B2)
```

連続したセル範囲を引数に取りたい場合は、最初のセル参照と最後のセル参照の間にコロン「:」をはさみます。

```
=関数名(A1:C10)
```

また、引数にほかの関数を用いて、入れ子構造にすることができます。以下の関数では、関数Bは引数bを取り、関数Aは関数Bの戻り値と引数aの2つを引数として取ります。計算の順序は、先に関数Bを計算し、戻り値を関数Aの引数として与えて計算します。ちょっと複雑ですが、本書にも頻繁に出てくるので慣れるようにしてください。

```
=関数A(関数B(引数b),引数a)
```

POINT

関数と似たものに数式があります。数式は「=2*3」「=A1+1」「=B1^2」といった、四則演算などの簡単な計算を表しますが、役割は関数と似ています。本書ではあまり厳密には区別していません。

ATTENTION

関数名は半角英字および記号（ピリオド）を使って表記します。全角英字で入力しても自動的に変換されますが、意図しない動作を避けるためにも半角で入力するようにしましょう。また、本書ではすべて大文字で入力していますが、小文字でも動作は同じです。

COLUMN

セルの値には5種類ある

セルに入力可能な値は①数値、②文字列、③シリアル値、④ブール値、⑤数式・関数の5種類に分けられます。①数値と②文字列は文字どおりですし、③シリアル値は日付・時刻を表すための値です。⑤数式・関数は本書で扱っているテーマなので、説明は不要でしょう。

馴染みが薄いのが④ブール値でしょう。エクセルの論理式は必ず「TRUE（真）」または「FALSE（偽）」のいずれかを返します。たとえば、セルに「=5=2」と入力してみてください。最初の「=」は数式・関数を入力するときの記号なので無視すると、「5=2」という式が残ります。5と2は等しくないので、この式は「FALSE（偽）」を返します。ちょっと面倒ですが、セルの値や関数の戻り値がどんな値なのかを意識することは、関数の使いこなしにとって重要です。

1-02

時短 20分

マスターするべき関数の入力方式

KEYWORD [オート SUM]、[fx]、[関数ライブラリ]

エクセルの関数を入力する方法は1つではなく、複数用意されています。すべてを使い分ける必要はありませんが、それぞれどんな特徴があるのかは確認しておきましょう。

関数を入力する4種類の方法

エクセルで関数を入力する方法は、4つ用意されています。どの入力方法を選んでも結果は同じなので、自分の好きな方法で入力してかまいません。ただし、特定の方法でしか入力できない関数があったり、入力にかかる手間が異なったりするので、その点には注意が必要です。

もっとも機能が少なく、**使い始めやすいのが［数式］タブの［オートSUM］**です。ここから入力できる関数は、合計を求めるSUM関数、平均を求めるAVERAGE関数、数値の個数を数えるCOUNT関数、最大値を求めるMAX関数、最小値を求めるMIN関数の5種類に限られています。入力可能な関数が少ない代わりに、**引数となるセル範囲を自動選択してくれる**というメリットがあります。

[オートSUM] から関数の機能を選択する

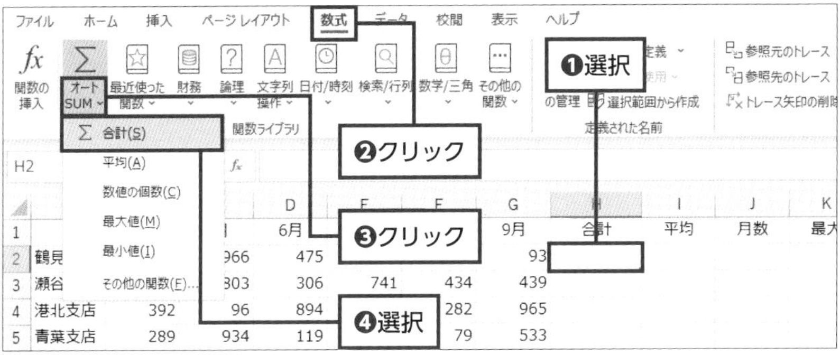

関数を入力するセルを選択し（❶)、［数式］タブをクリック（❷)。［関数ライブラリ］グループの［Σ］の下の［オートSUM］をクリックし（❸)、表示されるメニューから使いたい関数の機能（ここでは［合計］）を選択する（❹)。

▼

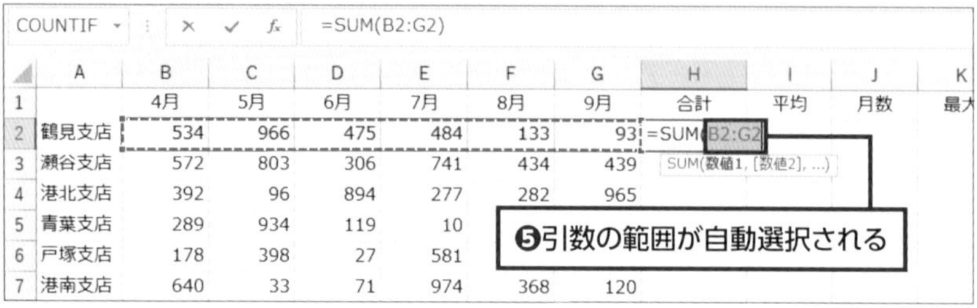

引数の範囲が自動選択されるので（❺）、修正が必要な場合はドラッグし直し、Enterまたは Tabで確定する

ATTENTION

関数を入力するセルと引数のセル範囲との間にほかのセルが挟まっていると、自動選択がうまくいかないことがあります。そんなときは、正しいセル範囲をマウスでドラッグするか、セル参照をキーボードから入力し直しましょう。

次は、関数のジャンルがわかっているときの探し方です。［数式］タブの［関数ライブラリ］グループに［財務］［論理］［文字列操作］などのボタンが並んでいますが、それぞれが関数のジャンルを表します。もし目的の関数がどのジャンルに属するかがわかっていれば、そのジャンルのボタンから探して入力できます。

関数の入力をはじめる

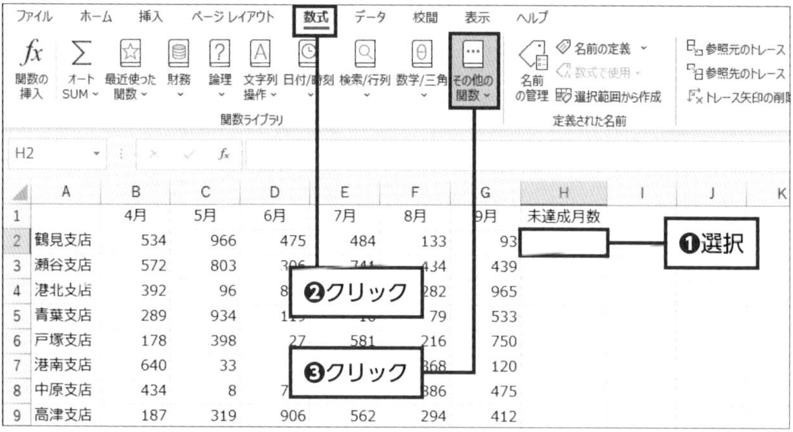

関数を入力するセルを選択して（❶）、［数式］タブをクリックし（❷）、［関数ライブラリ］グループで分類名（ここでは［その他の関数］）をクリックする（❸）

メニューから使いたい関数を選択する

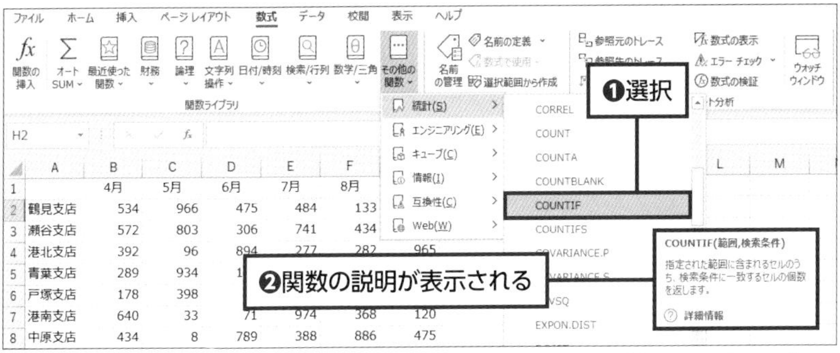

関数名の一覧が表示されるので使いたいものを選択する。［その他の関数］では、さらにジャンルが表示されるので、関数名を選択しよう（❶）。なお、関数名にマウスポインターを合わせると、その関数の説明が表示される（❷）

引数のセル参照を指定する

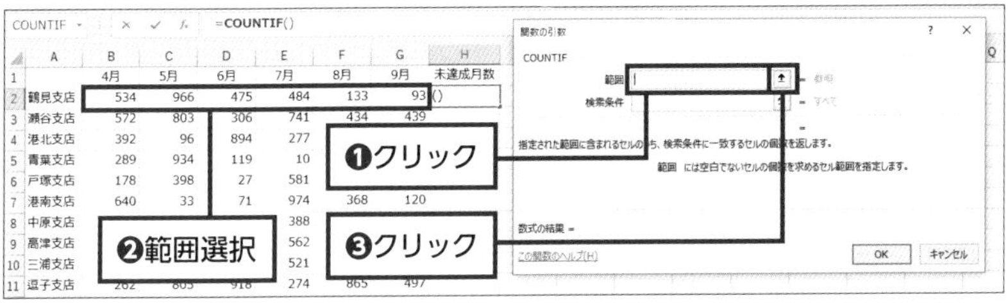

［関数の引数］ダイアログが表示されたら、引数の入力欄をクリックする（❶）。引数がセル範囲の場合はセルをドラッグして選択する（❷）。ダイアログが邪魔になる場合は、引数入力欄の右のアイコンをクリックして最小化するか（❸）、セル参照を手入力してもよい

引数に数値や数式などを入力する

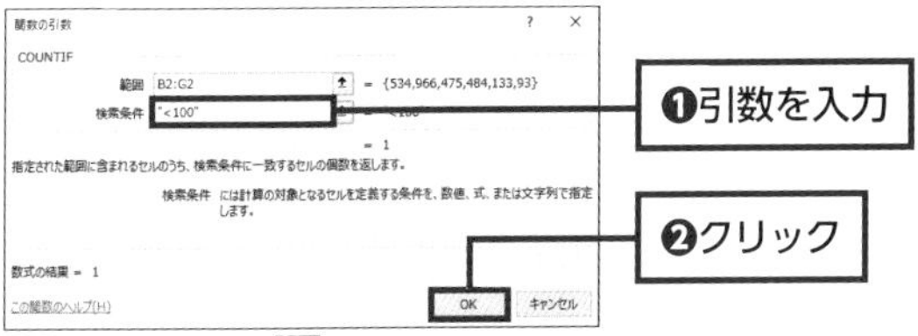

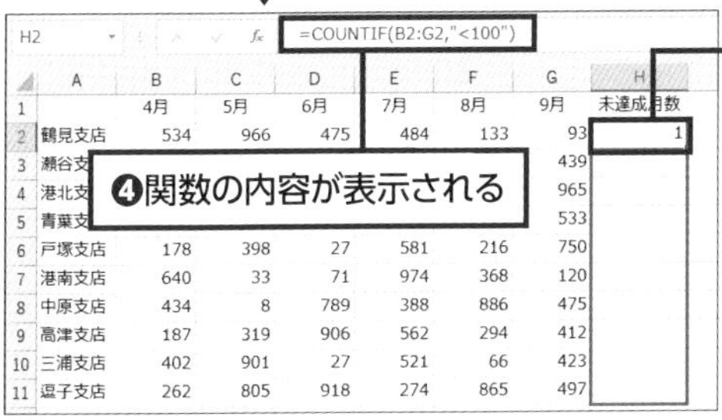

引数が数値や式の場合は直接入力する（❶）。引数の入力が済んだら、結果のプレビュー表示を確認してから［OK］をクリックしよう（❷）。セルに関数の戻り値が表示され（❸）、数式バーには関数の内容が表示される（❹）

ATTENTION

この入力方法は、最初にジャンルを選ぶ関係上、ジャンルがわからない関数を探すには向きません。また、関数を選択したあとは引数の入力を行いますが、関数の選択画面に戻るのが面倒なため、一度も使ったことがない関数を手探りで入力するのには使うべきでないでしょう。

次は、関数を検索して入力する方法を紹介します。やりたいことがわかっているのに、どの関数を使えばいいのかがわからないとき、ここで挙げる方法を使って関数を探します。ネット検索が使えないときは、この方法で関数を探すのが便利です。

［関数の挿入］ダイアログを呼び出す

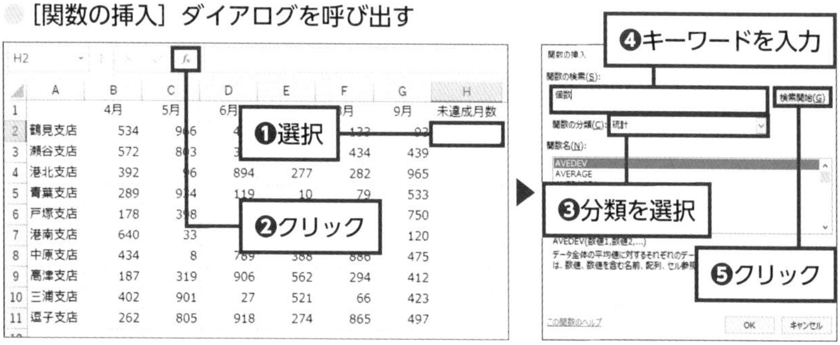

関数を入力するセルを選択してから（❶）、数式バーの［fx］をクリックする（❷）。［関数の挿入］ダイアログが表示されたら、ジャンルがわかる場合は［関数の分類］メニューを選択する（❸）。関数の目的や関数名の一部がわかる場合はキーワードを入力して（❹）、［検索開始］をクリックする（❺）

関数名を選択して引数を入力する

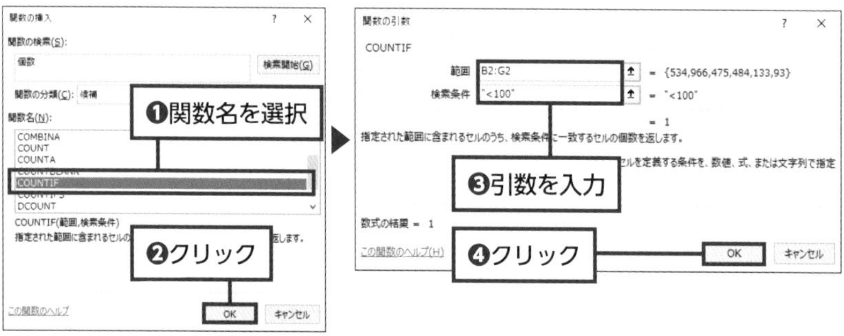

［関数名］の一覧で使いたい関数を選択し（❶）、下に表示される説明を確認したら、［OK］をクリックする（❷）。［関数の引数］ダイアログが表示されたら、引数を入力してから（❸）［OK］をクリックする（❹）

最後に紹介するのは、関数をキーボードから手入力する方法です。これまでに紹介した方法は、ダイアログが表示されるなどマウス操作を行う場面が出てくるため、どうしても操作に手間がかかってしまいます。

これに対して、関数の入力を手入力に統一すれば、マウス操作を最低限に抑えることができ、時短への道がひらけます。関数名も引数もキーボードで入力するとなると大変だと思うかもしれませんが、随時表示されるヒントや本書などの情報を参照しながら入力すれば、それほど難しくありません。

なお、一部の関数は手入力する以外の方法では入力できません。

関数名を入力する

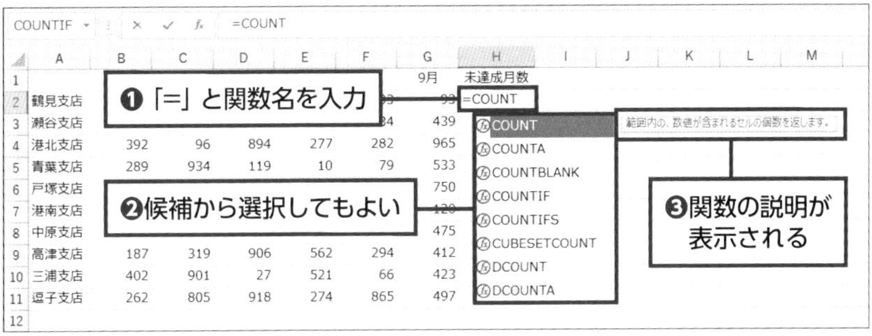

関数を入力するセルを選択し、「=」と関数名を入力する（❶）。入力途中で関数名の候補が表示されるので、そこから選んでもかまわない（❷）。↓で選択、Tabで決定できるが、マウスを使ってもよい。選択した関数についての説明も表示される（❸）

「(」と引数を入力する

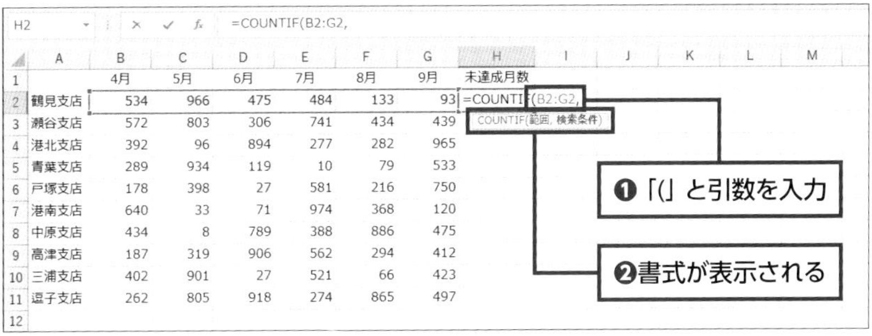

関数名に続けて「(」と引数を入力する（❶）。書式が表示され（❷）、入力中の引数は太字になるので、入力の参考にするとよい。セル範囲の引数は、マウスで該当セルをドラッグしても指定できる

ATTENTION

引数は、カーソルキーでアクティブセルを移動することで指定することも可能です。Shiftを押しながらカーソルキーを使って選択範囲を広げたり、Spaceでセルを選択したりもできます。ただし、キーを押す順番が複雑になるため、時短につながるとは限りません。セル参照を入力するか、マウスでセル範囲を選択したほうが速い場合も多いので、状況に応じて使い分けましょう。

最後に「)」を入力する

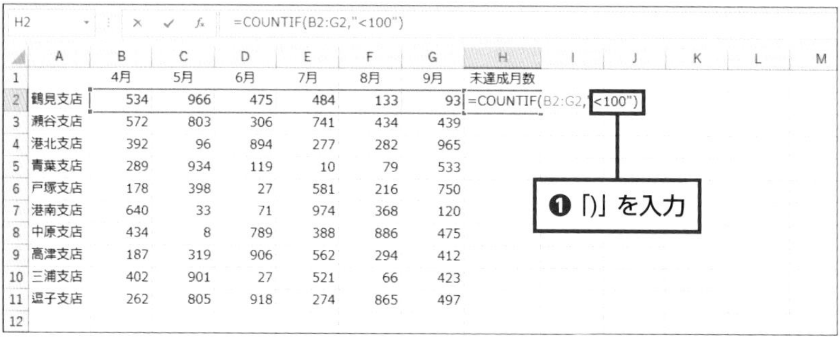

	A	B	C	D	E	F	G	H
1		4月	5月	6月	7月	8月	9月	未達成月数
2	鶴見支店	534	966	475	484	133	93	=COUNTIF(B2:G2,"<100")
3	瀬谷支店	572	803	306	741	434	439	
4	港北支店	392	96	894	277	282	965	
5	青葉支店	289	934	119	10	79	533	
6	戸塚支店	178	398	27	581	216	750	
7	港南支店	640	33	71	974	368	120	
8	中原支店	434	8	789	388	886	475	
9	高津支店	187	319	906	562	294	412	
10	三浦支店	402	901	27	521	66	423	
11	逗子支店	262	805	918	274	865	497	
12								

引数を入力したら、最後に「)」を入力する（❶）。EnterまたはTabで確定すると、そのセルに関数の戻り値が表示される

ATTENTION

Excel 2019およびMicrosoft 365のExcelでは、関数名を途中から入力しても候補に表示されます。うろ覚えの関数を入力する際には試してみてください。ただし、「IF」は無視されてしまい、「IF」から始まる関数しか表示されず、「SUMIF」などが候補に挙がりません。

POINT

セルを選択したあと、数式バーをクリックすると、広いスペースに関数などを入力することができます。数式バーは通常1行分の高さしかありませんが、Ctrl＋Shift＋Uを押すと、高さが広がります。また、下端をドラッグして、さらに広げることも可能です。

数式バーにフォーカスを移動するショートカットキーがあれば、もっと使いやすくなるのですが、残念ながら、どんな値が入っていても数式バーにフォーカスを移動できるショートカットキーはありません。

1-03

時短 20 分

4種類のセル参照を正しく使い分ける

KEYWORD 相対参照、絶対参照、複合参照、テーブル

関数では、別のセルに入力されている値を参照し、引数として利用するという方法がよく使われます。セル参照が不適切だと正しい結果が得られないので、記述方法をしっかり覚えておきましょう。

絶対参照・相対参照・複合参照の違いを知る

関数を利用するとき、1つのセルに入力した数式をオートフィルなどで複数のセルにコピーすれば効率よく作業できます。そこで重要になるのが、セルの「相対参照」と「絶対参照」の使い分けです。

相対参照とは、「A3」や「B12」のように、列番号と行番号だけを記述する方式です。相対参照を使用した場合、数式を別のセルへコピーすると自動的に参照が変わります。たとえば、「=A1*B1」という数式を1つ下のセルへコピーすれば「=A2*B2」、右隣のセルへコピーすれば「=B1*C1」というように、元のセルとの位置関係によって参照がずれていきます。そのほうが好都合な場合も多いのですが、下図で示すように参照がずれると不都合な場合もあるので、注意が必要です。

数式をコピーするとセル参照が変わる

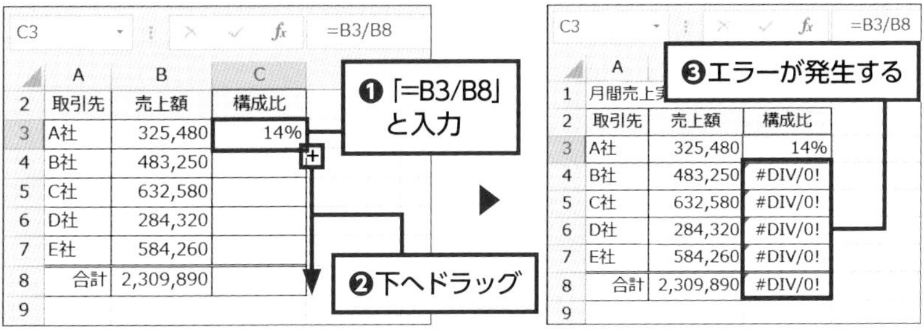

セルC3に「=B3/B8」と入力する（❶）。次に、セルC3の右下にマウスポインターを合わせ、黒い十字型（フィルハンドル）になったら、セルC8までドラッグする（❷）。これで数式をコピーできるが、「=B4/B9」「=B5/B10」……と参照がずれるため、エラーが発生する（❸）

一方、**列番号と行番号の前に「$」を付け、「$A$3」などと記述する方式を「絶対参照」といいます**。絶対参照の場合、別のセルへ数式をコピー

しても参照がずれることはありません。常に特定のセルを参照したい場合は、絶対参照を使いましょう。

「$」を付けて絶対参照にする

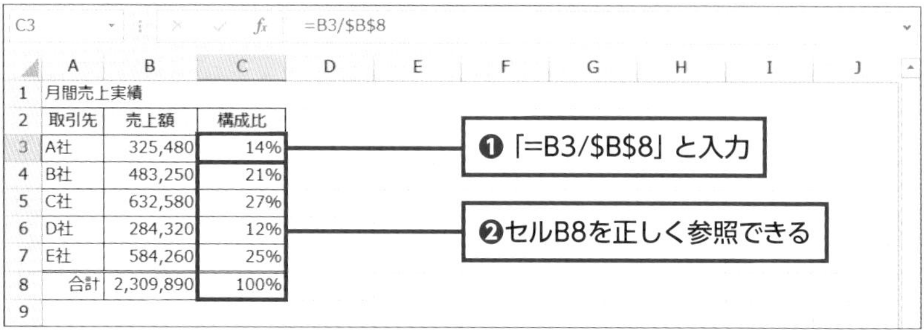

数式「=B3/B8」のうち、除数の「B8」を絶対参照の「$B$8」に書き換える（❶）。この数式をセルC4～C8にコピーすれば、「=B4/$B$8」「=B5/$B$8」……となり、正しく計算できる（❷）

また、**列だけ、あるいは行だけを絶対参照にする方式もあります。これを「複合参照」と呼びます**。列だけを固定する場合は「$A3」、行だけを固定する場合は「A$3」のように記述します。うまく利用すれば、入力の手間を最小限に抑えながら適切なセル参照による計算が可能です。

複合参照で縦横のセルへ自在にコピー

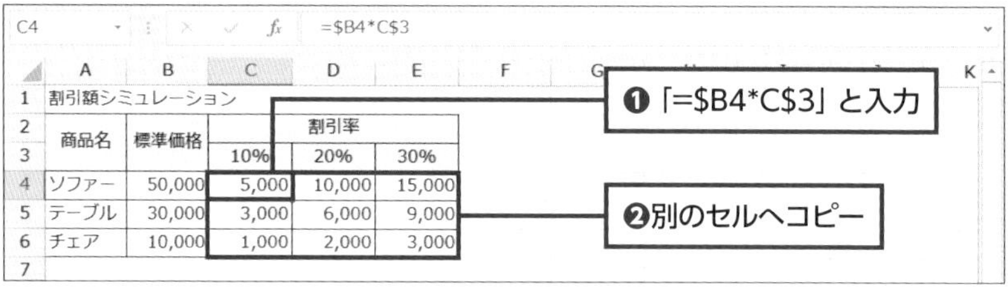

「標準価格×割引率」で割引額を求めてみよう。まずセルC4に「=$B4*C$3」と入力し（❶）、右方向と下方向へコピーする（❷）。標準価格は列だけを固定、割引率は行だけを固定した複合参照にすることで、縦横どちらへコピーしてもセル参照を適切に指定できる

POINT

絶対参照や複合参照を利用するとき、手動で「$」を入力するのは面倒です。そこで、F4キーを使いましょう。たとえば、「B3」と入力し、その後ろにカーソルを置いてF4キーを押すと、1回押すたびに「$B$3」→「B$3」→「$B3」→「B3」と切り替わります。関数を入力したあとでセル参照を修正したい場合も、この方法が便利です。

列または行だけを指定して範囲を参照する

セル範囲を引数として指定するときは、「B3:B10」のようにコロンを挟んで入力します。この場合も、相対参照だけでなく絶対参照や複合参照を使用して「$B$3:$B$10」や「B$3:B$10」などと記述することが可能です。そして、もう1つの方法として覚えておきたいのが、列だけ、または行だけを指定する方法です。たとえば、**「B:B」と記述すれば列B全体、「3:3」と記述すれば行3全体を範囲として指定できます**。この方法のメリットは、あとから行や列が増えても範囲を書き換える必要がないことです。頻繁にデータが追加される表では非常に便利なので、ぜひ活用しましょう。

行だけを指定して引数にする

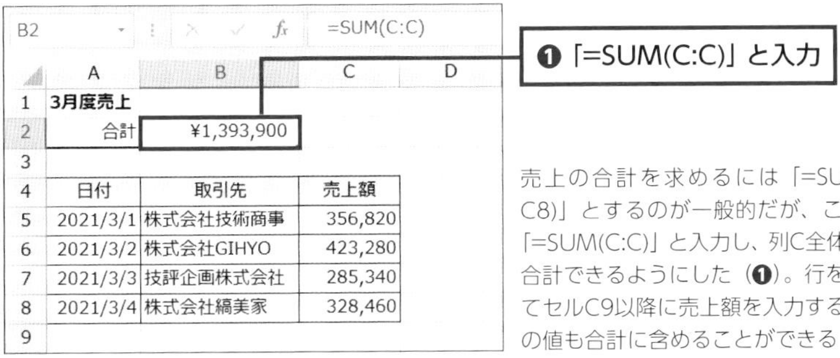

売上の合計を求めるには「=SUM(C5:C8)」とするのが一般的だが、ここでは「=SUM(C:C)」と入力し、列C全体の値を合計できるようにした（❶）。行を追加してセルC9以降に売上額を入力すると、その値も合計に含めることができる

COLUMN

別のシートやブックのセルを参照する

関数や数式では、別のシートにあるセルを参照することもできます。その場合は、シート名の末尾に「!」を付けて入力します。シート名が数字で始まる場合やスペースを含む場合は、「'」（シングルクォーテーション）で囲む必要があります。たとえば、「4月売上」というシートのセルC3～C10の値を合計したいときは、次のように記述します。

=SUM('4月売上'!C3:C10)

また、別のブックにあるセルを参照することも可能です。たとえば、ブック名が「売上データ.xlsx」、シート名が「新宿店」の場合、以下のように記述します。

=SUM([売上データ.xlsx]新宿店!C3:C10)

セルや範囲に名前を付けて参照する

同じセルやセル範囲を複数の数式で参照する場合、そのつど記述するのは面倒ですし、コピーする際にミスしないよう気を配るのも大変です。そこで、何度も参照するセルや範囲には名前を付けておくと便利です。いちいち「$C$3:$C$10」などと入力しなくても、わかりやすい名前を使って引数を指定できます。なお、**名前には「_」「￥」「.」以外の記号は使用できません**。また、**名前の先頭には「.」は使えません**。

名前を使って引数を指定する

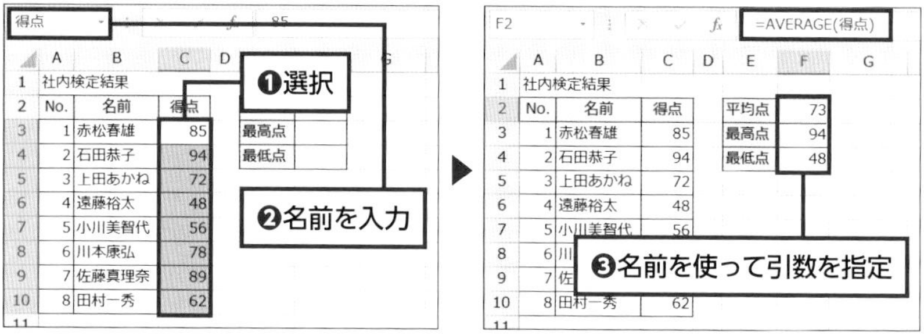

セルまたはセル範囲を選択し（❶）、［名前ボックス］に名前を入力する（❷）。この名前を引数として指定すれば、該当するセルや範囲を参照できる（❸）。たとえば、平均を求めたいときは「=AVERAGE(得点)」とすればよい

COLUMN

名前や参照する範囲を変更する

名前を変更したい場合や、参照する範囲を修正したい場合は、［数式］タブにある［名前の管理］をクリックします。すると［名前の管理］ダイアログが表示され、定義した名前の設定変更や削除が可能です。

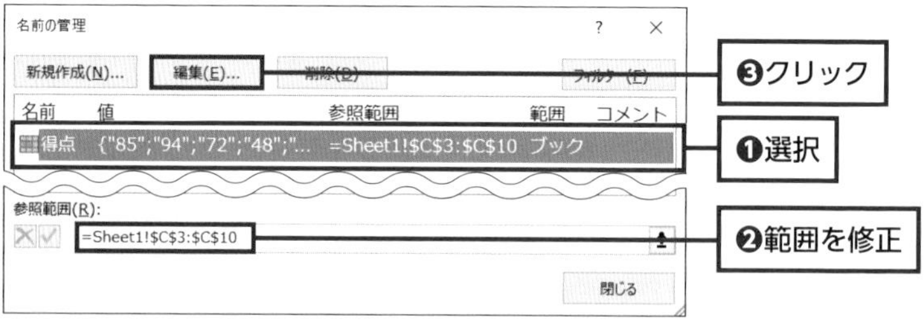

［名前の管理］ダイアログのリストで、編集したい名前を選択する（❶）。範囲を変更するには、画面下部の［参照範囲］を修正する（❷）。名前を変更したい場合は［編集］をクリックして設定しよう（❸）

テーブルの活用で表の参照をスムーズに

商品リストや顧客リストなど、日々の業務で頻繁に参照する表がある場合は、「テーブル」にしておくと便利です。**テーブルとは、データの集まりを1つのグループとして扱い、集計などの処理や管理を容易にするための機能**です。テーブルに変換した表は、テーブル名を使って簡単に参照できます。また、あとから追加した行もテーブルの一部として扱われるため、関数の引数を修正する必要がなく、省力化に役立ちます。

表をテーブルに変換する

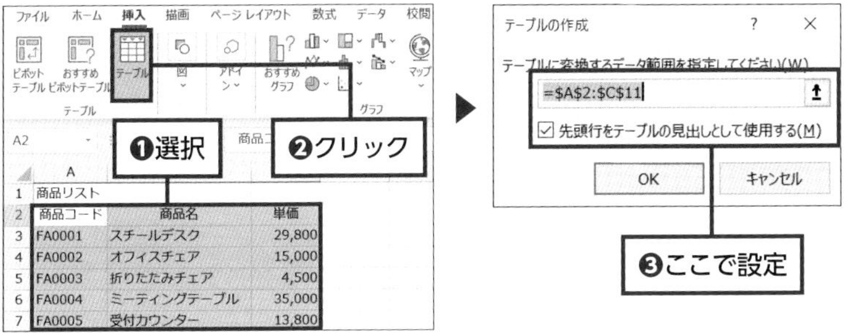

テーブルにしたい表を選択した状態で（❶）、［挿入］タブの［テーブル］をクリック（❷）。［テーブルの作成］ダイアログが表示されたら、範囲が正しく指定されていることを確認し、［先頭行をテーブルの見出しとして使用する］にチェックを付けて（❸）、［OK］をクリックする

テーブルに名前を付ける

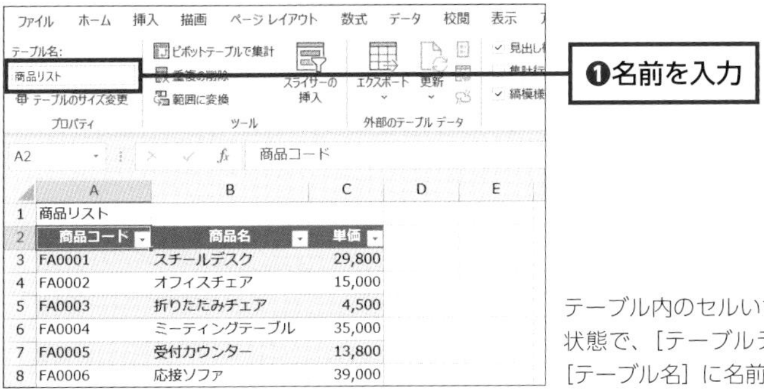

テーブル内のセルいずれかを選択した状態で、［テーブルデザイン］タブの［テーブル名］に名前を入力する（❶）

関数でテーブル全体を参照したい場合は「テーブル名」、特定の列を指定したい場合は「テーブル名[列名]」の形式で記述します。上図で作成したテーブルの場合、「=INDEX(商品リスト[単価],2)」と記述すれば、「単価」列の上から2番目の値「15,000」を取り出すことができます。

1-04

時短
15
分

関数に欠かせない！演算子とワイルドカードの使い方

KEYWORD 演算子、ワイルドカード

関数を使うために欠かせないのが、四則演算や比較などを行う「演算子」です。また、文字列を検索する関数では、「ワイルドカード」を使うと便利です。これらの種類や使い方を知っておきましょう。

関数を記述するには演算子が必須！

「演算子」とは、数式でどんな計算を実行するかを指示するための記号です。エクセルの関数で使える演算子は、**「算術演算子」「比較演算子」「文字列演算子」「参照演算子」の4種類**に分類できます。ここでは、演算子の一覧を表にまとめて紹介します。頻繁に使うものもあれば、めったに使わないものもありますが、どのような種類があるかをひととおり把握しておきましょう。なお、**演算子は必ず半角で入力します。**

関数で使える演算子の一覧

種類	演算子	意味	記述例
算術演算子	+	加算（足し算）	=A1+B1
	-	減算（引き算）	=A1-B1
	*	乗算（掛け算）	=A1*B1
	/	除算（割り算）	=A1/B1
	^	べき乗	=A1^2
	%	パーセンテージ	=A1*10%
比較演算子	=	等しい	=A1=B1
	>	～より大きい	=IF(A1>B1,...)
	<	～より小さい	=IF(A1<B1,...)
	>=	～以上	=IF(A1>=B1,...)
	<=	～以下	=IFA1<=B1,...)
	<>	等しくない	=IF(A1<>B1,...)
文字列演算子	&	文字列を結合する（文字列は「"」で囲む）	=" 合計 "&A1&" 円 "
参照演算子	:	セル範囲を指定するときの区切り	=SUM(A2:A5)
	,	複数のセル範囲を参照するときの区切り	=SUM(A2:A5,C2:C5)

種類	演算子	意味	記述例
参照演算子	（半角スペース）	複数のセル範囲の重複部分を参照するときの区切り	=SUM(A2:B7 B2:C5)
	#	動的配列数式（スピル）で拡張された範囲全体を参照する	=SUM (A2#)
	@	数式の共通部分を示す	=@A1: A10

「#」と「@」はスピル（動的配列数式）（145 ページ参照）とともに追加された新しい演算子で、Microsoft 365 の Excel で利用できる

POINT

コンピューターで使われる演算子には、「AND」「OR」「NOT」といった論理演算を行うための「論理演算子」もあります。エクセルで論理演算を実行するには、基本的には関数（AND関数、OR関数、NOT関数）を使う仕組みになっています。ほかの関数と組み合わせるときなど、演算子で論理演算を行いたい場合は、ANDは「*」、ORは「+」、NOTは「<>」で代用します。たとえば、「条件Aと条件Bがともに成り立つ」ことを示すには「(条件A)*(条件B)」と記述します。

COLUMN

演算子の優先順位に注意しよう

計算は原則として数式の左から順に行われますが、1つの数式に複数の演算子が使われている場合は、優先度の高いものから実行されます。「乗除が加減よりも優先」などの規則は数学と同じですが、負の値の扱いなどエクセル特有のものもあるので注意しましょう。計算の順序を自由に指定したいときは、優先したい部分をカッコで囲み、「=(A1+B1)/2」や「=SUM(A1:A5)*(A6-2)」のように記述します。「どちらの演算子が優先か忘れてしまった」という場合は、思わぬ結果が出るのを防ぐために、先に計算したい部分をカッコで囲んでおけば安心です。

優先順位	演算子の種類
1	参照演算子
2	負の値（-1 など）
3	パーセンテージ（%）
4	べき乗（^）
5	乗算（*）・除算（/）
6	加算（+）・減算（-）
7	文字列演算子（&）
8	比較演算子

ワイルドカードを使って文字列を検索する

関数には、文字列を指定して検索や条件分岐などを実行できるものがあります。このような関数と組み合わせて使うと便利なのが「ワイルドカード」です。ワイルドカードとは、任意の文字を代替するための記号で、曖昧な条件で文字列を検索したいときに利用します。エクセルで使えるワイルドカードには「*」と「?」の2種類があり、「*」は任意の文字列、「?」は任意の1文字を示します。**「*」で代替できる文字列は、文字数を問いません(0文字も対象です)**。たとえば、「*技術*」で検索すると、「技術評論社」や「IT技術」のように先頭や末尾に「技術」を含む文字列も検索できます。また、**明示的に文字数を指定したい場合は「?」を複数並べて使います**。たとえば、「技術???」とすれば、「技術」＋任意の3文字という意味になります。

下の表では、ワイルドカードのさまざまな使用例を紹介します。ここではカタカナの文字列を例にしていますが、もちろん漢字や英字でも同様に使用できます。

ワイルドカードの使用例

記述例	意味	一致する例
* エク *	任意の文字列＋「エク」＋任意の文字列	エクセル、エクセル 2019、マイクロソフトエクセル、エクレア、エクセレント
エク *	「エク」＋任意の文字列	エクセル、エクセル 2019、エクレア、エクセレント
* セル	任意の文字列＋「セル」	セル、エクセル、マイクロソフトエクセル、アクセル、ピクセル
エ * ル	「エ」＋任意の文字列＋「ル」	エクセル、エール、エチルアルコール
? クセル	任意の 1 文字＋「クセル」	エクセル、アクセル、ピクセル
エク ??	「エク」＋任意の 2 文字	エクセル、エクレア
? クセ *	任意の 1 文字＋「クセ」＋任意の文字列	エクセル、エクセル 2019、アクセル、アクセス、ピクセル、エクセレント、アクセサリー

POINT

「*」や「?」をワイルドカードとしてではなく、通常の文字として入力したい場合は、直前に「~」（チルダ）を付けます。「~*」と入力すれば「*」、「~?」と入力すれば「?」と表示されます。

例として、条件に一致するセルの数をカウントするCOUNTIF関数を用い、ワイルドカードを使って文字列を検索してみましょう。「*営業*」で検索すれば、「第1営業部」や「営業企画部」などがヒットします。このように関数の引数として使用するときは、前後をダブルクォーテーションで囲んで「"*営業*"」と入力する必要があります。

関数でワイルドカードを使用する

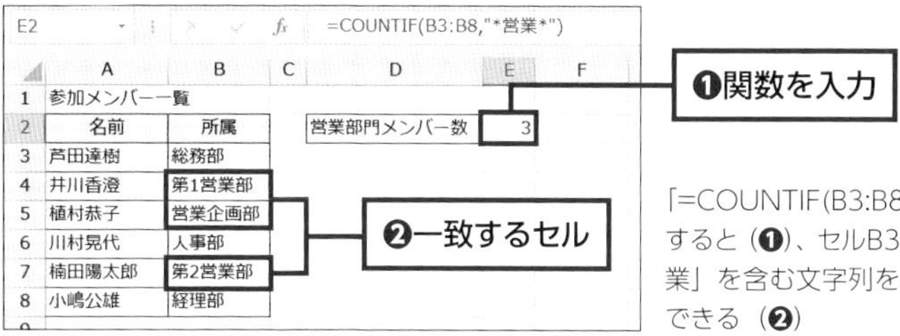

「=COUNTIF(B3:B8,"*営業*")」と入力すると（❶）、セルB3～B8の中から「営業」を含む文字列を検索してカウントできる（❷）

COLUMN

エラー値の意味を知っておこう

関数や数式の記述が誤っている場合など、何らかの原因で正しく処理できないときは、エラー値が返されます。主なエラーを表にまとめましたので、問題解決の手がかりにしてください。なお、エラー値とは別ですが、セル幅が小さすぎてデータ全体を表示できないときは「######」と表示されます。この場合は、幅を広げれば正しく表示できます。

エラー値	意味・原因	発生例
#VALUE!	引数の値や参照するセルのデータが、数式で扱えない種類である	="abc"/100
#DIV/0!	0（ゼロ）で除算している	=A2/0
#NAME?	関数名などが間違っている	=SUMU(A2:A10)
#NULL!	参照するセルの記述が間違っている	=SUM(A2 A10)
#N/A	参照するセルが見つからない（検索結果が存在しない場合など）	=MATCH(100,A2:A10,0)
#REF!	参照するセルが存在しない（数式の入力後に削除した場合など）	-
#NUM!	数値が対象外（桁数が多すぎる場合や、整数限定の引数に負数を指定した場合など）	=10^1000
#CALC!	配列数式で空の配列が返された、または引数に誤りがある	=FILTER (B3:B5, C3:C5<100)
#SPILL!	スピル機能で求めた値を表示するセルが足りない（すでにデータが入力されている場合や、ワークシートの範囲を超える場合など）	=FILTER(A4:E20, C5:C20=H2)

1-05

時短 10分

1つのシートにいくつも表を並べない

KEYWORD マスタデータ、トランザクションデータ

作成して印刷できたら捨ててしまう……そんなブックなら、どんな構造でもかまいませんが、長期にわたって利用するデータは使いやすい構造になるように考えて作りましょう。

複数の要素が混在するシートを作ってはいけない

1つのブックに複数の表を作成したいとき、1つのシートに表を並べてしまう人はいないでしょうか。互いに関連がなくても、「見やすいから」という理由だけで1つのシートにいくつも表を並べてしまうと、あとで行や列を増やすことになったときに非常に面倒です。互いに関連がない表や、行や列の追加・削除など更新頻度の高い表は、できるだけ表ごとにシートを分けるようにしましょう。

複数の表が1つのシートに配置されると扱いづらい

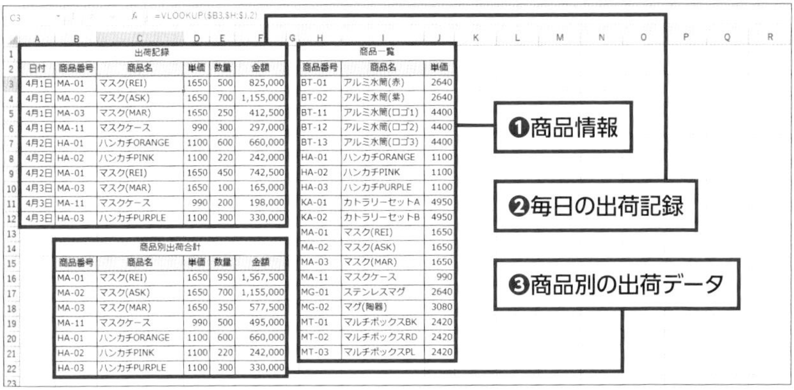

出荷記録

日付	商品番号	商品名	単価	数量	金額
4月1日	MA-01	マスク(REI)	1650	500	825,000
4月1日	MA-02	マスク(ASK)	1650	700	1,155,000
4月1日	MA-03	マスク(MAR)	1650	250	412,500
4月1日	MA-11	マスクケース	990	300	297,000
4月2日	HA-01	ハンカチORANGE	1100	600	660,000
4月2日	HA-02	ハンカチPINK	1100	220	242,000
4月2日	MA-01	マスク(REI)	1650	450	742,500
4月3日	MA-03	マスク(MAR)	1650	100	165,000
4月3日	MA-11	マスクケース	990	200	198,000
4月3日	HA-03	ハンカチPURPLE	1100	300	330,000

商品別出荷合計

商品番号	商品名	単価	数量	金額
MA-01	マスク(REI)	1650	950	1,567,500
MA-02	マスク(ASK)	1650	700	1,155,000
MA-03	マスク(MAR)	1650	350	577,500
MA-11	マスクケース	990	500	495,000
HA-01	ハンカチORANGE	1100	600	660,000
HA-02	ハンカチPINK	1100	220	242,000
HA-03	ハンカチPURPLE	1100	300	330,000

商品一覧

商品番号	商品名	単価
BT-01	アルミ水筒(赤)	2640
BT-02	アルミ水筒(紫)	2640
BT-11	アルミ水筒(ロゴ1)	4400
BT-12	アルミ水筒(ロゴ2)	4400
BT-13	アルミ水筒(ロゴ3)	4400
HA-01	ハンカチORANGE	1100
HA-02	ハンカチPINK	1100
HA-03	ハンカチPURPLE	1100
KA-01	カトラリーセットA	4950
KA-02	カトラリーセットB	4950
MA-01	マスク(REI)	1650
MA-02	マスク(ASK)	1650
MA-03	マスク(MAR)	1650
MA-11	マスクケース	990
MG-01	ステンレスマグ	2640
MG-02	マグ(陶器)	3080
MT-01	マルチボックスBK	2420
MT-02	マルチボックスRD	2420
MT-03	マルチボックスPL	2420

このシートは、更新頻度の低い商品一覧（❶）、日々更新される出荷記録（❷）、商品別の出荷記録の集計データ（❸）の3つの表が並んでいる。出荷記録は商品一覧から商品名や単価の情報を取得している。また、出荷データは出荷記録を集計して、商品ごとにまとめている

このように1つのシートにまとめると、見通しがよく、印刷しやすいなどのメリットがある反面、出荷記録のデータが増えると面倒なことになってしまいます。そのため、3つの表はそれぞれ別のシートに配置すべきでしょう。

さて、このブックでの商品一覧の表は、**更新頻度が低く、別の表から参照されることはあっても、別の表を参照することは基本的にありません。このようなデータのことを「マスタデータ」といいます**。一方、出荷記録のように、**取引にしたがって生じるそれぞれのデータを集めたものを「トランザクションデータ」と呼びます**。この2つを分けることが、管理しやすいデータづくりの第一歩です。

ここでは、商品一覧のシートを出荷記録のシートから参照しています。商品番号を入力すれば、商品名と単価が自動的に入力されるので、あとは数量を入力するだけで、金額が自動的に計算されます。

ほかのシートのデータを参照して表を作る

C2　=VLOOKUP($B2,商品一覧!$A:$C,2)

	A	B	C	D	E	F	G
1	日付	商品番号	商品名	単価	数量	金額	
2	4月1日	MA-01	マスク(REI)	1650	500	825,000	
3	4月1日	MA-02	マスク(ASK)	1650	700	1,155,000	
4	4月1日	MA-03	マスク(MAR)	1650	250	412,500	
5	4月1日	MA-11	マスクケース	990	300	297,000	
6	4月2日	HA-01	ハンカチORANGE	1100	600	660,000	
7	4月2日	HA-02	ハンカチPINK	1100	220	242,000	
8	4月2日	MA-01	マスク(REI)	1650	450	742,500	
9	4月3日	MA-03	マスク(MAR)	1650	100	165,000	
10	4月3日	MA-11	マスクケース	990	200	198,000	
11	4月3日	HA-03	ハンカチPURPLE	1100	300	330,000	

❶ほかのシートを参照している

出荷記録の表では、列Bの商品番号をキーにして商品一覧の表を参照し（❶)、商品名と単価を表示している。こうしないと、商品名や単価を修正したときに、出荷記録の表もすべて修正しなければならない

この種の表はトランザクションデータを作ってしまえば終わりではなく、通常は何らかの形で集計します。関数で集計することも可能ですが、集計結果の種類によってはピボットテーブルのほうが圧倒的に簡単です。ピボットテーブルと聞くと「難しそう」と尻込みしがちですが、試してみれば手軽に使えることに驚くかもしれません。

なお、ここではピボットテーブルの詳しい作り方の解説は割愛し、ピボットテーブルを使うとどのような集計ができるのかに触れるにとどめます。

ピボットテーブルで集計表を作成する

A3　行ラベル

	A	B	C	D	E	F
1						
2						
3	**行ラベル**	**合計 / 単価**	**合計 / 数量**	**合計 / 金額**		
4	ハンカチORANGE	1100	600	660000		
5	ハンカチPINK	1100	220	242000		
6	ハンカチPURPLE	1100	300	330000		
7	マスク(ASK)	1650	700	1155000		
8	マスク(MAR)	3300	350	577500		
9	マスク(REI)	3300	950	1567500		
10	マスクケース	1980	500	495000		
11	**総計**	**13530**	**3620**	**5027000**		

集計したいデータの入力されたセル範囲を選択してから、リボンの［挿入］タブをクリックし、［テーブル］グループにある［おすすめピボットテーブル］をクリックする。すると、いくつかのサンプルが表示されるので適当なものを選ぶと、このようにピボットテーブルで集計表が表示される

1-06

時短 10 分

関数がうまく動作しない場合のチェック方法

KEYWORD 数式の検証、参照元のトレース、数式の表示

関数がうまく動作せず、計算の途中で引数がどんな値をとっているのか知りたいときや、関数がどのセルを参照しているのかわからないときは、[ワークシート分析] 機能を利用しましょう。

各種チェック機能で動作確認を行う

複雑な表で関数がうまく動作しないので原因を知りたいとき、どの値を参照しているのか、わかりにくいことがあります。そんなときは、**[数式の検証] や [参照元のトレース] など [ワークシート分析] 機能を利用**してみましょう。

まず [数式の検証] 機能では、関数の計算過程をステップ・バイ・ステップで確認できます。関数の引数にセル参照が入力されている場合、セル参照を実際の値に置き換えて表示できます。そのため、引数を複数持つ関数や入れ子構造になっている関数では途中経過を見ながら、正しく関数が記述されているかを確認できるのです。

[数式の検証] で引数を確認する

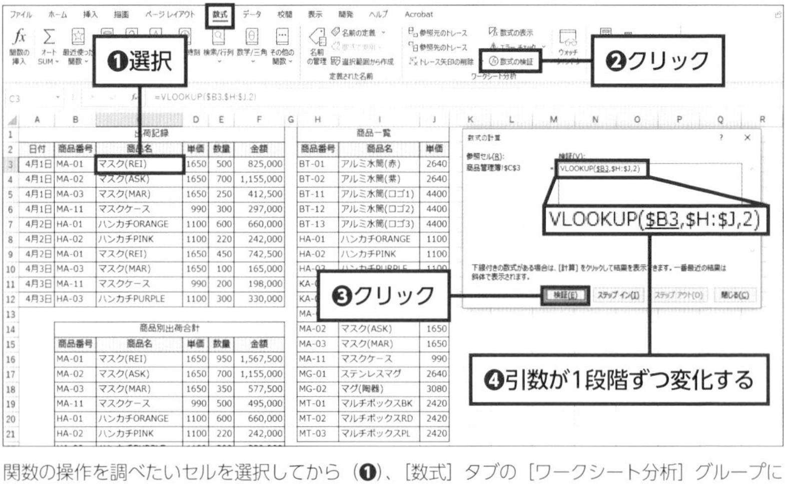

関数の操作を調べたいセルを選択してから (❶)、[数式] タブの [ワークシート分析] グループにある [数式の検証] をクリック (❷)。すると、[数式の計算] ダイアログが表示され、[検証] ボタンをクリックするごとに (❸)、関数の引数の記述が段階的に変化していく (❹)

POINT

数式バーで数式の一部を選択してから F9 を押すと、選択した部分だけが実行されます。任意の場所の引数を確認したいときは、このほうが［数式の検証］より便利です。

入力された関数がどのセルを参照しているのかを知りたいとき、［参照元のトレース］を利用すれば、矢印を使って視覚的にわかりやすく表示されます。また、アクティブセルを参照している関数や数式がどこにあるかを知りたいときは［参照先のトレース］を利用します。

セルの参照関係を矢印で図示する

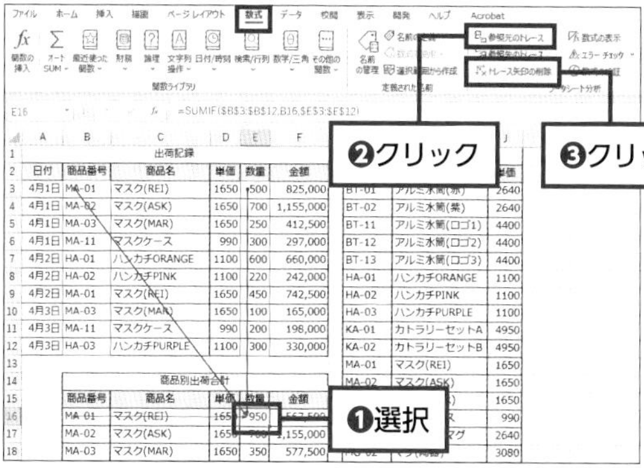

参照をトレースしたいセルを選択してから（❶）、［数式］タブの［ワークシート分析］グループにある［参照元のトレース］をクリックする（❷）。なお、矢印を消去したいときは［トレース矢印の削除］をクリック（❸）

通常、関数や数式が入力されているセルは、計算結果の戻り値が表示されています。どんな関数などが入力されているかを知るには、それぞれのセルを選択する必要がありますが、［数式の表示］を使えば、各セルに関数などを表示することができます。なお、この機能の使用中はセルの幅が自動的に調整されますが、オフにすると元に戻ります。

セルに関数や数式を表示する

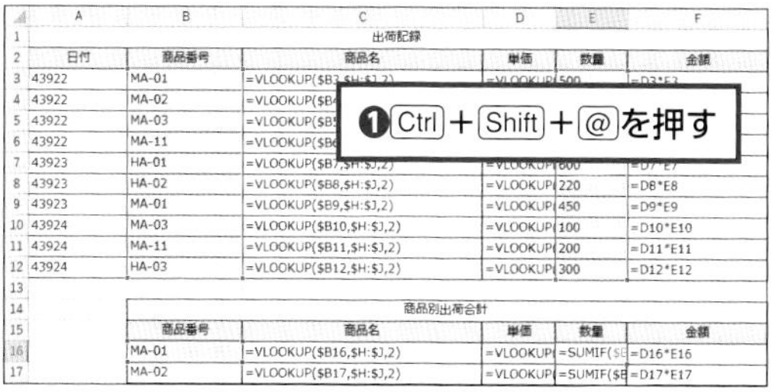

Ctrl＋Shift＋@を押すと（❶）、［数式の表示］が有効になり、各セルの関数や数式が表示される。この状態でセルを選択すると、参照しているセルが色付きで表示される。もう一度同じキーを押せば、元の状態に戻る

1-07

時短
15
分

複雑な計算式を入力するにはどうすればよいか？

KEYWORD IF関数、OR関数、NETWORKDAYS関数、WORKDAY関数

複数の関数が組み合わさった計算式を自分で作成するのは、かなり難易度の高い作業です。どうすれば、複雑な計算式を自分で書けるようになるでしょうか。

ステップを踏んで考えていく

複雑な計算式を作成するには、作業を複数のステップに分けて考える必要があります。

まず、**①そのセルにどういう値を表示したいのか、目標を決めます**。「セルA10にA1からA9までのセル範囲の合計を表示したい」といった単純な処理であれば、特に考える必要はないでしょう。しかし、そのセルに何を表示すればいいのか、複数の選択肢のあるケースも少なくありません。最初にそれをしっかり意識しましょう。

次に、**②求める値を導き出すためのロジックを考えます**。単純な処理では不要ですが、複雑な計算式では必須の作業です。このステップを正しく処理しなければ、目標にたどり着くことはできません。また、ロジックは1種類とは限りません。考えついたロジックが複雑すぎる場合は、もっと単純なロジックがないか、検討すべきです。

そして、**③目的に合う関数を選択します**。目的にあった関数が見つかったら、書式を調べて、必要に応じてテストしてみましょう。よくわかっている関数なら、すぐに次のステップに進んでかまいませんが、初めて使う関数はテストが重要です。戻り値はどんな値なのか、引数の与え方で戻り値がどう変わるのか、エラーが出ないのかなどを確認します。

関数を選択できたら、**④ロジックにしたがって関数を組み立てます**。もし選んだ関数でロジックが実現できない場合は、前のステップに戻って別の関数を使うか、さらに戻ってロジックを変更します。

最後に、必要に応じて**⑤関数などを組み合わせて、1つの計算式にまとめます**。

では、実際にやってみましょう。

セール日に◯を付ける

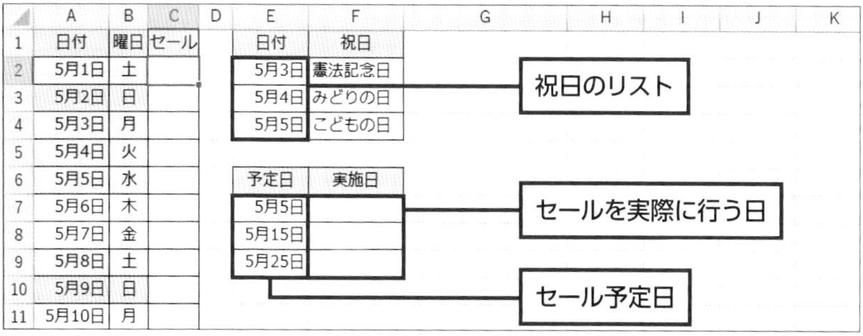

「日付」列と「曜日」列は、土日祝それぞれ別々の背景色を設定している。そして、セールを実際に行う日にのみ、「セール」列に◯を表示したい。なお、数式を簡単にするため、セルE2からE4までの範囲に「祝日」という名前を付けている

前ページで述べたステップで考えます。まず、①目標はセールを行う日は「セール」列に◯を表示することです。②ロジックは以下のとおりです。ちょっと複雑なので、2段階に分けてあります。

セール実施日を求める

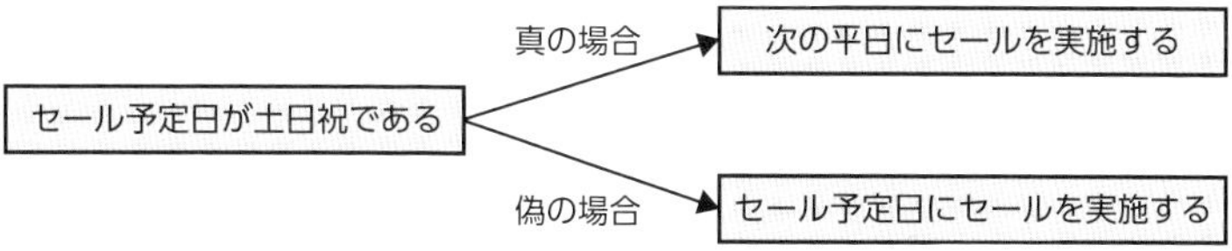

セール実施日に◯を付ける

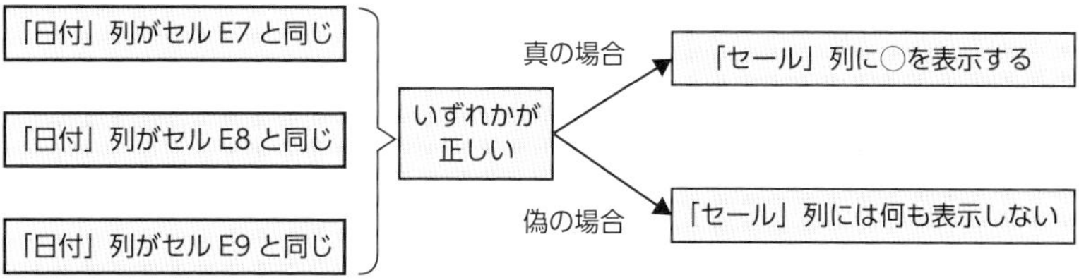

まずセール予定日から実施日を求めたい。上の図からロジックを組み立てて実施日を計算し、実施日が決まれば日付と比較して、同じなら◯を表示する

POINT

セール予定日は関数で求めることも可能ですが、ここでは直接日付を入れてあります。余裕があれば、168ページの表を参考にして改良してみてください。

次に、③関数を選択します。セール予定日が土日祝かどうかを判別するにはNETWORKDAYS関数を、次の平日を求めるにはWORKDAY関数を利用します。セール実施日のいずれかと同じかどうかを判別するにはOR関数でいいでしょう。あとは場合分けなので、IF関数で間に合いそうです。

最後に、ロジックにしたがって関数を組み立てます。

セールを実際に行う日であるセルF7には、以下の関数が入ります。セルF8とF9にもオートフィルでコピーしておきましょう。

```
=IF(NETWORKDAYS(E7,E7,祝日)=1,E7,WORKDAY(E7-1,1,祝日))
```

「祝日」という引数は、セルE2からE4までの範囲を指していることに注意してください。

これで、セールを実際に実施する日が求められました。次に、「日付」列の日付が、セルE7かE8かE9のいずれかと同じなら、「セール」列に○を表示します。セルC2に入力する関数は以下のとおりです。

```
=IF(OR(A2=$F$7,A2=$F$8,A2=$F$9),"○","")
```

あとは、これを「セール」列全体にオートフィルでコピーしておきます。すると、セール実施日の行に○が表示されます。

セールの実施日に○が表示できた

	A	B	C	D	E	F	G
1	日付	曜日	セール		日付	祝日	
2	5月1日	土			5月3日	憲法記念日	
3	5月2日	日			5月4日	みどりの日	
4	5月3日	月			5月5日	こどもの日	
5	5月4日	火					
6	5月5日	水			予定日	実施日	
7	5月6日	木	○		5月5日	5月6日	
8	5月7日	金			5月15日	5月17日	
9	5月8日	土			5月25日	5月25日	
10	5月9日	日					
11	5月10日	月					

5の付く日が平日ならその日、もし土日祝なら次の平日に○を表示することができた。2021年5月のカレンダーでは、5月6日、5月17日、5月25日に○が表示される

POINT

この表を実際に筆者がイチから作ってみたところ、どうしても関数がうまく決まらず、関数を組立て始めたあとでロジックを立てるところまで何度か戻りました。2段階に処理を分けることを思いついたあとは、あまり時間はかかっていません。

第2章

もうデータ集計で困らない！「数える」と「合計する」のコツ

関数を使う作業でもっとも頻繁に行うのが、合計を求める、データ数を数えるといった集計作業でしょう。単純に数値を合計するSUM関数なら、すでに知っている人が多いかもしれません。しかし、「売上データから特定の商品だけを選んで金額を合計する」「会員名簿で30代女性の人数を調べる」という場合はどうでしょうか。対象となるデータを手作業で抜き出して合計するのは大変な手間がかかりますが、目的に合った関数を活用すれば、瞬時に計算できます。面倒だと思われがちな「店舗別・月別の売上をクロス集計する」「四半期ごとに小計を求め、最後に年間の総計を出す」といった作業も、関数をうまく活用することで大幅な省力化が可能です。さらに、日付を扱う関数と組み合わせれば、締め日ごとや曜日別の集計もすばやく実行できます。
そのほか、最大値や最小値、順位を求める方法など、日々の業務ですぐに役立つ関数の使い方を紹介します。

2-01

時短 10 分

SUM関数の入力は必ずショートカットキーで！

KEYWORD オートSUM、ショートカットキー、範囲選択

エクセルの作業の中でも特に使用頻度が高いのは、金額などの合計を求める計算です。[オートSUM] を使うだけでも時短につながりますが、さらに効率化したいなら、ショートカットキーを活用しましょう。

[オートSUM] の操作を格段にスピードアップ

[オートSUM] を使えば、SUM関数を簡単に入力でき、合計対象の範囲も自動的に選択できます。しかし、SUM関数は使用頻度が高いため、いちいちリボンから操作するのは効率的ではありません。そこで、一歩進んだやり方として、キー操作で実行してみましょう。**SUM関数には、Alt+Shift+=というショートカットキーが割り当てられています。**この操作で入力し、続けてEnterを押すだけで、素早く合計を計算できます。

キー操作でSUM関数を入力する

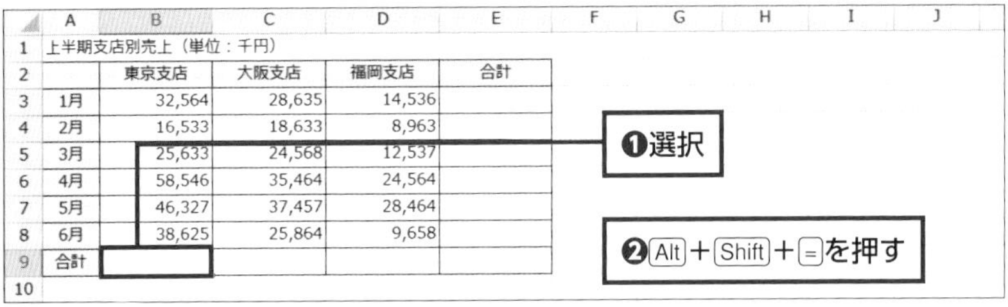

	A	B	C	D	E
1	上半期支店別売上（単位：千円）				
2		東京支店	大阪支店	福岡支店	合計
3	1月	32,564	28,635	14,536	
4	2月	16,533	18,633	8,963	
5	3月	25,633	24,568	12,537	
6	4月	58,546	35,464	24,564	
7	5月	46,327	37,457	28,464	
8	6月	38,625	25,864	9,658	
9	合計				
10					

▼

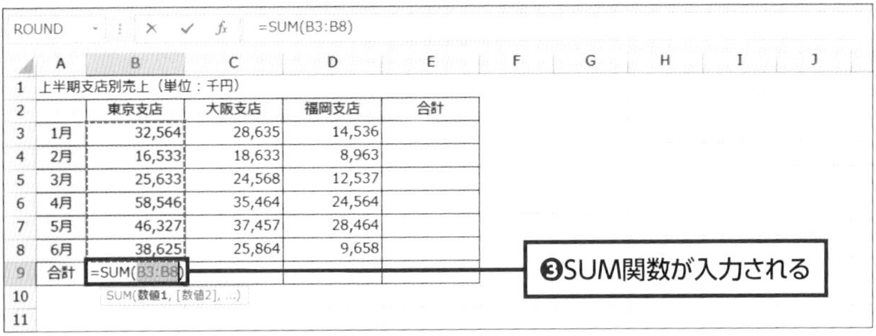

ROUND =SUM(B3:B8)

	A	B	C	D	E
1	上半期支店別売上（単位：千円）				
2		東京支店	大阪支店	福岡支店	合計
3	1月	32,564	28,635	14,536	
4	2月	16,533	18,633	8,963	
5	3月	25,633	24,568	12,537	
6	4月	58,546	35,464	24,564	
7	5月	46,327	37,457	28,464	
8	6月	38,625	25,864	9,658	
9	合計	=SUM(B3:B8)			
10		SUM(数値1, [数値2], ...)			
11					

合計を入力したいセルを選択し（❶）、Alt+Shift+=を押す（❷）。すると、計算対象のセル範囲が自動的に選択され、SUM関数が入力される（❸）。あとは、Enterを押せば計算を実行できる

面倒な集計作業をマウス+キー操作で一気に実行

よくある集計の例として、月別や支店別の売上を表にまとめて合計を出すというケースを考えてみましょう。下で示す例では、SUM関数で合計を求めるべきセルが全部で10個あります。このような場合、「1つのセルに関数を入力し、ほかのセルにはオートフィルでコピーする」という方法をとっている人が多いでしょう。しかし、そんな無駄な手間をかける必要はありません。**集計の対象になるセル範囲をドラッグで選択してから［オートSUM］を実行すれば、行・列ごとの合計を一気に計算できます**。ショートカットキーを併用することで、さらなる時短が可能です。

行・列ごとの合計を一気に求める

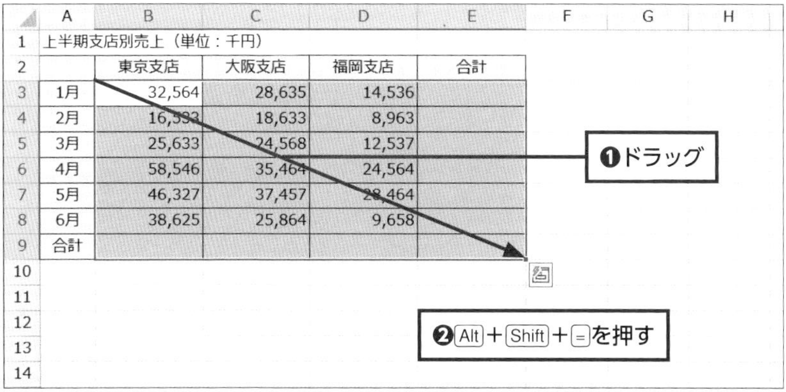

	A	B	C	D	E
1	上半期支店別売上（単位：千円）				
2		東京支店	大阪支店	福岡支店	合計
3	1月	32,564	28,635	14,536	
4	2月	16,533	18,633	8,963	
5	3月	25,633	24,568	12,537	
6	4月	58,546	35,464	24,564	
7	5月	46,327	37,457	28,464	
8	6月	38,625	25,864	9,658	
9	合計				

▼

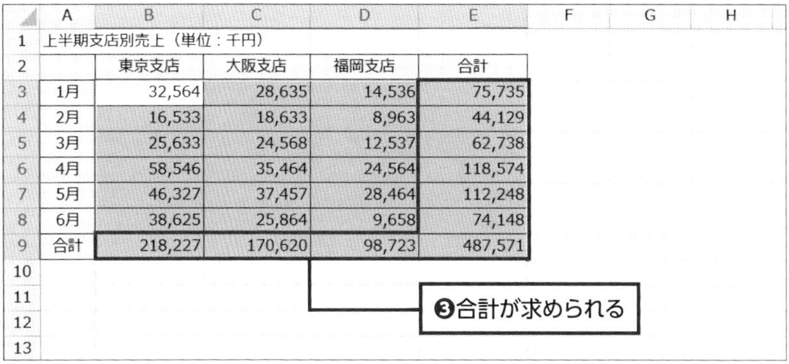

	A	B	C	D	E
1	上半期支店別売上（単位：千円）				
2		東京支店	大阪支店	福岡支店	合計
3	1月	32,564	28,635	14,536	75,735
4	2月	16,533	18,633	8,963	44,129
5	3月	25,633	24,568	12,537	62,738
6	4月	58,546	35,464	24,564	118,574
7	5月	46,327	37,457	28,464	112,248
8	6月	38,625	25,864	9,658	74,148
9	合計	218,227	170,620	98,723	487,571

集計対象のセル範囲と、合計を入力したいセル範囲（ここではセルB3～E9）をドラッグして選択する（❶）。選択できたらAlt+Shift+=を押す（❷）。計算対象のセルと、合計を入力するセルが自動的に認識され、表の最終行と右端の各セルに計算結果が表示される（❸）

2-02
時短 10分

特定の単語が入力されたセルの数を数える

KEYWORD COUNTIF関数、文字列、検索、ワイルドカード

表の中で特定の文字列が入力されているセルの数を調べたいとき、目視で1つずつ探して数えるのは手間がかかるうえに、数え間違う可能性もあります。こんなときはCOUNTIF関数を使いましょう。

条件に合うセルの数をCOUNTIF関数で調べる

COUNTIF関数は、指定した範囲を数値や文字列といった条件で検索し、一致するセルの数を求めるための関数です。

関数書式

=COUNTIF(範囲,検索条件)

「範囲」では、検索対象のセル範囲を指定します。「検索条件」で文字列を指定する場合は、ダブルクォーテーションで囲んで「"○"」のように入力します。なお、指定できる条件は1つだけです。

COUNTIF関数で文字列を検索

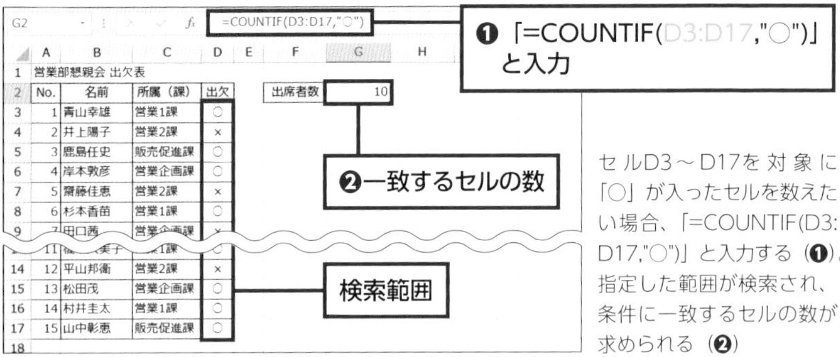

セルD3～D17を対象に「○」が入ったセルを数えたい場合、「=COUNTIF(D3:D17,"○")」と入力する（❶）。指定した範囲が検索され、条件に一致するセルの数が求められる（❷）

POINT

検索条件の文字列には、ワイルドカードも使用できます。たとえば、上の表で列Cを対象に検索する場合、「営業*課」を条件にすれば、「営業1課」や「営業企画課」などがヒットします。「営業??課」なら、「営業」と「課」の間が2文字のものだけを検索できます。

2-03 数値が入力されたセルの個数を調べる

時短 10 分

KEYWORD COUNT 関数、数値の個数

「売上のあった日数を確認する」「顧客名簿から購入者数を調べる」など、表に入力されたデータの個数を知りたいことがあります。数値だけを対象にカウントしたい場合は、どうすればいいでしょうか。

COUNT関数で数値が入ったセルをカウントする

下の表は、顧客別の購入額を集計したものです。「購入額」の列で数値が入っているセルの数を合計すれば、購入者の人数がわかります。このような場合は、COUNT関数を使います。

関数書式

=COUNT(値1, [値2] ,...)

引数でセル範囲を指定すれば、その範囲内で数値が入力されているセルを検索してカウントできます。

範囲を指定して数値の個数を調べる

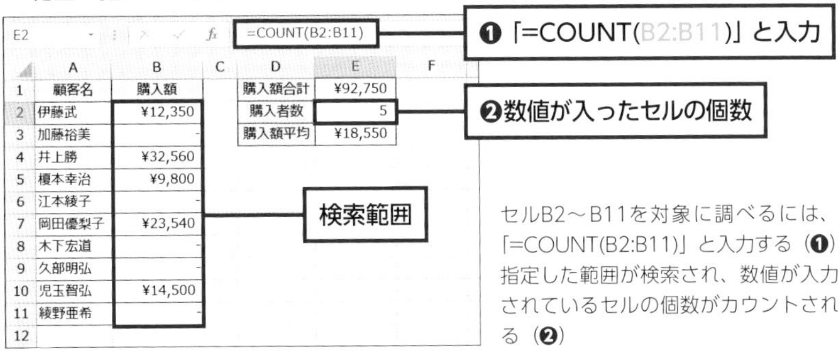

	A	B	C	D	E	F
1	顧客名	購入額		購入額合計	¥92,750	
2	伊藤武	¥12,350		購入者数	5	
3	加藤裕美	-		購入額平均	¥18,550	
4	井上勝	¥32,560				
5	榎本幸治	¥9,800				
6	江本綾子	-				
7	岡田優梨子	¥23,540				
8	木下宏道	-				
9	久部明弘	-				
10	児玉智弘	¥14,500				
11	綾野亜希	-				
12						

セルB2～B11を対象に調べるには、「=COUNT(B2:B11)」と入力する（❶）。指定した範囲が検索され、数値が入力されているセルの個数がカウントされる（❷）

ATTENTION

ここで示した例では、セルの表示形式を「通貨」にすることで「¥」を表示しています。「¥」や「円」などの単位を文字列として入力すると、そのセルは数値としてカウントされないので注意しましょう。

2-04

時短
15
分

「〇〇かつ××」と条件指定して集計する

KEYWORD COUNTIFS関数、AND検索

名簿の管理やアンケート集計などで、「女性かつ30代」のように性別と年代を組み合わせて人数を調べたいことがあります。このように複数の条件に一致するデータを数えたいときは、COUNTIFS関数を使います。

COUNTIFS関数で複数の条件を組み合わせる

COUNTIF関数で文字列を検索してセルの個数を求める方法は、すでに説明しました。しかし、COUNTIF関数では条件を1つしか指定できません。「女性」と「30代」というような**複数の条件を組み合わせてAND検索したい場合は、COUNTIFS関数を使います**。

関数書式

```
=COUNTIFS(条件範囲1,検索条件1,[条件範囲2,検索条件2],...)
```

検索対象となる「条件範囲」と「検索条件」を1つのセットにして、複数のセット（最大127組まで指定可能）を引数として列挙することで、それらの条件すべてに一致するデータの数をカウントできます。下の表を例にすると、「性別」がセルE1と一致し、かつ「年代」がセルF1と一致するものを見つけたいので、以下のような数式になります。

入力関数

```
=COUNTIFS(B2:B11,E1,C2:C11,F1)
```

COUNTIFS関数で2つの条件を指定する

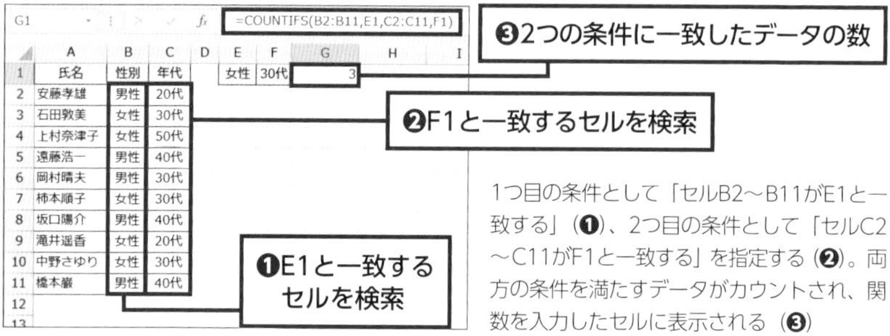

1つ目の条件として「セルB2～B11がE1と一致する」（❶）、2つ目の条件として「セルC2～C11がF1と一致する」を指定する（❷）。両方の条件を満たすデータがカウントされ、関数を入力したセルに表示される（❸）

検索条件には、文字列を指定することも可能です。その場合は、以下のように文字列をダブルクォーテーションで囲んで入力します。

入力関数

```
=COUNTIFS(B2:B11,"女性",C2:C11,"30代")
```

比較演算子で数値を条件として指定する

「30代」などの年代ではなく、「34」や「37」のように年齢が数値で入力されている場合を考えてみましょう。この中から30代の人を探すには、比較演算子を使って条件を指定します。30代は「30以上40未満」のことなので、比較演算子で表すと「>=30」かつ「<40」となります。

入力関数

```
=COUNTIFS(B2:B11,"女性",C2:C11,">=30",C2:C11,"<40")
```

セルB2～B11には「女性」という1つの条件、C2～C11には「>=30」と「<40」という2つの条件を指定しています。このように、**同じセル範囲に複数の条件を指定する場合も、必ず「範囲」と「検索条件」を1つずつセットにして記述する**必要があります。

数値を検索条件にする

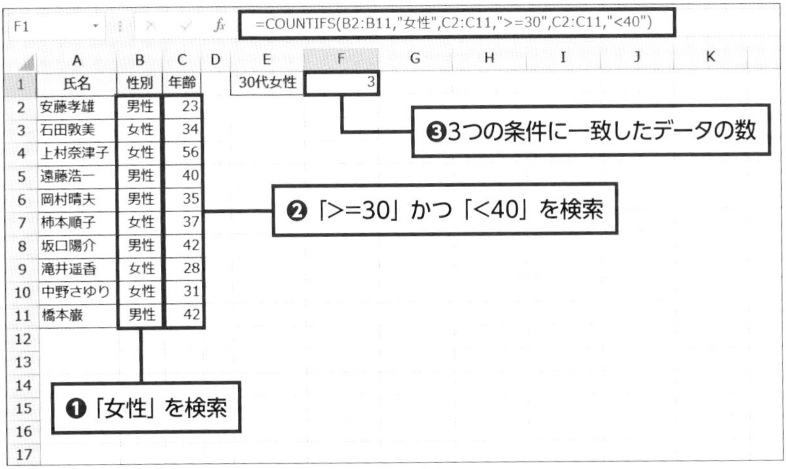

	A	B	C	D	E	F
1	氏名	性別	年齢		30代女性	3
2	安藤孝雄	男性	23			
3	石田敦美	女性	34			
4	上村奈津子	女性	56			
5	遠藤浩一	男性	40			
6	岡村晴夫	男性	35			
7	柿本順子	女性	37			
8	坂口陽介	男性	42			
9	滝井遥香	女性	28			
10	中野さゆり	女性	31			
11	橋本厳	男性	42			

「性別」の列から「女性」(❶)、「年齢」の列から「>=30」かつ「<40」という条件で検索することで(❷)、「女性かつ30代」の人数が得られる(❸)

2-05

時短 10 分

特定の商品の売上のみ合計する

KEYWORD SUMIF関数、合計

表の中から特定の項目だけを選んで合計を求めたいとき、SUM関数だと非常に手間がかかる場合があります。もっと効率よく計算するための方法を覚えておきましょう。

SUMIF関数で合計に含める値の条件を指定する

合計を求めるにはSUM関数を使うのが一般的です。しかし、特定の商品だけの売上合計を調べたい場合、該当するセルを1つずつ探して選択するのは手間がかかり、見落としが生じる可能性もあります。

こんなときはSUMIF関数を利用しましょう。**指定した条件でデータを検索し、一致する数値のみの合計を求めることができます。**

関数書式

=SUMIF(範囲,検索条件,合計範囲)

第2引数の「検索条件」は、セル参照や数値、文字列などを指定できます。文字列の場合はダブルクォーテーションで囲んで入力しましょう。また、ワイルドカードや比較演算子も使えます。

条件に合う数値だけの合計を求める

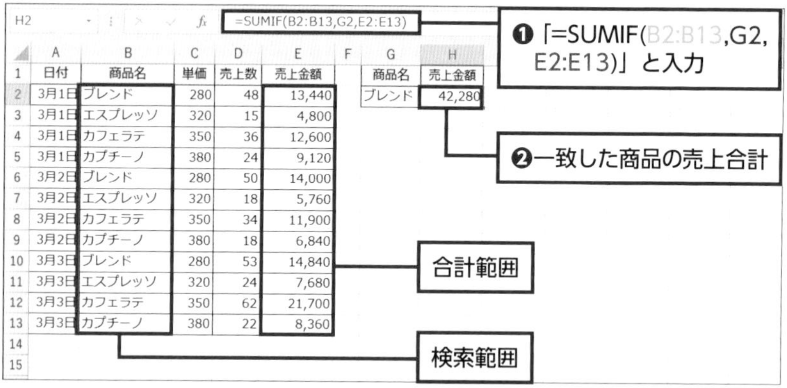
H2　=SUMIF(B2:B13,G2,E2:E13)

	A	B	C	D	E	F	G	H
1	日付	商品名	単価	売上数	売上金額		商品名	売上金額
2	3月1日	ブレンド	280	48	13,440		ブレンド	42,280
3	3月1日	エスプレッソ	320	15	4,800			
4	3月1日	カフェラテ	350	36	12,600			
5	3月1日	カプチーノ	380	24	9,120			
6	3月2日	ブレンド	280	50	14,000			
7	3月2日	エスプレッソ	320	18	5,760			
8	3月2日	カフェラテ	350	34	11,900			
9	3月2日	カプチーノ	380	18	6,840			
10	3月3日	ブレンド	280	53	14,840			
11	3月3日	エスプレッソ	320	24	7,680			
12	3月3日	カフェラテ	350	62	21,700			
13	3月3日	カプチーノ	380	22	8,360			
14								
15								

セルH2に「=SUMIF(B2:B13,G2,E2:E13)」と入力する（❶）。セルB2～B13の「商品名」がセルG2の「ブレンド」と一致するものが検索され、該当する商品の売上だけを合計できる（❷）

2-06

時短
15
分

先月と先々月の売上を合計する

KEYWORD SUMIFS 関数、日付、期間

売上を分析するために、特定の期間だけを抜き出して集計したいことがあります。たとえば、先月と先々月の売上を合計したい場合、どのような方法があるのか見てみましょう。

SUMIFS関数で期間を指定して売上を集計する

下の表のような売上データから、特定の期間だけを対象に集計する方法を考えてみましょう。ここでは、2020年12月1日から2021年1月31日の売上を合計してみます。

合計の対象を検索する条件が1つだけなら、すでに説明したSUMIF関数で計算できます。しかし、今回の例では期間の開始日と終了日を指定しなければならないので、2つの条件が必要になり、SUMIF関数では対応できません。このように、**複数の条件に一致する値の合計を求めたいときは、SUMIFS関数を使います**。条件は最大127個まで指定できます。

関数書式

=SUMIFS(合計対象範囲,条件範囲1,条件1,［条件範囲2,条件2］,...)

開始日と終了日を指定して合計を求める

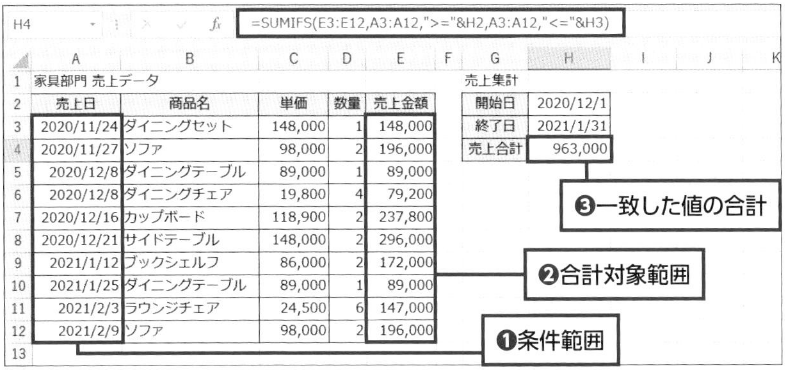

	A	B	C	D	E
1	家具部門 売上データ				
2	売上日	商品名	単価	数量	売上金額
3	2020/11/24	ダイニングセット	148,000	1	148,000
4	2020/11/27	ソファ	98,000	2	196,000
5	2020/12/8	ダイニングテーブル	89,000	1	89,000
6	2020/12/8	ダイニングチェア	19,800	4	79,200
7	2020/12/16	カップボード	118,900	2	237,800
8	2020/12/21	サイドテーブル	148,000	2	296,000
9	2021/1/12	ブックシェルフ	86,000	2	172,000
10	2021/1/25	ダイニングテーブル	89,000	1	89,000
11	2021/2/3	ラウンジチェア	24,500	6	147,000
12	2021/2/9	ソファ	98,000	2	196,000
13					

	G	H
1	売上集計	
2	開始日	2020/12/1
3	終了日	2021/1/31
4	売上合計	963,000

セルA3～A12の「売上日」を条件として（❶）、セルE3～E12から売上金額を検索し（❷）、一致する値だけを合計する（❸）。あらかじめセルH2に開始日、セルH3に終了日を入力しておき、セル参照で条件を指定した

この例では、セルH2に開始日、セルH3に終了日を入力してあるので、条件1は「">="&H2」、条件2は「"<="&H3」で示すことができます。数式全体では、以下のようになります。

入力関数

```
=SUMIFS(E3:E12,A3:A12,">="&H2,A3:A12,"<="&H3)
```

条件とする日付は、セル参照を使うほかに、数値で直接入力して指定することもできます。いずれの場合も、比較演算子と組み合わせて「○年○月○日以降」などの期間を指定します。

比較演算子による日付の指定

指定する条件	日付で指定	セル参照で指定
2020年12月1日よりも前	"<2020/12/1"	"<"&H2
2020年12月1日以前	"<=2020/12/1"	"<="&H2
2020年12月1日のみ	"=2020/12/1"	"="&H2
2020年12月1日以降	">=2020/12/1"	">="&H2
2020年12月1日よりも後	">2020/12/1"	">"&H2
2020年12月1日以外	"<>2020/12/1"	"<>"&H2

ATTENTION

日付を直接指定する場合は、必ず「yyyy/m/d」形式で記述しましょう。セルの表示形式で「12月1日」のように表示されている場合でも、関数で「">=12月1日"」などと入力すると正常に動作しません。また、年を省略して「m/d」のみを入力すると、ファイルを開いた時点の年が適用されてしまい、正しい結果が出ないことがあります。

	A	B	C	D	E	F	G	H	I	J	K
1	家具部門 売上データ						売上集計				
2	売上日	商品名	単価	数量	売上金額		開始日	2020/12/1			
3	11月24日	ダイニングセット	148,000	1	148,000		終了日	2021/1/31			
4	11月27日	ソファ	98,000	2	196,000		売上合計	963,000			
5	12月8日	ダイニングテーブル	89,000	1	89,000						
6	12月8日	ダイニングチェア	19,800	4	79,200						
7	12月16日	カップボード	118,900	2	237,800						
8	12月21日	サイドテーブル	148,000	2	296,000						
9	1月12日	ブックシェルフ	86,000	2	172,000						
10	1月25日	ダイニングテーブル	89,000	1	89,000						
11	2月3日	ラウンジチェア	24,500	6	147,000						
12	2月9日	ソファ	98,000	2	196,000						

セルの書式設定で日付が上の表のように表示されている場合でも、関数では必ず「">=2020/12/1"」などと指定する

2-07

時短
15
分

店舗別・月別の売上を合計する

KEYWORD SUMIFS 関数、クロス集計

売上の分析では、「店舗と売上月」のように複数の項目を組み合わせて相関性を探る「クロス集計」がよく使われます。ここでは、SUMIFS関数を利用してクロス集計を行う方法を知っておきましょう。

SUMIFS関数を使ってクロス集計を行う

日付や商品名、金額などが並んでいるだけの売上データは、そのまま眺めていても売上の傾向や変動の状況を把握することができません。そこで使われるのが、**複数の項目を掛け合わせてデータを集計・分析する「クロス集計」という手法**です。たとえば、売上月や店舗といった条件で売上を抽出し、縦方向と横方向に並べた表を作成すると、店舗ごとの売上の増減や季節による変動など、さまざまな情報を得られます。

クロス集計では複数の条件で売上を検索して集計するため、SUMIFS関数を使うのが適しています。下の表を例に、SUMIFS関数で店舗別・月別でクロス集計表を作る方法を説明していきます。

店舗別・月別でクロス集計する

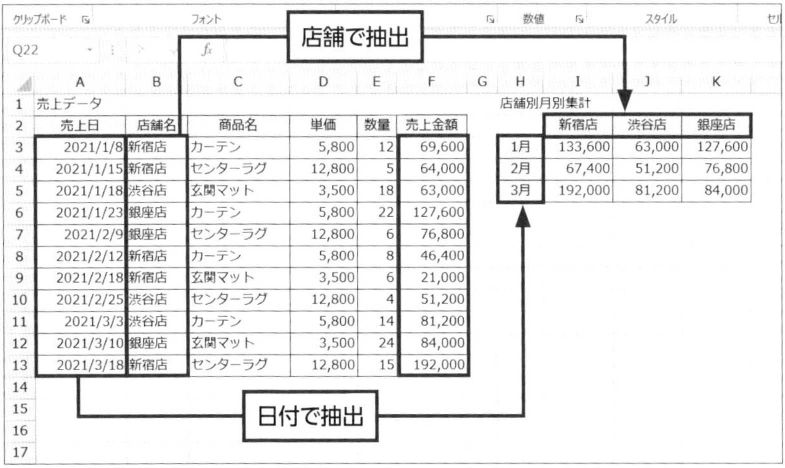

売上データ

売上日	店舗名	商品名	単価	数量	売上金額
2021/1/8	新宿店	カーテン	5,800	12	69,600
2021/1/15	新宿店	センターラグ	12,800	5	64,000
2021/1/18	渋谷店	玄関マット	3,500	18	63,000
2021/1/23	銀座店	カーテン	5,800	22	127,600
2021/2/9	銀座店	センターラグ	12,800	6	76,800
2021/2/12	新宿店	カーテン	5,800	8	46,400
2021/2/18	新宿店	玄関マット	3,500	6	21,000
2021/2/25	渋谷店	センターラグ	12,800	4	51,200
2021/3/3	渋谷店	カーテン	5,800	14	81,200
2021/3/10	銀座店	玄関マット	3,500	24	84,000
2021/3/18	新宿店	センターラグ	12,800	15	192,000

店舗別月別集計

	新宿店	渋谷店	銀座店
1月	133,600	63,000	127,600
2月	67,400	51,200	76,800
3月	192,000	81,200	84,000

左の表が売上データをそのまま入力したもの。列Aから日付、列Bから店舗名を検索し、対応する売上金額を合計して縦横に並べれば、クロス集計表ができる

まず、セルI3に、新宿店の1月の売上を求める数式を入力してみましょう。SUMIFS関数で期間を指定する方法は、前節で説明したものと同様です。1月とは「1月1日以降かつ1月31日以前」なので、条件1は「">=2021/1/1"」、条件2は「"<=2021/1/31"」とします。「新宿店」はセルI2を参照します。数式全体では次のようになります。

入力関数

```
=SUMIFS(F3:F13,A3:A13,">=2021/1/1",A3:A13,"<=2021/1/31",B3:B13,I2)
```

SUMIFS関数で月と店舗を指定して合計する

	A	B	C	D	E	F
1	売上データ					
2	売上日	店舗名	商品名	単価	数量	売上金額
3	2021/1/8	新宿店	カーテン	5,800	12	69,600
4	2021/1/15	新宿店	センターラグ	12,800	5	64,000
5	2021/1/18	渋谷店	玄関マット	3,500	18	63,000
6	2021/1/23	銀座店	カーテン	5,800	22	127,600
7	2021/2/9	銀座店	センターラグ	12,800	6	[illegible]
8	2021/2/12	新宿店	カーテン	5,800	8	[illegible]
9	2021/2/18	新宿店	玄関マット	3,500	6	[illegible]
10	2021/2/25	渋谷店	センターラグ	12,800	4	51,200
11	2021/3/3	渋谷店	カーテン	5,800	14	81,200
12	2021/3/10	銀座店	玄関マット	3,500	24	84,000
13	2021/3/18	新宿店	センターラグ	12,800	15	192,000
14						

	H	I	J	K
1	店舗別月別集計			
2		新宿店	渋谷店	銀座店
3	1月	133,600		
4	2月			
5	3月			

セルA3～A13から1月にあたる日付を検索し、セルB3～B13から「新宿店」を検索。両方の条件に一致する売上金額の合計が、数式を入力したセルに表示される

これで、新宿店の1月の売上を抽出して合計を求めることができました。あとは、ほかのセルにも数式をコピーすればよいのですが、このままコピーするとセル参照がおかしくなってしまうので、合計対象範囲と条件範囲を絶対参照に修正しておきましょう。日付の数値と店舗名のセル参照は、コピー後に手動で書き換えます。

入力関数

```
=SUMIFS($F$3:$F$13,$A$3:$A$13,">=2021/1/1",$A$3:$A$13,"<=2021/1/31",$B3:$B$13,I2)
```

ここではサンプルとして、ごく簡単な表を使ってクロス集計の方法を説明しましたが、実際の売上データはもっと多数の項目が並んだ巨大な表になっていることが多いでしょう。その場合でも、ここで説明したようにSUMIFS関数を使えば、必要なデータだけを抽出して見通しのいい表にまとめることができます。月別や店舗別だけでなく、商品ジャンル別、担当者別、得意先別など、いろいろな条件でクロス集計することで、多様な角度からの分析が可能になります。

COLUMN

ピボットテーブルでクロス集計を行う

エクセルでクロス集計を行うには、SUMIFS関数を使う以外に、「ピボットテーブル」を使う方法もあります。この方法のメリットは、抽出するデータの条件を指定するのが簡単なことです。そのため、条件をいろいろと変えて集計し、別の角度から売上を分析したい場合に適しています。

ピボットテーブルを作成するには、まず対象となるセル範囲を選択しておき、[挿入] タブの [テーブル] グループにある [ピボットテーブル] をクリックします。[ピボットテーブルの作成] ダイアログが表示されたら、範囲や作成場所を指定して [OK] をクリックします。すると、下図のような画面が表示されるので、集計したい項目を選択して配置を指定しましょう。

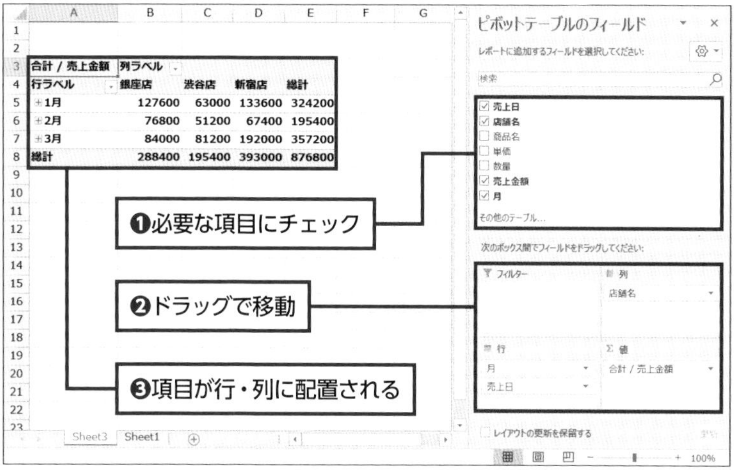

ピボットテーブルの作成例。右側にあるフィールド（項目）の一覧から必要なものを選び(❶)、その下にある「行」「列」「値」などのボックス間で項目をドラッグして移動させると（❷)、目的に応じた集計表を作成できる（❸)

2-08

時短
10
分

2種類以上の商品の売上を合計する

KEYWORD SUMIFS関数、SUM関数、配列、OR検索

売上データから特定の商品の売上だけを抜き出して合計する方法は、すでに説明しました。では、2種類以上の商品の売上を合計したいときは、どうすればよいのでしょうか。

SUMIFS関数と配列を組み合わせてOR検索する

売上を合計したい商品が1種類だけなら、SUMIF関数で計算できます。では、「商品Aと商品B」のように、2種類以上の合計を求める場合はどうでしょうか。SUMIF関数で商品Aの合計と商品Bの合計を別々に求めておき、それをSUM関数で合計してもよいのですが、少々煩雑です。もっとスマートに計算できる方法を考えてみましょう。

「条件が複数なら、SUMIFS関数を使えばいいのでは？」と思ったかもしれません。しかし、単純にSUMIFS関数を使うだけでは「AかつB」に一致するセル、つまりAND検索で合計対象を求めることになります。実際の商品で考えるとわかりますが、たとえば「コーヒーかつ紅茶」などという商品はあり得ないので、戻り値がゼロになってしまいます。

そこで、**SUMIFS関数の検索条件を工夫して、OR検索、つまり「AまたはB」に一致するセルを検索できるようにしてみましょう**。そのためには「配列」を利用して、次のように記述します。

```
=SUMIFS(合計対象範囲,検索範囲,{検索条件1,検索条件2})
```

配列とは、同種のデータを含むセルを1つのまとまりとして扱うための機能です。上記の書式で「{ }」で囲んだ部分が配列にあたります。たとえば、検索範囲から「キリマンジャロ」と「モカ」という商品を検索したい場合、検索条件を「{"キリマンジャロ","モカ"}」と指定します。これによって「キリマンジャロ」のセルと「モカ」のセルをセットで扱うことができます。商品名がセルB2～B13、売上金額がセルE2～E13に入力されている場合、次のような記述になります。

```
=SUMIFS(E2:E13,B2:B13,{"キリマンジャロ","モカ"})
```

ただし、この方法だとOR検索は可能になるものの、「キリマンジャロ」の売上合計と「モカ」の売上合計が別々に求められてしまいます。両方の合計を求めるには、SUM関数を使って上記の数式をネスト（入れ子にする）しましょう。そうすれば、1つの数式で2つの商品の売上合計を求めることができます。

入力関数

```
=SUM(SUMIFS(E2:E13,B2:B13,{"キリマンジャロ","モカ"}))
```


SUMIFS関数だけを使用した場合

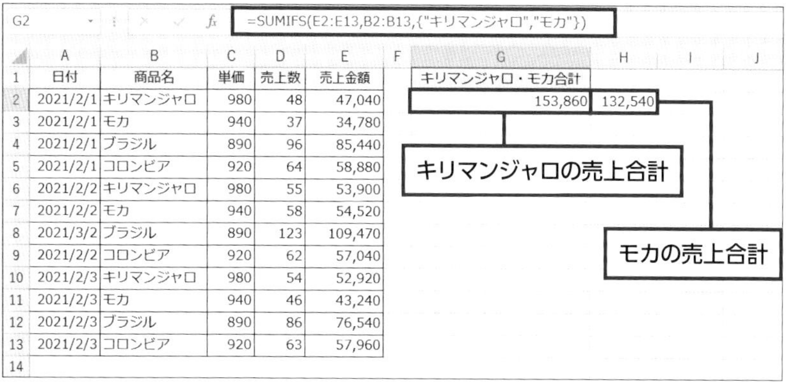

	A	B	C	D	E	F	G	H	I	J
1	日付	商品名	単価	売上数	売上金額		キリマンジャロ・モカ合計			
2	2021/2/1	キリマンジャロ	980	48	47,040		153,860	132,540		
3	2021/2/1	モカ	940	37	34,780					
4	2021/2/1	ブラジル	890	96	85,440					
5	2021/2/1	コロンビア	920	64	58,880					
6	2021/2/2	キリマンジャロ	980	55	53,900					
7	2021/2/2	モカ	940	58	54,520					
8	2021/3/2	ブラジル	890	123	109,470					
9	2021/2/2	コロンビア	920	62	57,040					
10	2021/2/3	キリマンジャロ	980	54	52,920					
11	2021/2/3	モカ	940	46	43,240					
12	2021/2/3	ブラジル	890	86	76,540					
13	2021/2/3	コロンビア	920	63	57,960					
14										

セルG2に「=SUMIFS(E2:E13,B2:B13,{"キリマンジャロ","モカ"})」と入力した。すると、商品名のセル範囲から「キリマンジャロまたはモカ」を検索できるが、売上金額はキリマンジャロとモカで別々に計算され、それぞれがセルG2とH2に表示される

SUM関数でネストすれば合計できる

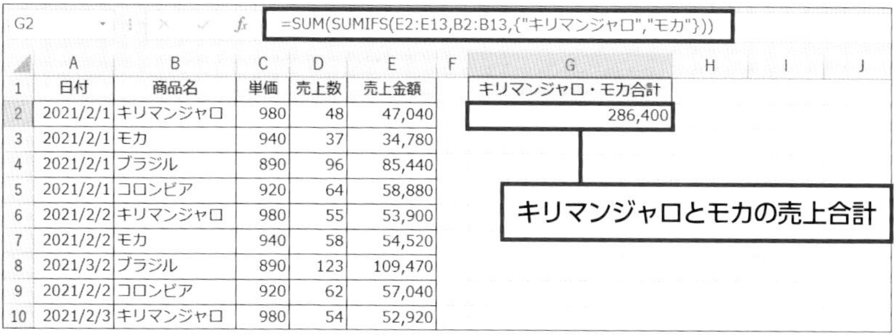

	A	B	C	D	E	F	G	H	I	J
1	日付	商品名	単価	売上数	売上金額		キリマンジャロ・モカ合計			
2	2021/2/1	キリマンジャロ	980	48	47,040		286,400			
3	2021/2/1	モカ	940	37	34,780					
4	2021/2/1	ブラジル	890	96	85,440					
5	2021/2/1	コロンビア	920	64	58,880					
6	2021/2/2	キリマンジャロ	980	55	53,900					
7	2021/2/2	モカ	940	58	54,520					
8	2021/3/2	ブラジル	890	123	109,470					
9	2021/2/2	コロンビア	920	62	57,040					
10	2021/2/3	キリマンジャロ	980	54	52,920					

SUMIFS関数をSUM関数の入れ子にして、「=SUM(SUMIFS(E2:E13,B2:B13,{"キリマンジャロ","モカ"}))」と入力すれば、キリマンジャロとモカの両方を合わせた売上合計が得られる

2-09 小計と総計を使い分けて見やすい表を作成する

時短 20 分

KEYWORD SUBTOTAL関数、小計、アウトライン

行数の多い表で売上などを管理する場合は、切りのいいところで小計を入れ、最後に全体の合計を求めるようにすると見通しがよくなります。このような表を効率よく作る方法を知っておきましょう。

小計はSUM関数ではなくSUBTOTAL関数を使う

合計を求める関数といえば、まず思い浮かぶのがSUM関数でしょう。しかし、小計を含む表でSUM関数を使うと、全体の合計（総計）を求めるときに重複を避ける必要があるため、セル範囲の指定に手間がかかります。

SUM関数では無駄な手間がかかる

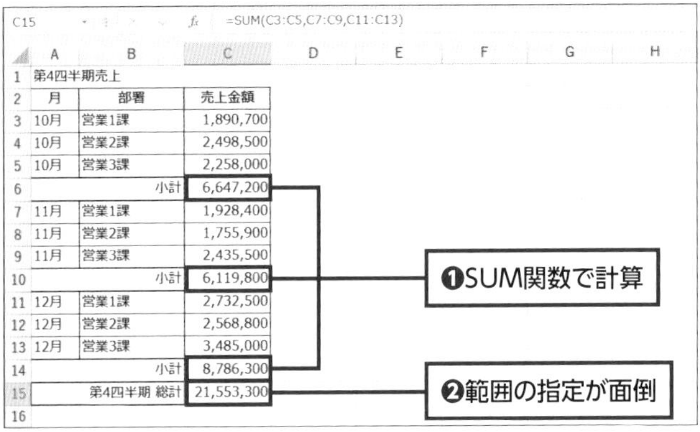
C15 =SUM(C3:C5,C7:C9,C11:C13)

	A	B	C
1	第4四半期売上		
2	月	部署	売上金額
3	10月	営業1課	1,890,700
4	10月	営業2課	2,498,500
5	10月	営業3課	2,258,000
6		小計	6,647,200
7	11月	営業1課	1,928,400
8	11月	営業2課	1,755,900
9	11月	営業3課	2,435,500
10		小計	6,119,800
11	12月	営業1課	2,732,500
12	12月	営業2課	2,568,800
13	12月	営業3課	3,485,000
14		小計	8,786,300
15		第4四半期 総計	21,553,300
16			

SUM関数で小計を求めた場合（❶）、総計を求めるには「小計を除いたセルのみ」または「小計のセルのみ」を範囲として指定する必要がある（❷）。小計のセルが多い表だと大変な手間がかかるし、いったん総計を計算してから小計の行を追加した場合、数式の修正が必要になる

このような**手間を省いてスムーズに計算したいなら、SUM関数ではなくSUBTOTAL関数を使いましょう**。

関数書式

=SUBTOTAL(集計方法,範囲1, [範囲2] ,...)

第1引数は、集計方法を数字で指定します。合計の場合は「9」です。第2引数では、合計を求める対象のセル範囲を指定します。範囲内に

SUBTOTAL関数を含むセルがある場合は、そのセルは無視して集計されます。これによって、**二重計算を回避できる**のが大きなメリットです。

SUBTOTAL関数で小計と総計を求める

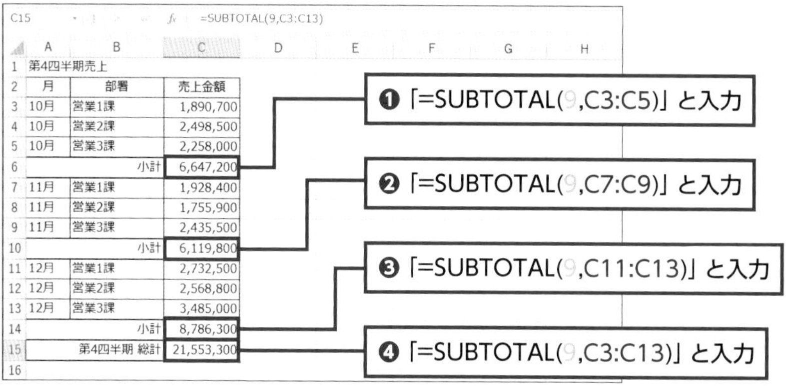

セルC6に「=SUBTOTAL(9,C3:C5)」と入力し、10月の売上金額の小計を求める（❶）。同様に、セルC10で11月（❷）、セルC14で12月の小計を求める（❸）。セルC18に「=SUBTOTAL(9,C3:C13)」と入力すると（❹）、小計のセル（C6、C10）を除外して計算できる

SUBTOTAL関数では、第1引数を変更することで、合計以外に平均や最大値、最小値などを求めることもできます。また、SUM関数などの場合は非表示にしたセルも計算対象になりますが、SUBTOTAL関数の場合は非表示にしたセルを含めるかどうかを選択できるので、フィルター機能を使っている表で集計を行うときに便利です。

SUBTOTAL関数で使える集計方法

集計方法（非表示の値も含める）	集計方法（非表示の値を無視する）	求められる値	対応する関数
1	101	平均	AVERAGE
2	102	数値の個数	COUNT
3	103	データの個数	COUNTA
4	104	最大値	MAX
5	105	最小値	MIN
6	106	積算	PRODUCT
7	107	不偏標準偏差	STDEV.S
8	108	標本標準偏差	STDEV.P
9	109	合計	SUM
10	110	不偏分散	VAR.S
11	111	標本分散	VAR.P

[小計] 機能を利用して簡単に集計する

SUBTOTAL関数は大変便利ですが、小計を求めたい箇所がたくさんあると、それなりに手間がかかります。特に、小計を入力することを前提とせずに表を作ってしまった場合、あとから行を追加するのは非常に面倒です。そんなときは、エクセルの［アウトライン］機能にある［小計］を利用しましょう。この機能を使えば、SUBTOTAL関数を自動的に入力して、グループごとの小計と全体の総計を簡単に求められます。

注意したいのは、集計の基準となるグループごとに、あらかじめデータを並べ替えておく必要があることです。以下の例では、元の表は月ごとにデータが並んでいますが、部署ごとに小計を求めたい場合は「部署」列の昇順で並べ替えます。

集計するグループを昇順に並べ替える

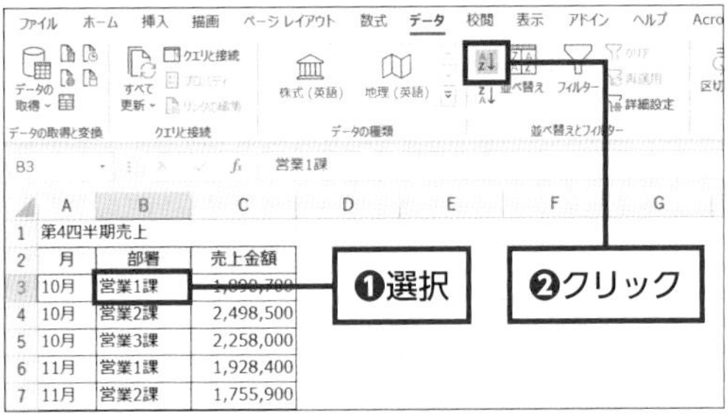

部署ごとに小計を求めるため、「部署」列にあるセルのどれかを選択し（❶）、［データ］タブの［並べ替えとフィルター］グループで［昇順］をクリックする（❷）

[小計] 機能を呼び出す

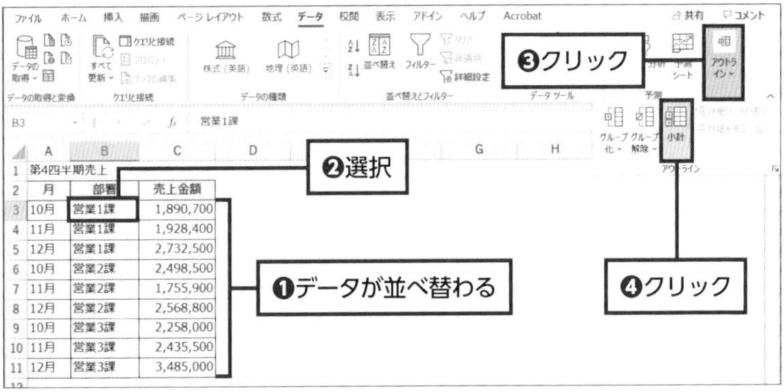

「部署」の昇順でデータが並べ替えられたことを確認する（❶）。次に、「部署」列のセルのどれかを選択して（❷）、［データ］タブの［予算］グループで［アウトライン］をクリックし（❸）、［小計］をクリックする（❹）

集計の方法や対象を指定する

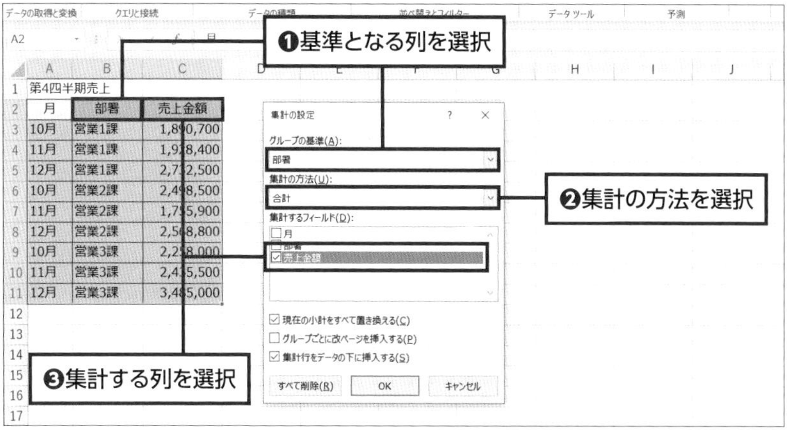

［集計の設定］ダイアログが表示されたら、［グループの基準］とする列（❶）、［集計の方法］（❷）、［集計するフィールド］とする列を指定して（❸）、［OK］をクリックする

小計と集計が求められる

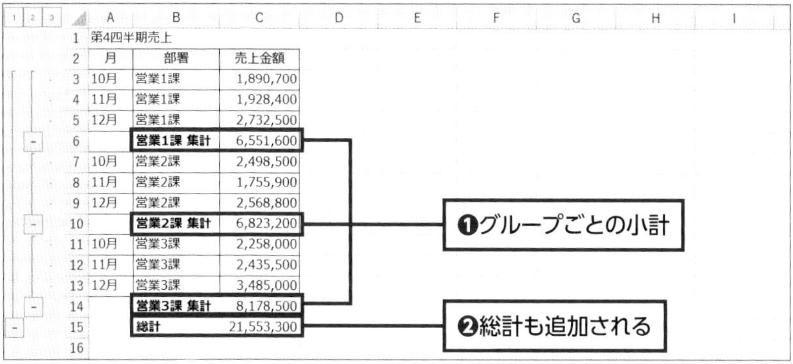

集計行が追加され、指定したグループごとに小計が求められる（❶）。同時に、表の最下行には総計が追加される（❷）

アウトラインで表示を切り替える

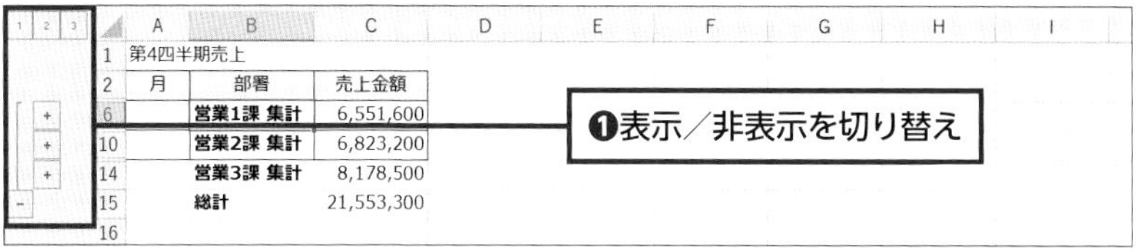

ワークシートの左側に表示されるアウトラインで、［−］をクリックするとグループが折りたたまれ、［+］をクリックすれば展開される。また、［1］をクリックすると総計のみ、［2］をクリックすると小計と総計というように、表示する行を選択できる（❶）

2-10

時短 10分

15日締めで売上を集計する

KEYWORD EDATE 関数、MONTH 関数、シリアル値

会社によっては、毎月の締め日が月末ではなく、15日締めや20日締めなど月の途中になっていることがあります。このようなケースで売上や経費をうまく集計するためのポイントを知っておきましょう。

EDATE関数で締め日に合わせて日付を調整する

売上データから月別の売上を集計するには、SUMIF関数で日付を条件にして検索し、金額を合計すればOKです。ただし、ここで考慮しなければならないのが締め日です。たとえば、15日締めなら、10月16日の売上は10月分ではなく11月分として計上する必要があります。このような処理を手作業で行うのは大変なので、EDATE関数とMONTH関数を使って、「何月分の売上なのか」がわかるようにしましょう。

関数書式

```
=EDATE(開始日,月)
```

EDATE関数は、開始日から起算して、指定した月数だけ前または後の日付をシリアル値で返す関数です。第1引数の「開始日」は、実際の売上日から締め日の「15」を引いた値とし、第2引数の「月」を「1」として1か月後の日付を求めれば、締め日に基づいて日付を調整できます。なお、日付のシリアル値とは、1900年1月1日を「1」としてカウントし、何日目にあたるかを示す数値のことです。

この方法で求めた日付から、MONTH関数で月を取り出して、売上月を求めます。

関数書式

```
=MONTH(シリアル値)
```

引数は日付のシリアル値ですが、ここにEDATE関数をネストすれば、1つの数式で売上日から売上月を求めることができます。セルA3に売上日が入力されている場合、次のような数式になります。

入力関数

```
=MONTH(EDATE(A3-15,1))
```

日付から売上月を求める

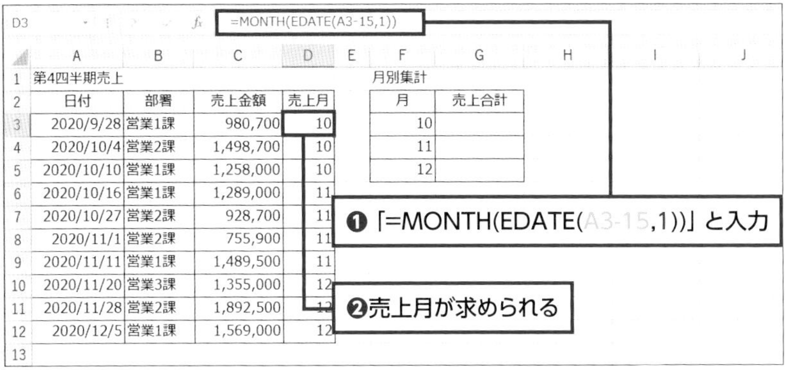

D3 =MONTH(EDATE(A3-15,1))

	A	B	C	D	E	F	G
1	第4四半期売上					月別集計	
2	日付	部署	売上金額	売上月		月	売上合計
3	2020/9/28	営業1課	980,700	10		10	
4	2020/10/4	営業2課	1,498,700	10		11	
5	2020/10/10	営業1課	1,258,000	10		12	
6	2020/10/16	営業1課	1,289,000	11			
7	2020/10/27	営業2課	928,700	11			
8	2020/11/1	営業2課	755,900	11			
9	2020/11/11	営業1課	1,489,500	11			
10	2020/11/20	営業3課	1,355,000	12			
11	2020/11/28	営業2課	1,892,500	12			
12	2020/12/5	営業1課	1,569,000	12			
13							

締め日を15日として、列Aに入力されている日付から売上月を求めてみよう。セルD3に「=MONTH(EDATE(A3-15,1))」と入力し（❶）、D4～D12にオートフィルでコピーする。これで締め日に基づく売上月が求められる（❷）

あとは、SUMIF関数を使って月ごとの売上を合計しましょう。売上月を求めたセル範囲から月を検索し、該当する月の売上を合計します。このとき、数式をコピーしてもセル参照が変わってしまわないように、検索範囲と合計範囲は絶対参照で記述しましょう。

SUMIF関数で売上を合計する

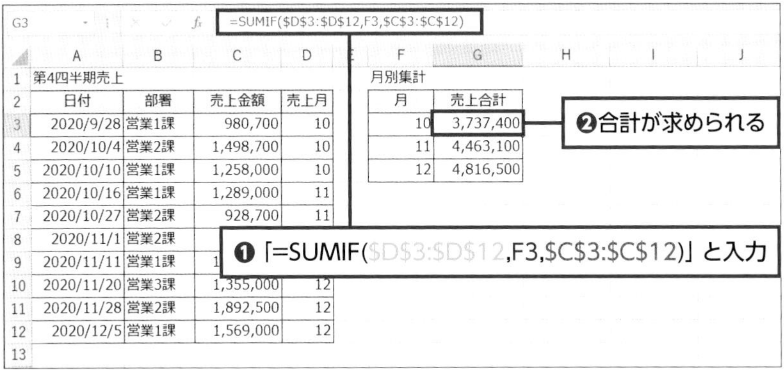

G3 =SUMIF($D$3:$D$12,F3,$C$3:$C$12)

	A	B	C	D	E	F	G
1	第4四半期売上					月別集計	
2	日付	部署	売上金額	売上月		月	売上合計
3	2020/9/28	営業1課	980,700	10		10	3,737,400
4	2020/10/4	営業2課	1,498,700	10		11	4,463,100
5	2020/10/10	営業1課	1,258,000	10		12	4,816,500
6	2020/10/16	営業1課	1,289,000	11			
7	2020/10/27	営業2課	928,700	11			
8	2020/11/1	営業2課					
9	2020/11/11	営業1課	1				
10	2020/11/20	営業3課	1,355,000	12			
11	2020/11/28	営業2課	1,892,500	12			
12	2020/12/5	営業1課	1,569,000	12			
13							

SUMIF関数を使って数式を入力する（❶）。セルD3～D12から月を検索し、C3～C12から該当する金額を抽出して合計することで、月別の売上が求められる（❷）。絶対参照で記述しておけば、セルG4とG5にもそのままコピーすればよい

2-11

時短 10分

平日と土日の売上を別々に合計する

KEYWORD WEEKDAY関数、曜日

小売業や飲食業などのコンシューマー向けビジネスでは、曜日によって売上の差が大きいことが多いでしょう。そこで、平日と土日に分けて売上を集計する方法を紹介します。

WEEKDAY関数で曜日を判別して集計する

売上を平日と週末に分けて集計するには、まず日付から曜日を取り出して数値化しておくとスムーズに計算できます。この処理には、WEEKDAY関数を使います。

関数書式

=WEEKDAY(シリアル値, [週の基準])

WEEKDAY関数は、日付に対応する曜日を「1」～「7」の数値で返す関数です。標準では日曜が「1」になりますが、第2引数を指定することで基準を変更できます。月～金と土日を分けたい場合は、第2引数を「2」に指定しましょう。すると月曜が「1」、火曜が「2」……、土曜が「6」、日曜が「7」となり、「5以下なら平日、6以上なら週末」という判定が可能になります。これを条件としてSUMIF関数で合計すれば完了です。

曜日を数値化してSUMIF関数で合計

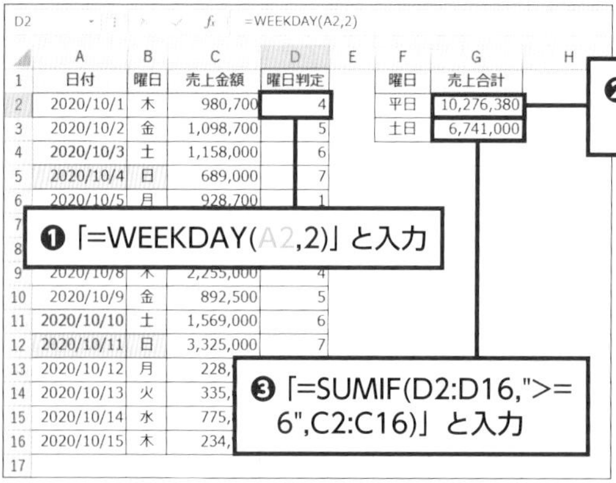

セルD2に「=WEEKDAY(A2,2)」と入力し（❶）、下のセルにもコピーする。これで、月～金曜は5以下、土日は6以上の値が得られる。SUMIF関数で曜日判定のセル範囲を検索し、「5以下」を平日（❷）、「6以上」を土日の売上として合計を求める（❸）

2-12

時短
10
分

平日と土日祝を分けて売上を集計する

KEYWORD NETWORKDAYS 関数、祝日、稼働日

祝日も土日と同じ扱いにして、平日とは別に売上を集計したい場合もあるでしょう。その場合は、NETWORKDAYS関数で条件を判定してからSUMIF関数で合計を求めましょう。

NETWORKDAYS関数で平日か土日祝かを判別

NETWORKDAYS関数は、指定した期間内の稼働日（土日および指定した休日を除いた日）の日数を求める関数です。引数を工夫することで、日付をもとに土日祝か平日かを判別するために利用できます。

関数書式

=NETWORKDAYS(開始日,終了日,［祝日］)

通常は、第1引数の「開始日」と第2引数の「終了日」を別の日付にして期間を指定しますが、この2つを同一の日付にすれば、当日が平日かどうかを判別できます。第3引数の「祝日」は、日付を入力したセル範囲を指定します。戻り値が「1」なら平日、「0」なら土日祝だとわかります。あとはSUMIF関数を使って条件別に合計を求めれば、平日と土日祝の売上を集計できます。

平日と土日祝を分けて集計する

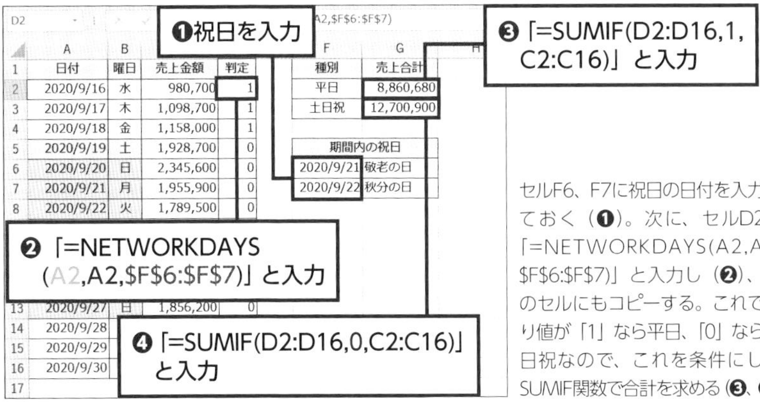

セルF6、F7に祝日の日付を入力しておく（❶）。次に、セルD2に「=NETWORKDAYS(A2,A2,$F$6:$F$7)」と入力し（❷）、下のセルにもコピーする。これで戻り値が「1」なら平日、「0」なら土日祝なので、これを条件にしてSUMIF関数で合計を求める（❸、❹）

2-13

時短 15 分

土日だけではなく、指定した曜日も含めて売上を集計する

KEYWORD NETWORKDAYS.INTL 関数

店舗や会社の事情によっては、土日ではなく別の曜日を特殊な日として売上を集計したい場合もあるでしょう。そこで、指定した曜日をほかの日とは分けて扱うための方法を紹介します。

NETWORKDAYS.INTL関数で特定の曜日を指定

前節で説明したように、NETWORKDAYS関数とSUMIF関数を組み合わせれば、土日祝と平日を分けて売上を集計できます。しかし、たとえば「毎週月曜は特売日」「水曜は近所の競合店が定休日」というように、土日以外の曜日で売上が特異なパターンを示す場合もあるでしょう。このようなケースで、特定の曜日をほかの日とは分けて売上を集計したい場合は、NETWORKDAYS.INTL関数を使います。

関数書式

```
=NETWORKDAYS.INTL(開始日,終了日,［週末］,［祝日］)
```

NETWORKDAYS.INTL関数は、指定した期間から稼働日の日数を求めるという点はNETWORKDAYS関数と同じですが、週末として扱う曜日を第3引数で自由に指定できる点が異なります。この引数は、週末番号もしくは文字列（7桁の数字）で指定します。文字列の場合、稼働日を「0」、非稼働日を「1」として、「月火水木金土日」の順に記述します。月曜と水曜を週末扱いにする場合は「1010000」となります。そのほかの引数はNETWORKDAYS関数と同様です。

この方法で「指定した曜日および祝日」と「それ以外の日」を判別し、それぞれの売上をSUMIF関数で合計すれば完了です。

POINT

第4引数の「祝日」は省略することも可能です。「祝日には関係なく月曜日と水曜日だけの売上を集計したい」という場合は省略しましょう。

特定の曜日と祝日だけを分けて集計

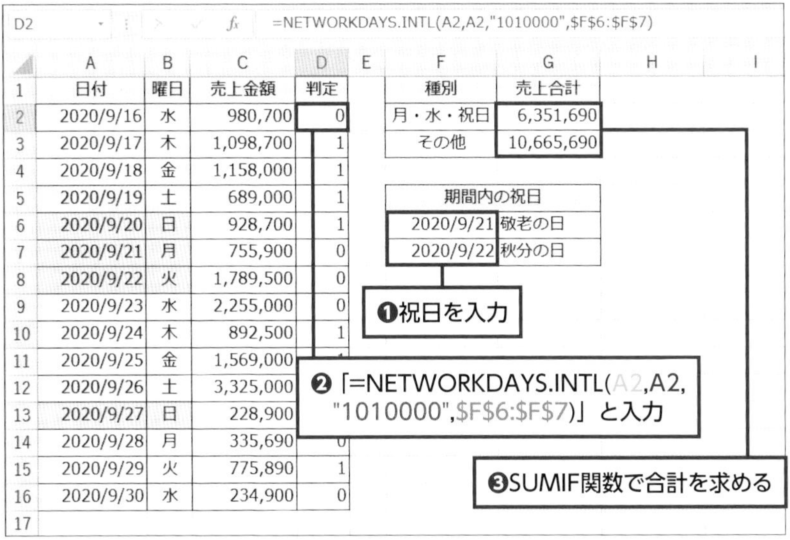

D2 =NETWORKDAYS.INTL(A2,A2,"1010000",$F$6:$F$7)

	A	B	C	D
1	日付	曜日	売上金額	判定
2	2020/9/16	水	980,700	0
3	2020/9/17	木	1,098,700	1
4	2020/9/18	金	1,158,000	1
5	2020/9/19	土	689,000	1
6	2020/9/20	日	928,700	1
7	2020/9/21	月	755,900	0
8	2020/9/22	火	1,789,500	0
9	2020/9/23	水	2,255,000	0
10	2020/9/24	木	892,500	1
11	2020/9/25	金	1,569,000	
12	2020/9/26	土	3,325,000	
13	2020/9/27	日	228,900	
14	2020/9/28	月	335,690	
15	2020/9/29	火	775,890	1
16	2020/9/30	水	234,900	0
17				

F	G
種別	売上合計
月・水・祝日	6,351,690
その他	10,665,690

期間内の祝日	
2020/9/21	敬老の日
2020/9/22	秋分の日

セルF6とF7に祝日を入力しておく（❶）。セルD2に「=NETWORKDAYS.INTL(A2,A2,"1010000",$F$6:$F$7)」と入力し（❷）、下のセルにもコピーする。これで、月・水曜日と祝日は「0」、それ以外は「1」の戻り値が得られる。セルG2に「=SUMIF(D2:D16,0,C2:C16)」、セルG3に「=SUMIF(D2:D16,1,C2:C16)」と入力し、それぞれの売上を合計する（❸）

COLUMN

週末番号を使って曜日を指定する

NETWORKDAYS.INTL関数の第3引数は、文字列で週末を指定する以外に、週末番号で指定することもできます。指定したい曜日が1つだけ、あるいは土曜日と日曜日のように連続した2つの曜日であれば、週末番号を使ったほうが簡単です。なお、文字列で指定する場合はダブルクォーテーションで囲む必要がありますが、週末番号の場合は不要です。

週末番号	週末とする曜日
1 または省略	土曜日と日曜日
2	日曜日と月曜日
3	月曜日と火曜日
4	火曜日と水曜日
5	水曜日と木曜日
6	木曜日と金曜日
7	金曜日と土曜日

週末番号	週末とする曜日
11	日曜日のみ
12	月曜日のみ
13	火曜日のみ
14	水曜日のみ
15	木曜日のみ
16	金曜日のみ
17	土曜日のみ

2-14

時短 50分

週・曜日・月・四半期・年単位で売上を集計する

KEYWORD WEEKNUM関数、TEXT関数、CHOOSE関数

売上データから業績を把握するには、週や曜日ごとの比較から、四半期や年といった中長期的な推移まで、多様な角度からの分析が必要です。そこで、いろいろな単位で売上を集計する方法を考えてみましょう。

週単位で売上を集計する

期間を区切って売上を集計するには、まず日付から週や月などのデータを取り出し、それを条件としてSUMIF関数で金額を合計する、というのが基本的な流れです。

はじめに、週単位で集計する方法を見てみましょう。**売上のあった日が何週目にあたるのかを求めるには、WEEKNUM関数を使います。**

関数書式

```
=WEEKNUM(シリアル値,[週の基準])
```

WEEKNUM関数は、第1引数で指定した日付の週番号（その年の1月1日を含む週から数えて何週目にあたるかを示す番号）を返す関数です。第2引数は、週の開始日となる曜日を指定します。「1」または省略した場合は日曜始まり、「2」にした場合は月曜始まりになります。そのほかの曜日で始めたい場合は、次ページの表を参考にしてください。

「2月の第1週」のように月初を起点として数えたい場合は、数式をひと工夫する必要があります。2021年2月の日付を例にすると、その日の週番号から2021年2月1日の週番号を引き、「1」を加えれば、月初から何週目にあたるかを計算できます。セルA3に日付が入力されていて、月曜始まりでカウントしたい場合、以下の数式で求められます。

入力関数

```
=WEEKNUM(A3,2)-WEEKNUM("2021/2/1",2)+1
```

この方法で求めた値を条件としてSUMIF関数で合計すれば、週単位の売上を集計できます。

「何週目か」をWEEKNUM関数で求めて集計する

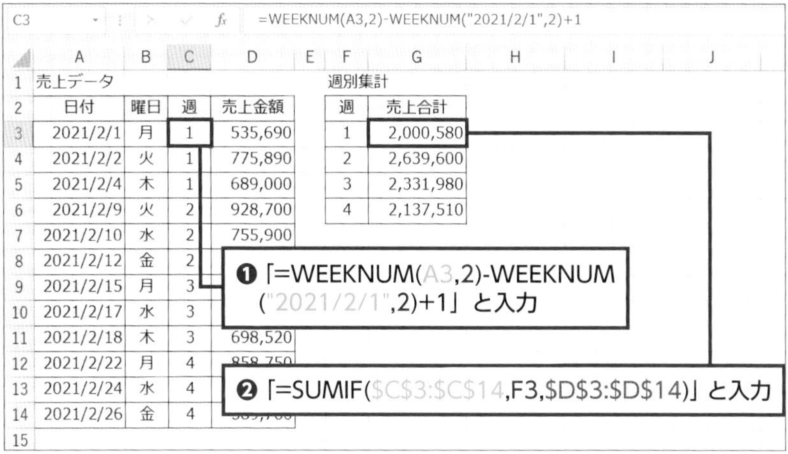

セルC3に「=WEEKNUM(A3,2)-WEEKNUM("2021/2/1",2)+1」と入力し（❶）、下のセルにもコピーする。これで、その日が2月の何週目にあたるかを求められる。セルG3に「=SUMIF($C$3:$C$14,F3,$D$3:$D$14)」と入力し（❷）、下のセルにもコピーすれば、週単位で売上を集計できる

ATTENTION

WEEKNUM関数を入力したセルの表示形式が、自動的に「日付」になってしまうことがあります。この状態だと値が正しく表示されないので、「標準」に変更しましょう。

WEEKNUM関数の「週の基準」で指定できる値

週の基準	週の開始日	方式
1 または省略	日曜日	US 方式（※ 1）
2	月曜日	
11	月曜日	
12	火曜日	
13	水曜日	
14	木曜日	
15	金曜日	
16	土曜日	
17	日曜日	
21	月曜日	ISO 8601 方式（※ 2）

（※ 1）その年の 1 月 1 日を含む週を第 1 週とする方式
（※ 2）欧州などでよく使われる方式。その年の最初の木曜日を含む週を第 1 週とする

曜日別に売上を集計する

次に、曜日ごとに売上を集計してみましょう。WEEKDAY関数を使ってもよいのですが、ここではもう1つの方法として、TEXT関数を利用して曜日を求める方法を紹介します。

関数書式

```
=TEXT(値,表示形式)
```

TEXT関数は、表示形式をコードで指定することで、数値に書式を適用する関数です。第1引数で日付のシリアル値を指定し、第2引数の表示形式コードを「aaa」とすれば、「月」「火」のような形式で曜日を取り出せます。表記形式コードはダブルクォーテーションで囲んで入力します。

この方法で求めた曜日を条件としてSUMIF関数で合計すれば、月曜、火曜……と曜日別の売上を集計できます。

TEXT関数で日付から曜日を取り出す

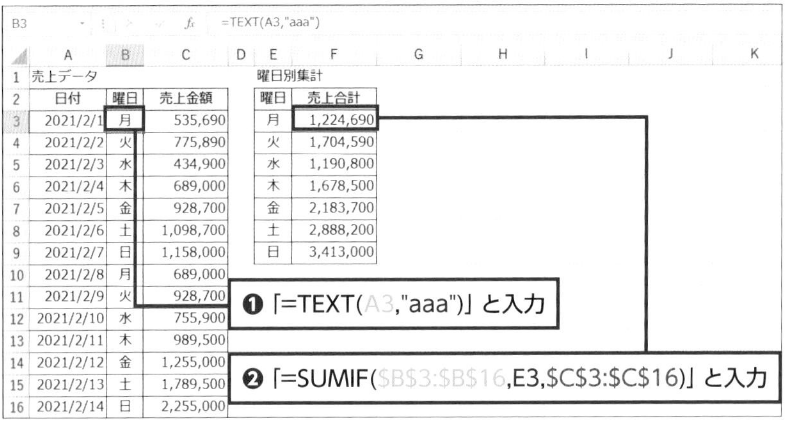

売上データ

日付	曜日	売上金額
2021/2/1	月	535,690
2021/2/2	火	775,890
2021/2/3	水	434,900
2021/2/4	木	689,000
2021/2/5	金	928,700
2021/2/6	土	1,098,700
2021/2/7	日	1,158,000
2021/2/8	月	689,000
2021/2/9	火	928,700
2021/2/10	水	755,900
2021/2/11	木	989,500
2021/2/12	金	1,255,000
2021/2/13	土	1,789,500
2021/2/14	日	2,255,000

曜日別集計

曜日	売上合計
月	1,224,690
火	1,704,590
水	1,190,800
木	1,678,500
金	2,183,700
土	2,888,200
日	3,413,000

セルB3に「=TEXT(A3,"aaa")」と入力し（❶）、下のセルへもコピーする。これで日付から曜日を求められる。次に、セルF3に「=SUMIF($B$3:$B$16,E3,$C$3:$C$16)」と入力し（❷）、セルF4〜F9にもコピーすれば、月〜日曜日の売上を集計できる

POINT

表示形式コードを「aaaa」とすれば、「月曜日」のような形式で曜日を表示できます。用途に合わせて使い分けましょう。

年月単位で売上を集計する

続いて、月単位で集計する方法を見てみましょう。単純に何月分の売上かを判定するだけなら、MONTH関数で求めることができます。

関数書式

```
=MONTH(シリアル値)
```

ただし、MONTH関数では、2020年1月も2021年1月も戻り値は「1」となり、同じものとして扱われます。複数年にわたる売上データを集計する場合、これでは不都合です。**何年の何月かを明確にしたいなら、TEXT関数を使って年月単位で分類しましょう**。「2021年1月」のように表示するには、第2引数の表示形式コードを「yyyy年m月」とします。

TEXT関数で年月を取り出して集計する

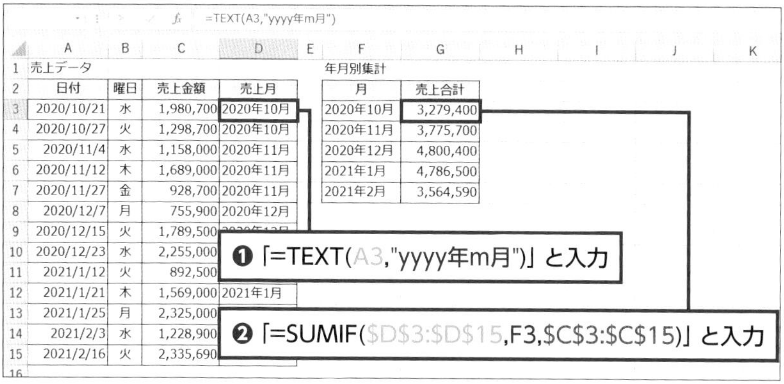

セルD3に「=TEXT(A3,"yyyy年m月")」と入力し（❶）、下のセルにもコピーする。次にセルG3に「=SUMIF($D$3:$D$15,F3,$C$3:$C$15)」と入力し（❷）、下のセルにもコピーすれば、年月別に売上を集計できる

年月を求めるときに用いる表示形式コードの例

表示形式コード	表示例
yyyy/mm	2021/02
yyyy-m	2021-2
[$-en-US]mmm-yy	Feb-21
[$-en-US]mmmm-yy	February-21
[$-ja-JP]ggge 年 m 月	令和 3 年 2 月
[$-ja-JP]ge.m	R3.2

四半期ごとに売上を集計する

企業の会計では、1年を3か月ごとに4分割した「四半期」が単位としてよく使われます。日付から四半期を求めるには、MONTH関数とCHOOSE関数を使います。

関数書式

=CHOOSE(インデックス,値1,［値2］,...)

CHOOSE関数は、第1引数の「インデックス」で指定した数値に対応する値を返す関数です。インデックスの値が「1」なら値1、「2」なら値2……という具合に、第2引数以降で指定した値を返します。

売上日から「第n四半期」を求めるには、まず日付からMONTH関数で月を求め、その月に対応する「n」の値をCHOOSE関数で求めます。第1四半期が4月始まりの場合、第2引数の数値を「4,4,4,1,1,1,2,2,2,3,3,3」と指定しましょう。1～3月は「4」、4～6月は「1」……という戻り値が得られます。

月から四半期を求めて集計する

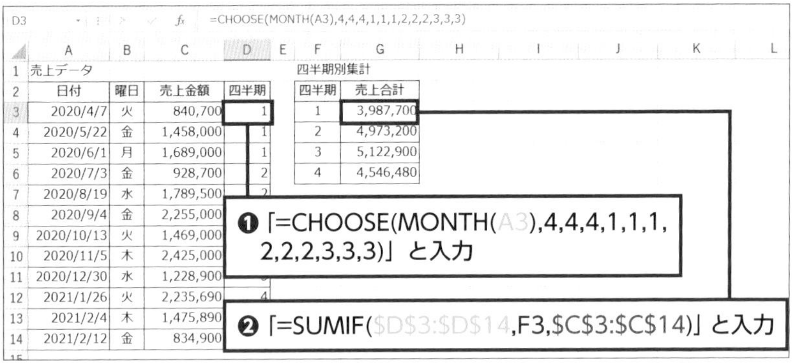

日付	曜日	売上金額	四半期
2020/4/7	火	840,700	1
2020/5/22	金	1,458,000	1
2020/6/1	月	1,689,000	1
2020/7/3	金	928,700	2
2020/8/19	水	1,789,500	2
2020/9/4	金	2,255,000	
2020/10/13	火	1,469,000	
2020/11/5	木	2,425,000	
2020/12/30	水	1,228,900	
2021/1/26	火	2,235,690	4
2021/2/4	木	1,475,890	
2021/2/12	金	834,900	

四半期	売上合計
1	3,987,700
2	4,973,200
3	5,122,900
4	4,546,480

セルD3に、MONTH関数とCHOOSE関数で四半期を求める数式を入力し（❶）、下のセルにもコピーする。次に、セルG3に「=SUMIF($D$3:$D$14,F3,$C$3:$C$14)」と入力し（❷）、下のセルにもコピーする

POINT

四半期を求めるにはIFS関数やINT関数を使う方法もありますが、CHOOSE関数のほうが数式が単純でミスが少ないでしょう。ただし、第1四半期が1月始まりの場合、INT関数を使って「=INT((MONTH(A3)+2)/3))」としたほうが簡単です。

年度別に売上を集計する

年単位で売上を集計するには、YEAR関数を利用して、日付から年を求めます。

関数書式

```
=YEAR(シリアル値)
```

ただし、年度を4月始まりとして集計したい場合は、4月から翌年3月までを1年として扱う必要があります。まずEDATE関数で3か月前の日付を求め、その値からYEAR関数で年を取り出しましょう。

日付から4月始まりで年度を求める

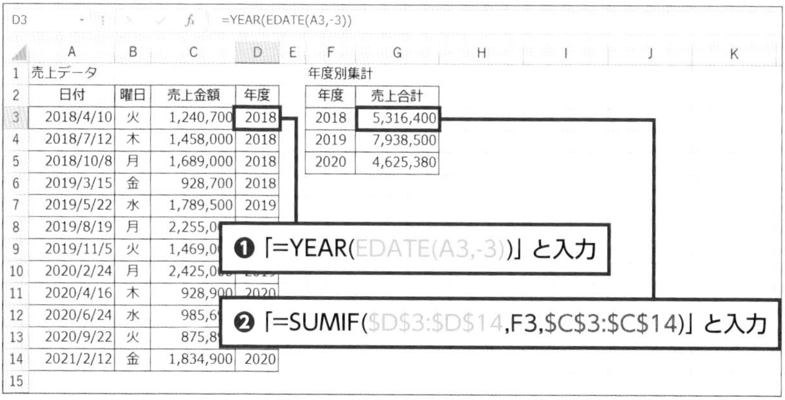

D3 =YEAR(EDATE(A3,-3))

	A	B	C	D	E	F	G
1	売上データ					年度別集計	
2	日付	曜日	売上金額	年度		年度	売上合計
3	2018/4/10	火	1,240,700	2018		2018	5,316,400
4	2018/7/12	木	1,458,000	2018		2019	7,938,500
5	2018/10/8	月	1,689,000	2018		2020	4,625,380
6	2019/3/15	金	928,700	2018			
7	2019/5/22	水	1,789,500	2019			
8	2019/8/19	月	2,255,0				
9	2019/11/5	火	1,469,0				
10	2020/2/24	月	2,425,0				
11	2020/4/16	木	928,900	2020			
12	2020/6/24	水	985,6				
13	2020/9/22	火	875,8				
14	2021/2/12	金	1,834,900	2020			
15							

セルD3に「=YEAR(EDATE(A3,-3))」と入力し（❶）下のセルにもコピーする。列Fに年度を入力しておき、セルG3に「=SUMIF($D$3:$D$14,F3,$C$3:$C$14)」と入力する（❷）。これを下のセルにもコピーすれば、年度別に売上を合計できる

COLUMN

年度を上期と下期に分けて集計する

1年を上期と下期に分けて売上を集計したいこともあるでしょう。その場合は、MONTH関数で月を求め、IF関数を使って上期と下期に振り分けます。4月から9月を上期、10月から翌年3月を下期とする場合、以下のような数式になります。戻り値は「2021年上期」などの書式で得られます。

```
=YEAR(EDATE(A3,-3))&"年"&IF(AND(3<MONTH(A3),MONTH
(A3)<=9),"上期","下期")
```

2-15

時短 05 分

データの一覧から最大値・最小値を求める

KEYWORD　MAX関数、MIN関数

店舗別の売上データを集計して比較・分析したいケースはよくあります。ここでは基本として、売上の一覧から金額がもっとも多い、あるいは少ないものを求める方法を紹介します。

MAX関数で最大値、MIN関数で最小値を求める

売上金額がもっとも多い店を調べるには、MAX関数を使います。また、**もっとも少ない店を調べるにはMIN関数**を使います。どちらも書式は共通で、引数として指定した数値やセル範囲から最大値または最小値を返します。なお、セル範囲に含まれる文字列や空白セルは無視されます。もし売上がゼロの店舗があれば、明示的に「0」と入力しておきましょう。

関数書式

=MAX(数値1,［数値2］,...)

関数書式

=MIN(数値1,［数値2］,...)

店舗別売上から最高・最低を求める

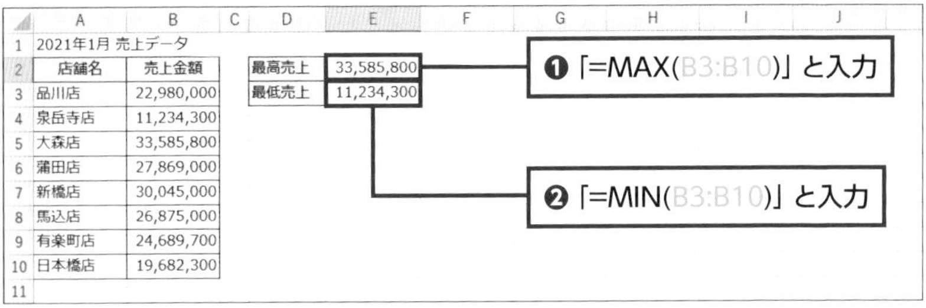

	A	B	C	D	E
1	2021年1月 売上データ				
2	店舗名	売上金額		最高売上	33,585,800
3	品川店	22,980,000		最低売上	11,234,300
4	泉岳寺店	11,234,300			
5	大森店	33,585,800			
6	蒲田店	27,869,000			
7	新橋店	30,045,000			
8	馬込店	26,875,000			
9	有楽町店	24,689,700			
10	日本橋店	19,682,300			
11					

セルE2にMAX関数（❶）、セルE3にMIN関数を入力した（❷）。これで、セルB3～B10の中から最高売上と最低売上が求められる

MAX関数やMIN関数は、［数式］タブの［オートSUM］から［最大値］または［最小値］を選択して入力することもできます。ただし、参照するセル範囲と関数を入力するセルが隣接している場合に限られます。

2-16

時短 10 分

「〇〇店の最高売上」などの条件付きで売上を調べる

KEYWORD　MAXIFS関数、MINIFS関数

「新宿店で一番多かった売上は？」のように、店舗別の最高・最低売上を知りたい場合、MAX関数やMIN関数では対応できません。こういった条件付きで最大値や最小値を求めるにはどうすればよいでしょうか。

MAXIFS関数やMINIFS関数で条件別に調べる

前節ではMAX関数とMIN関数で売上の最高・最低を求める方法を説明しました。しかし、実際の業務では「〇〇店の最高売上」「〇月の最低売上」など、何らかの条件付きで最高・最低金額を調べたいことが多いものです。このような場合は、MAXIFS関数やMINIFS関数を使います。

関数書式

=MAXIFS(最大範囲,条件範囲1,条件1,［条件範囲2,条件2］,...)

関数書式

=MINIFS(最大範囲,条件範囲1,条件1,［条件範囲2,条件2］,...)

MAXIFS関数は、「条件範囲」で指定したセル範囲から「条件」に合うものを検索し、一致したデータの「最大範囲」から最大値を求めます。同じ要領で、**MINIFS関数では条件に一致するデータの最小値を求める**ことができます。店舗名を条件にして売上金額の列から最大値・最小値を求めれば、その店舗の最高・最低売上がわかります。

ATTENTION

MAXIFS関数とMINIFS関数は、Excel 2019およびMicrosoft 365のみで利用できる関数です。古いバージョンのエクセルで同じ結果を求めるには、MAX関数またはMIN関数とIF関数を組み合わせる必要があります。MAXIFS関数の代わりにMAX関数とIF関数を使う場合、次のような書式になります。

=MAX(IF((条件範囲=条件),最大範囲,""))

MAXIFS関数で店舗別の最高売上を調べる

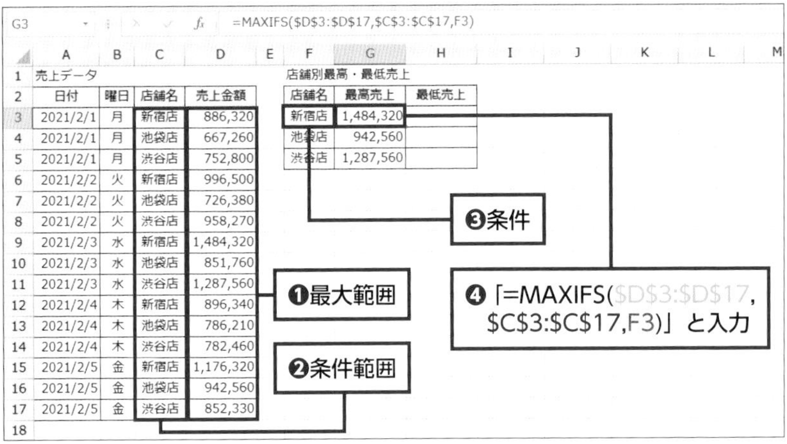

セルD3～D17を最大範囲（❶）、セルC3～C17を条件範囲（❷）、セルF3の「新宿店」を条件として（❸）、もっとも多い売上を求めてみよう。コピーしても参照がずれないように、最大範囲と条件範囲を絶対参照で指定して数式を入力する（❹）。これを下のセルへもコピーすれば、各店舗の最高売上が求められる

MINIFS関数で店舗別の最低売上を調べる

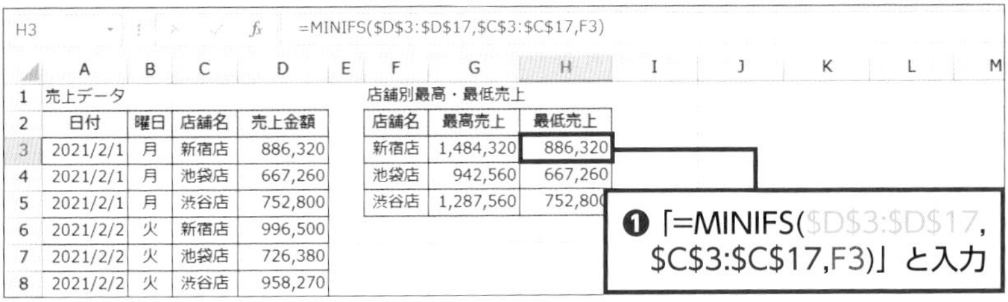

店舗ごとの最低売上を求めるには、MINIFS関数を使う。引数の指定方法はMAXIFS関数と同様である（❶）

COLUMN

MAXIFS関数・MINIFS関数で指定できる条件

ここでは条件として店舗名を入力したセルを指定しましたが、文字列で直接指定することも可能です。その場合は「"新宿店"」のようにダブルクォーテーションで囲んで入力しましょう。

また、MAXIFS関数やMINIFS関数では、条件範囲と条件のセットを最大127個まで指定できます。ここで紹介した例では店舗だけを条件にしていますが、複数の条件を組み合わせれば「新宿店の月曜日の売上から最高・最低を求める」といったことも可能です。

2-17

時短 05 分

n番目に大きい／小さい値はどれ？

KEYWORD LARGE 関数、SMALL 関数

売上や成績などのリストから、上位の数値を知りたいというケースはよくあります。ここでは、顧客の購入金額を集計した表から、上位3人がいくら購入したのか調べるための方法を紹介します。

数値を大きさの順で取り出すならLARGE関数

金額などの数値で一番大きいものを調べたいときはMAX関数を使いますが、**「上位から何番目」と順位を指定して数値を取り出したいときはLARGE関数を使います**。

関数書式

```
=LARGE(配列,順位)
```

第1引数で配列またはセル範囲を指定すると、その中に含まれる数値が大きい順にランク付けされ、第2引数で指定した順位に該当する値が求められます。

LARGE関数で順位別の金額を調べる

F3 =LARGE($C$3:$C$12,E3)

	A	B	C	D	E	F	G	H
1	購入者リスト				購入金額トップ3			
2	No.	名前	購入金額		順位	購入金額		
3	1	田中幸助	39,000		1	84,800		
4	2	山本美智子	58,000		2	65,200		
5	3	渡辺洋一	45,000		3	58,000		
6	4	鴨居進	84,800					
7	5	中野好美	35,600					
8	6	庄司由紀子	24,500					
9	7	三島優	65,200					
10	8	荒木順二	36,400					
11	9	菅廉太郎	15,800					
12	10	中本浩二	48,900					

❶「=LARGE($C$3:$C$12,E3)」と入力

セルF3に「=LARGE($C$3:$C$12,E3)」と入力し（❶）、セルF4とF5にコピーする。これで、セルC3～C12に入力された購入金額から上位1～3位を求められる

なお、**小さいものから数えた順位で数値を求めたい場合は、SMALL関数を使います**。引数の指定方法はLARGE関数と共通です。

関数書式

```
=SMALL(配列,順位)
```

2-18

時短 15 分

複数の値を基準にして重複なく順位を付けたい

KEYWORD RANK.EQ 関数、RANK.AVG 関数

採用や昇格などの試験で、筆記と面接というように複数の試験で選考が行われることがあります。合計点が同じなら面接の結果を優先して合否を決めたいという場合、どのように順位を付ければよいでしょうか。

RANK.EQ関数を使って順位を求める

試験の点数や営業成績など、数値から順位を求めたいことは多いものです。そんなときに役立つのがRANK.EQ関数です。

関数書式

```
=RANK.EQ(数値,参照,［順序］)
```

RANK.EQ関数では、第2引数の「参照」で指定したセル範囲の中で、第1引数の「数値」が何位にあたるかを求めます。第3引数の「順序」を省略または「0」にすると降順、「0」以外の数値にすると昇順で順位が付けられます。試験の点数など数値が大きいほど上位にしたいときは降順、作業時間の速さを競う場合など数値が小さい順にしたいときは昇順にします。

ここでは、まずRANK.EQ関数の基本的な使い方を知るために、単純に合計点から順位を求めてみます。

合計点から順位を求める

F3 =RANK.EQ(E3,$E$3:$E$12)

試験結果（筆記・面接各100点満点）

No.	名前	筆記	面接	合計点	順位
1	石田文香	75	85	160	6
2	植村康夫	67	71	138	8
3	柿本亮介	72	70	142	7
4	坂田春雄	79	82	161	5
5	杉山登紀子	86	90	176	1
6	田口明彦	80	92	172	3
7	中山邦男	48	56	104	10
8	橋本絹江	88	85	173	2
9	松田順一	94	78	172	3
10	山下和美	59	67	126	9

❶「=RANK.EQ(E3,$E$3:$E$12)」と入力

❷同じ順位になる

セルF3に「=RANK.EQ(E3,$E$3:$E$12)」と入力し（❶）、セルF4～F12にもコピーすると、順位が求められる。No.6とNo.9の受験者は合計点が同点なので、順位も同じになった（❷）。このように順位「3」が2人いる場合、「4」がスキップされ、次の順位は「5」となる

得点を調整して面接優先で順位を求める

現状では、合計点が同じ受験者2人の順位が同列で並んでいます。そこで、面接を優先して順位を付けるように調整しましょう。

まず合計点で順位を出し、同点の場合のみ面接で差が付くようにするには、合計点と面接の得点で桁数を変えて加算します。面接は100点満点なので、「合計点*1000+面接の得点」で計算し、上3桁が合計点、下3桁が面接の得点になるようにします。たとえば合計点が172点、面接が92点の場合は「172092」となります。この点数をもとにRANK.EQ関数で順位を求めると、合計点が同じ場合のみ面接の得点が結果に反映されます。

順位の判定用に得点を計算する

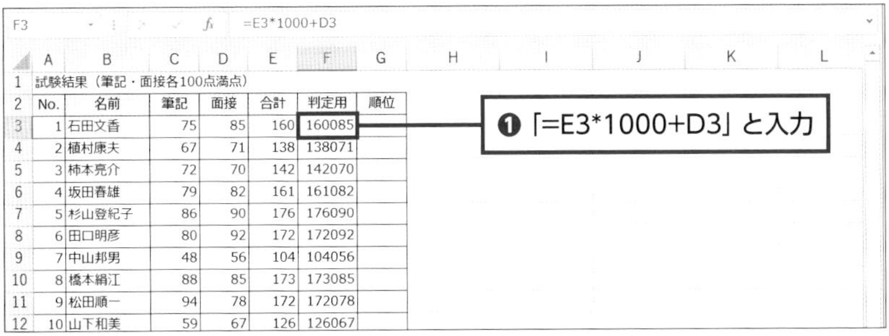

試験結果（筆記・面接各100点満点）						
No.	名前	筆記	面接	合計	判定用	順位
1	石田文香	75	85	160	160085	
2	植村康夫	67	71	138	138071	
3	柿本亮介	72	70	142	142070	
4	坂田春雄	79	82	161	161082	
5	杉山登紀子	86	90	176	176090	
6	田口明彦	80	92	172	172092	
7	中山邦男	48	56	104	104056	
8	橋本絹江	88	85	173	173085	
9	松田順一	94	78	172	172078	
10	山下和美	59	67	126	126067	

セルF3に「=E3*1000+D3」と入力し（❶）、セルF4～F12にコピーする。これで、上3桁が合計点、下3桁が面接の得点を示す数値が求められる

計算結果をもとに順位を求める

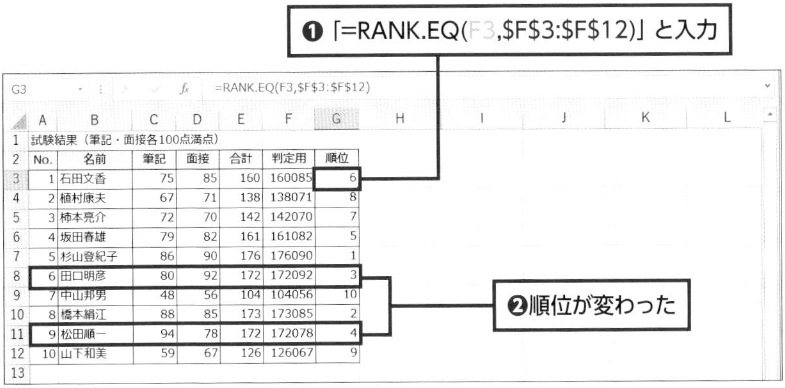

試験結果（筆記・面接各100点満点）						
No.	名前	筆記	面接	合計	判定用	順位
1	石田文香	75	85	160	160085	6
2	植村康夫	67	71	138	138071	8
3	柿本亮介	72	70	142	142070	7
4	坂田春雄	79	82	161	161082	5
5	杉山登紀子	86	90	176	176090	1
6	田口明彦	80	92	172	172092	3
7	中山邦男	48	56	104	104056	10
8	橋本絹江	88	85	173	173085	2
9	松田順一	94	78	172	172078	4
10	山下和美	59	67	126	126067	9

セルF4～F12の数値をもとに、RANK.EQ関数で順位を求める（❶）。すると、合計点が同じ場合は面接の得点によって順位が変わる（❷）

POINT

複数の数値を条件として順位を調べるには、[並べ替え] 機能を使う方法もあります。表全体を選択し、[データ] タブの [並べ替え] をクリックします。[最優先されるキー] で「合計点」、[次に優先されるキー] で「面接」を選択すれば、前ページの方法で求めた順位と同じ順番で並べ替えが可能です。関数を使ったほうが便利な面もありますが、条件が複雑すぎて難しい場合は、[並べ替え] 機能を試してみましょう。

COLUMN

RANK.AVG関数で順位を求める

RANK.EQ関数と似た関数に、RANK.AVG関数があります。この2つは、同じ順位の値が複数あった場合の処理の仕方が異なります。

RANK.EQ関数では、3番目に得点の高い受験者が2人いた場合、両者の順位が「3」となります。これに対し、RANK.AVG関数では、2人の順位が「3位と4位の平均」で求められ、「3.5」になります。仮に、同じ得点の人が3人いた場合は「(3+4+5)/3」となり、3人の順位は「4」です。

なお、RANK.EQ関数とRANK.AVG関数は、どちらもExcel 2010以降で追加された関数で、Excel 2007まではRANK関数が使われていました。RANK関数はExcel 2010以降にも互換性関数として搭載されていますが、特に理由がない限り使わないようにしましょう。

F3　fx　=RANK.AVG(E3,$E$3:$E$12)

	A	B	C	D	E	F
1	試験結果（筆記・面接各100点満点）					
2	No.	名前	筆記	面接	合計点	順位
3	1	石田文香	75	85	160	6
4	2	植村康夫	67	71	138	8
5	3	柿本亮介	72	70	142	7
6	4	坂田春雄	79	82	161	5
7	5	杉山登紀子	86	90	176	1
8	6	田口明彦	80	92	172	3.5
9	7	中山邦男	48	56	104	10
10	8	橋本絹江	88	85	173	2
11	9	松田順一	94	78	172	3.5
12	10	山下和美	59	67	126	9
13						

RANK.AVG関数は、RANK.EQ関数と同じ書式で記述できる。No.6とNo.9は合計点が同点なので、RANK.AVG関数で順位を求めた場合、いずれも「3.5」となる

第3章

数値計算の間違いやすいポイントを押さえておこう

エクセルは人間のような計算ミスをすることはありませんが、使用する関数が不適切だったり、数式の組み立て方が間違っていたりすると、当然ながら正しい結果は得られません。たとえば、平均といえば「数値をすべて合計して、その結果を数値の個数で割る」ことだと思っている人が多いでしょう。しかし、エクセルには平均を求めるための関数が何種類もあり、値の性質や計算の目的によって、どれを使うべきかが変わってきます。

また、金額などの計算では小数点以下の端数を処理する必要がありますが、切り捨て、切り上げ、四捨五入といった処理の仕方を誤ると、結果が不正確になってしまいます。さらに、端数の処理では誤差への対処方法も重要です。そもそもエクセルで小数を扱うと誤差が生じやすい点にも留意しなければなりません。

このように、数値の計算ではミスや勘違いに陥りやすいポイントがたくさんあるので、うまく回避するコツを覚えましょう。

3-01

時短 10 分

条件の指定も可能！数値から平均を求める

KEYWORD AVERAGE関数、AVERAGEIF関数

エクセルには平均を求めるための関数がいくつかありますが、まずは基本となるAVERAGE関数の使い方を覚えましょう。また、特定の条件に一致する値だけを対象に平均を求める方法も紹介します。

AVERAGE関数で算術平均を求める

平均の求め方にはいろいろな種類がありますが、もっとも基本的なのが「数値を合計し、その結果を数値の個数で割る」という方法です。これを算術平均（相加平均）と呼び、AVERAGE関数で求められます。

関数書式

=AVERAGE(範囲)

1日あたりの売上平均を求める

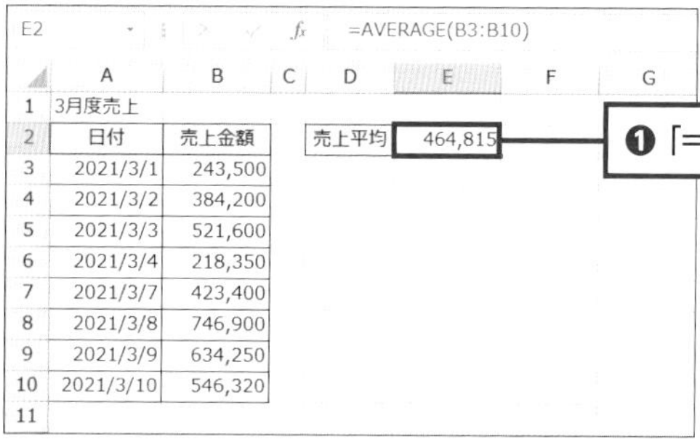
E2 =AVERAGE(B3:B10)

	A	B	C	D	E	F	G
1	3月度売上						
2	日付	売上金額		売上平均	464,815		
3	2021/3/1	243,500					
4	2021/3/2	384,200					
5	2021/3/3	521,600					
6	2021/3/4	218,350					
7	2021/3/7	423,400					
8	2021/3/8	746,900					
9	2021/3/9	634,250					
10	2021/3/10	546,320					
11							

セルE2に「=AVERAGE(B3:B10)」と入力する（❶）。すると、セルB3～B10の値から平均が求められる

なお、**AVERAGE関数は［オートSUM］から［平均］を選択して入力することも可能**です。ただし、元の数値が入っているセルと、平均を入力したいセルが隣接している場合に限られます。

POINT

平均には、算術平均のほかに調和平均や相乗平均などの種類があります。調和平均は速度の平均、相乗平均は成長率や利率を求めるときによく使われます。これらの計算方法は、86ページ以降で説明します。

AVERAGEIF関数で条件を指定して平均を求める

特定の条件に一致する値だけを計算対象として平均を求めたいときは、AVERAGEIF関数を使います。

関数書式

=AVERAGEIF(範囲,検索条件,［平均対象範囲］)

第2引数の「検索条件」は、セル参照のほか、文字列や比較演算子も使用できます。その場合は、ダブルクォーテーションで囲んで入力しましょう。なお、**条件を判定するための範囲と、平均を求めたい数値が入っている範囲が同一の場合は、第3引数の「平均対象範囲」は省略可能**です。

男女別に購入額の平均を求める

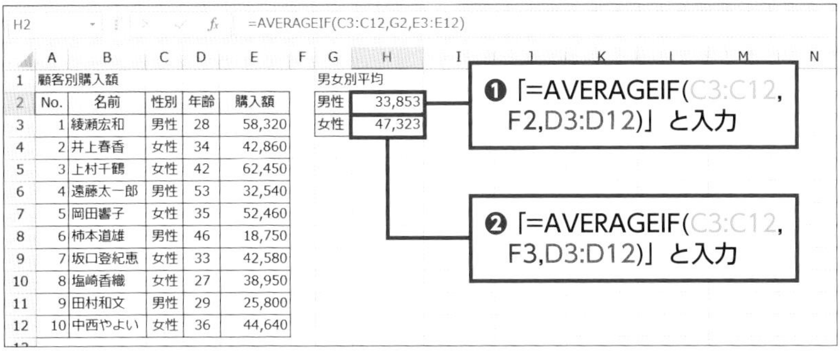

	A	B	C	D	E	F	G	H
1	顧客別購入額						男女別平均	
2	No.	名前	性別	年齢	購入額		男性	33,853
3	1	綾瀬宏和	男性	28	58,320		女性	47,323
4	2	井上春香	女性	34	42,860			
5	3	上村千鶴	女性	42	62,450			
6	4	遠藤太一郎	男性	53	32,540			
7	5	岡田響子	女性	35	52,460			
8	6	柿本道雄	男性	46	18,750			
9	7	坂口登紀恵	女性	33	42,580			
10	8	塩崎香織	女性	27	38,950			
11	9	田村和文	男性	29	25,800			
12	10	中西やよい	女性	36	44,640			

セルG2に「=AVERAGEIF(C3:C12,F2,D3:D12)」と入力すると（❶）、セルC3～C12がセルF2と一致する、つまり男性の平均購入額を求められる。また、セルG3に「=AVERAGEIF(C3:C12,F3,D3:D12)」と入力すれば（❷）、女性の平均購入額を計算できる

COLUMN

AVERAVEIFS関数で複数の条件を指定する

複数の条件に一致する値の平均を求めたい場合は、AVERAVEIFS関数を使います。条件範囲と条件の組み合わせを、最大127組まで指定できます。

=AVERAGEIFS(平均対象範囲,条件範囲1,条件1,［条件範囲2, 条件2］,...)

たとえば、上の表で「30歳以上の女性」だけを対象に購入額の平均を求めるには、以下のように記述します。

=AVERAGEIFS(E3:E12,C3:C12,G3,D3:D12,">=30")

3-02

時短 05 分

消費税計算で生じる1円未満を切り捨てる

KEYWORD INT関数、切り捨て、切り下げ

消費税は商品の種類によって税率が8%だったり、10%だったりしますが、小数点以下の端数が出やすいことに違いはありません。このため、関数を使って小数点以下の端数を正しく処理する必要が生じるのです。

INT関数で小数点以下を切り下げて整数にする

消費税を計算する際に1円未満の端数が出たら、切り捨てるのが一般的です。四捨五入ではない点に注意しましょう。

端数を切り捨てる方法はいくつかありますが、ここでは整数（Integer）を求めるINT関数を使う方法を紹介します。小数点以下の端数がある場合、**INT関数は厳密にいうと「切り捨て」ではなく「切り下げ」を行うことで整数化**します。**正の数では両者の結果は同じですが、負の数では戻り値に違いが出てくるので注意が必要**です。たとえば、「-2.4」は「-2」ではなく「-3」になるのです。INT関数で処理すると、より小さいほうの整数になると覚えておきましょう。

関数書式

```
=INT(数値)
```

単純に税率を掛けると端数が出る

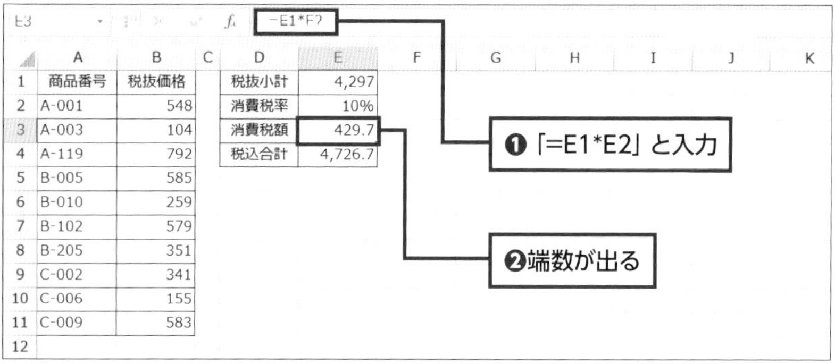

	A	B	C	D	E
1	商品番号	税抜価格		税抜小計	4,297
2	A-001	548		消費税率	10%
3	A-003	104		消費税額	429.7
4	A-119	792		税込合計	4,726.7
5	B-005	585			
6	B-010	259			
7	B-102	579			
8	B-205	351			
9	C-002	341			
10	C-006	155			
11	C-009	583			
12					

税抜小計（セルE1）に消費税率（セルE2）を掛ける数式を入力したところ（❶）、消費税額が「429.7」となり、端数が出てしまった（❷）。なお、セルの表示形式が「通貨」になっている場合などは小数点以下が表示されないので、見落としに注意

INT関数を使って整数にする

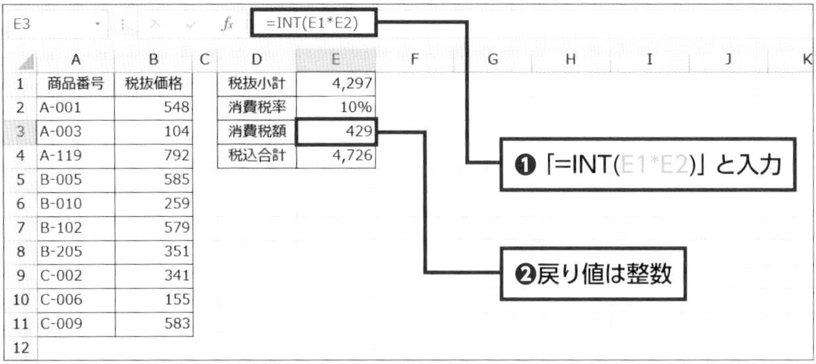

「=INT(E1*E2)」と入力すると（❶）、「E1*E2」の計算結果がINT関数で処理され、整数の戻り値が得られる（❷）。四捨五入ではなく、小数点以下が切り下げられている

COLUMN

ROUNDDOWN関数とTRUNC関数

数値の端数を切り捨てたいときに利用できる関数には、ROUNDDOWN関数やTRUNC関数もあります。

ROWNDDOWN関数は、桁数を指定して数値を切り捨てるための関数です。整数にしたいときに限らず、「価格の端数を切り捨てて10円単位にする」「計算結果を小数第1位までで切り捨てる」というような場合にも使えます。ただし、桁数を省略することはできないので、小数点以下を切り捨てる場合はINT関数やTRUNC関数を使ったほうが便利です。

=ROUNDDOWN(数値,桁数)

TRUNC関数は、小数部分の切り捨てに特化した関数です。INT関数と違って、小数点以下の桁数を指定して切り捨てられるのが特徴です。たとえば、小数第2位までを残して切り捨てたい場合は、桁数を「2」と指定します。桁数を省略した場合は初期値の「0」が適用され、小数点以下が切り捨てられて整数になります。

=TRUNC(数値, [桁数])

なお、この2つの関数では、INT関数とは異なり、負の数でも単純に指定した桁数以下が切り捨てられます。

時短 05分

端数を四捨五入して計算結果の矛盾を防ぐ

KEYWORD 四捨五入、丸め、ROUND関数

計算の結果、小数点以下の端数が出ても、セルの表示形式で小数点以下が非表示になっていると、参照先で計算結果が合わなくなることがあります。そんなときは四捨五入などの処理をして矛盾が出ないようにしましょう。

「丸め」を行わないと計算に矛盾が出ることもある

セルの書式設定で小数点以下を非表示にすると、計算結果の端数が四捨五入されたように見えますが、実際には小数部分は見えないだけで残っています。商品代金など、現実には小数が使えない場合は、四捨五入などの処理を行う必要があります。**セルの表示形式が「通貨」や「会計」になっていると、小数点以下が自動的に非表示になるので要注意**です。

そのままの数値では合計値に誤りが出る

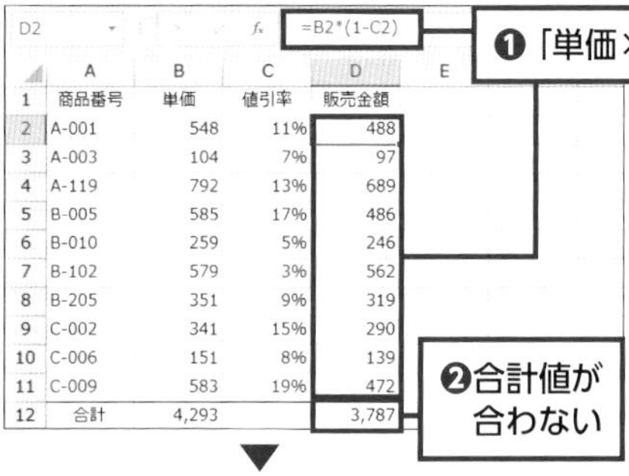

[販売金額]は[単価]から[値引率]に応じて割引した金額だ(❶)。[合計]を単純に[SUM]で求めると、正しい金額とは1円の差額が出てしまう(❷)。[販売金額]列の数値を選択し、リボンの[ホーム]タブの[数値]グループにある[小数点以下の表示桁数を増やす]をクリックすると(❸)、1円未満の値が隠れていたことがわかる(❹)

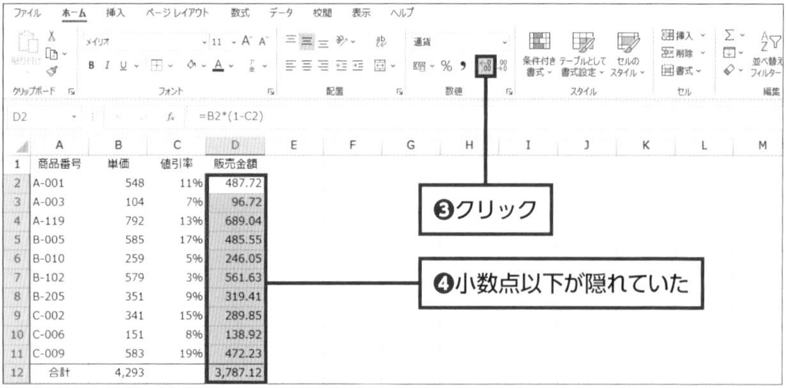

数値を四捨五入するにはROUND関数を使用します。端数処理を行うことを「丸める」ということがありますが、それを頭に入れておくと関数名を覚えやすいでしょう。

関数書式

=ROUND(数値,桁数)

第2引数には、四捨五入後の桁数を指定します。小数点以下を四捨五入して整数にしたい場合は「0」と入力しましょう。

ROUND関数を挿入する

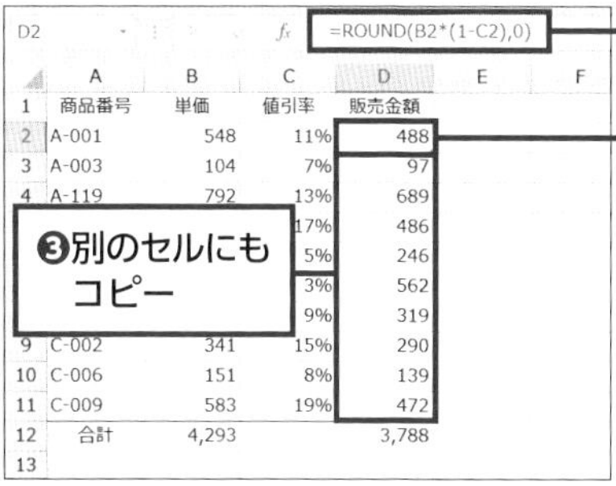

	A	B	C	D	E	F
1	商品番号	単価	値引率	販売金額		
2	A-001	548	11%	488		
3	A-003	104	7%	97		
4	A-119	792	13%	689		
5			17%	486		
6			5%	246		
7			3%	562		
8			9%	319		
9	C-002	341	15%	290		
10	C-006	151	8%	139		
11	C-009	583	19%	472		
12	合計	4,293		3,788		
13						

「販売金額」列のセル（ここではD2）を選択し、「=ROUND(B2*(1-C2),0)」と入力する（❶）。これで「単価×(1-値引率)」の計算結果が四捨五入され、整数で割引後の金額が得られる（❷）。この数式を別のセルにもコピーすれば（❸）、SUM関数で求めた合計値も正しくなる

POINT

ROUND関数の第2引数には、負の整数も設定できます。「-1」なら10未満（1の位）、「-2」なら100未満（10の位）などの端数を四捨五入して、10単位、100単位で切りのよい値を求めることができます。桁数と考えると少しわかりにくいですが、ゼロを基準とした位と考えると理解しやすいでしょう。

COLUMN

そのほかの数値を丸めるための関数

ROUND関数には、似た機能を持つ仲間がいくつかあります。よく使われるのが、数値を切り捨てるROUNDDOWN関数（79ページ参照）や、切り上げを行うROUNDUP関数です。また、MROUND関数を使うと、指定した値の倍数のうち、もっとも近い値に丸めることができます。

=ROUNDUP(数値,桁数)

=MROUND(数値,倍数)

3-04

時短 15 分

偏差値を求めて客観的な評価を下す

KEYWORD 偏差値、標準偏差、STDEV.P 関数

偏差値といえば、学生の試験などで使われるものという印象が強いですが、ビジネスでも活用できる場面があります。エクセルでは、関数を使って標準偏差を求めることで、簡単な数式で偏差値を計算できます。

平均と標準偏差から偏差値を計算する

偏差値とは、平均を50として、その基準からどのくらい離れているかを示す数値です。試験の点数は難易度に左右されますが、偏差値を用いると客観的な評価が可能になり、前回の成績やほかの人との比較も容易になります。このメリットは、ビジネスでも役立てることができます。たとえば、工場で数種類の作業を繰り返し実行する場合、担当者によって成果にばらつきが出ているとします。作業ごとに各担当者の偏差値を求めて成果を評価し、順位の高い者に報奨金を払ったり、低い者は別の部署に異動させたりといった活用方法が考えられます。

偏差値は、元のデータ（成績など）と標準偏差をもとに、次のような数式で求められます。

```
偏差値=(データ-平均値)*10/標準偏差+50
```

標準偏差とは、データが平均を基準としてどれだけの範囲に分布しているかを示すもので、簡単にいえばデータのばらつき具合を示す値です。

エクセルには偏差値を直接計算する関数はありませんが、**STDEV.P関数を使えば標準偏差を求めることができます**。その値と、AVERAGE関数で求めた平均値を上記の数式に代入すれば、偏差値の計算が可能です。

関数書式

```
=STDEV.P(数値1,［数値2］,...)
```

引数は最大254個まで指定できます。また、引数がセル参照の場合は、文字列や論理値、空白セルは計算の対象から除外されます。

STDEV.P関数で標準偏差を求めて偏差値を計算

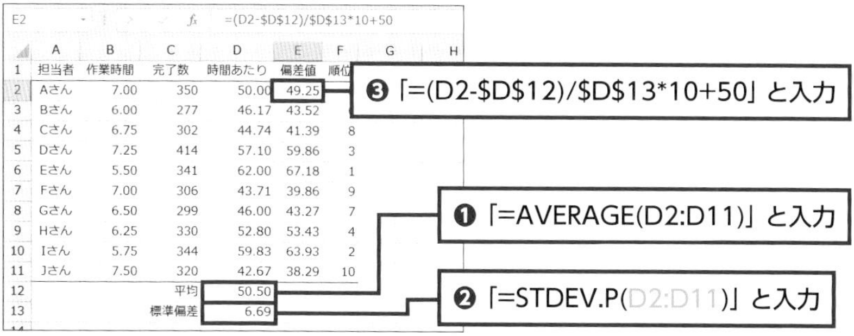

	A	B	C	D	E	F	G	H
1	担当者	作業時間	完了数	時間あたり	偏差値	順位		
2	Aさん	7.00	350	50.00	49.25			
3	Bさん	6.00	277	46.17	43.52			
4	Cさん	6.75	302	44.74	41.39	8		
5	Dさん	7.25	414	57.10	59.86	3		
6	Eさん	5.50	341	62.00	67.18	1		
7	Fさん	7.00	306	43.71	39.86	9		
8	Gさん	6.50	299	46.00	43.27	7		
9	Hさん	6.25	330	52.80	53.43	4		
10	Iさん	5.75	344	59.83	63.93	2		
11	Jさん	7.50	320	42.67	38.29	10		
12			平均	50.50				
13			標準偏差	6.69				

ここでは、列Dに入力した時間あたりの完了数から偏差値を求めてみよう。まず平均を求めるために、セルD12に「=AVERAGE(D2:D11)」と入力する（❶）。次に、標準偏差を求めるために、セルD13に「=STDEV.P(D2:D11)」と入力する（❷）。そのあと、セルE2に「=(D2-$D$12)/$D$13*10+50」と入力すれば、偏差値を計算できる（❸）。この数式を、E3～E11にもオートフィルを使ってコピーする

ATTENTION

STDEV.P関数はExcel 2010以降で追加された関数で、Excel 2007まではSTDEVP関数が使われていました。この2つは用途は同じですが、STDEV.P関数のほうが精度が高く、名称もより明確に目的を示すように変更されています。STDEVP関数は、互換性維持のためにExcel 2010以降でも使えるようになっていますが、通常はSTDEV.P関数を使用しましょう。

COLUMN

ほかにもある標準偏差を求める関数

標準偏差の計算方法には、①母集団に含まれるデータ全体から計算する方法と、②母集団から一部のデータを標本として抽出し、それをもとに計算する方法の2種類があります。上で示した例は①にあたるため、STDEV.P関数を使いましたが、②の方法で計算する場合はSTDEV.S関数を使います。

=STDEV.S(数値1,［数値2］,...)

このように書式はSTDEV.P関数と同じですが、引数は標本の値を指定します。STDEV.Pの「P」は「Population（母集団）」の略、STDEV.Sの「S」は「Sample（標本）」の略だと覚えておけばわかりやすいでしょう。

また、引数に文字列や論理値も含めたい場合は、STDEV.P関数の代わりにSTDEVPA関数を、STDEV.S関数の代わりにSTDEVA関数を使います。

なお、Excel 2007までは、STDEV.S関数の代わりにSTDEV関数が使われていました。

3-05

時短
15
分

500円刻みの価格帯ごとに売上数を集計する

KEYWORD FLOOR.MATH関数、基準値、SUMIF関数

商品の売上を分析する際、どの価格帯の商品が売れ筋なのかを調べたいことがあります。いろいろな価格の商品を「500円以上1000円未満」などに分類して集計するには、どうすればいいのでしょうか。

FLOOR.MATH関数で価格を基準値の倍数で区切る

多くの種類がある商品の売上を、「500円未満の商品は○個、500円以上1000円未満の商品は○個……」というように、価格帯ごとに集計したいというケースを想定してみましょう。価格帯によって商品を分類するには、まず一定の基準に基づいて価格の端数を切り捨てればよい、と考えられます。こういった用途で役立つのが、FLOOR.MATH関数です。

関数書式

```
=FLOOR.MATH(数値,[基準値],[モード])
```

FLOOR.MATH関数は、**指定した基準値の倍数のうち、もっとも近い値になるように切り捨てる関数**です。ここで挙げた例の場合、第1引数の「数値」は、商品の価格を入力したセルを指定します。第2引数の基準値を「500」にすれば、600円の商品なら「500」、1200円の商品なら「1000」という値が得られ、500円刻みで商品を分類できます。

あとは、SUMIF関数を使って同じ価格帯の商品を検索し、売上数の合計を求めれば完了です。

! ATTENTION

第3引数の「モード」を省略、または「0」を指定した場合は、数値が小さくなるように端数を切り下げます。それ以外の数値を入力した場合は、ゼロに近いほうの値になるように端数を切り捨てます。元の数値が正の数なら、どちらでも同じことですが、負の数では結果が異なるので注意しましょう。

FLOOR.MATH関数で商品の価格帯を求める

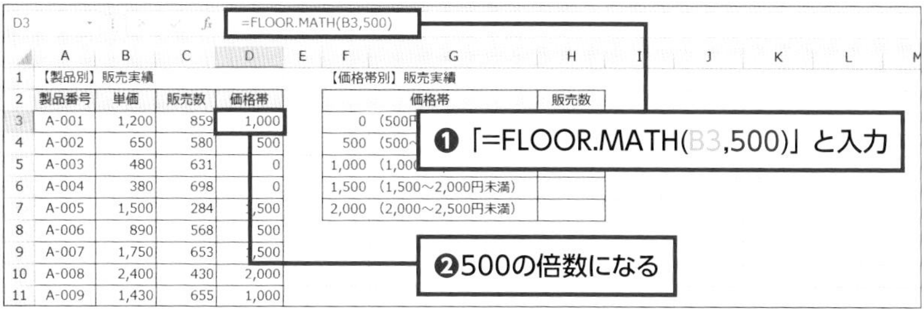

	A	B	C	D	E	F	G	H
1	【製品別】販売実績					【価格帯別】販売実績		
2	製品番号	単価	販売数	価格帯		価格帯		販売数
3	A-001	1,200	859	1,000		0	(500円	
4	A-002	650	580	500		500	(500~	
5	A-003	480	631	0		1,000	(1,000	
6	A-004	380	698	0		1,500	(1,500~2,000円未満)	
7	A-005	1,500	284	1,500		2,000	(2,000~2,500円未満)	
8	A-006	890	568	500				
9	A-007	1,750	653	1,500				
10	A-008	2,400	430	2,000				
11	A-009	1,430	655	1,000				

列Bに入力した単価から、FLOOR.MATH関数で価格帯を求めてみる。第2引数の「基準値」を「500」とし、「=FLOOR.MATH(B3,500)」と入力すると（❶）、価格が500の倍数に丸められる（❷）。この数式を、下のセルにもコピーする。なお、商品の価格で0円はあり得ないが、500円未満の場合は戻り値が「0」になる

SUMIF関数で価格帯別の販売数を合計する

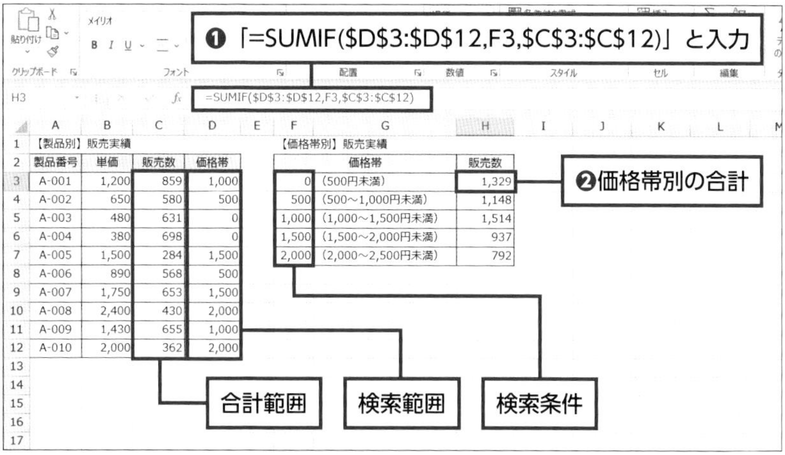

	A	B	C	D	E	F	G	H
1	【製品別】販売実績					【価格帯別】販売実績		
2	製品番号	単価	販売数	価格帯		価格帯		販売数
3	A-001	1,200	859	1,000		0	(500円未満)	1,329
4	A-002	650	580	500		500	(500~1,000円未満)	1,148
5	A-003	480	631	0		1,000	(1,000~1,500円未満)	1,514
6	A-004	380	698	0		1,500	(1,500~2,000円未満)	937
7	A-005	1,500	284	1,500		2,000	(2,000~2,500円未満)	792
8	A-006	890	568	500				
9	A-007	1,750	653	1,500				
10	A-008	2,400	430	2,000				
11	A-009	1,430	655	1,000				
12	A-010	2,000	362	2,000				

FLOOR.MATH関数で得た戻り値を検索対象として、SUMIF関数で販売数を合計すれば（❶）、価格帯別の販売数を求められる（❷）。別の行へコピーしても問題がないように、検索対象の範囲（セルD3～D12）と合計対象の範囲（セルC3～C12）は絶対参照で指定する。なお、SUMIF関数の詳しい使い方は44ページを参照してほしい

POINT

FLOOR.MATH関数は、数値を切り捨てるという点ではROUNDDOWN関数に似ていますが、基準値を任意で指定できる点が異なります。100円刻みや1000円刻みといった単位で区切る場合はROUNDDOWN関数でも対応できますが、500円刻みのように基準を自由に設定したい場合はFLOOR.MATH関数を使う必要があります。

3-06

時短
20
分

平均の計算にAVERAGE関数ばかり使ってはいけない

KEYWORD HARMEAN関数、GEOMEAN関数、SUMPRODUCT関数

AVERAGE関数で平均を求める方法はすでに説明しましたが、場合によってはこの方法だと不都合なこともあります。データの種類に応じた平均の計算方法や、中央値、最頻値の求め方についても知っておきましょう。

平均にはいくつもの種類がある

平均の計算方法でよく使われるのが、すべての数値を合計し、その結果を数値の数で割るという方法です。これを「算術平均」または「相加平均」と呼び、AVERAGE関数で求めることができます。しかし、データの種類によっては、この方法では正しい結果を得られない場合もあります。平均にはさまざまな種類があり、目的に応じて使い分ける必要があるのです。エクセルには、AVERAGE関数のほかにも平均を求めるための関数が用意されているので、それぞれの使い方を知っておきましょう。

例として、2地点間を往復する際、行きは時速60km、帰りは時速40kmで移動した場合の平均時速を求めてみましょう。「(60+40)/2=50」だから時速50km、とするのは誤りです。片道120kmの場合を考えてみるとわかりますが、行きは2時間、帰りは3時間かかるので「120*2/(2+3)=48」となり、平均時速は48kmです。

このように**速度の平均を求めるときは、「調和平均」を使います**。エクセルでは**HARMEAN関数で調和平均を計算できます**。

関数書式

=HARMEAN(数値1, [数値2] ,...)

次に、比率の平均を求める場合を見てみましょう。会社の売上が2年目に前年の150%、3年目に120%、4年目に90%となったとき、前年比の平均は何%でしょうか。「(150+120+90)/3=120」で120%とするのは誤りです。1年目の売上が1000万円とすると、2年目は1500万円、3年目は1800万円、3年目は1620万円となり、前年比の平均は117.4%程度です。

前年比や成長率、利率など、比率に関する数値の平均を求めるには「幾

何平均」または「相乗平均」と呼ばれる方法を使います。エクセルでは、**GEOMEAN関数で幾何平均を求めることができます。**

関数書式

=GEOMEAN(数値1, [数値2] ,...)

HARMEAN関数で調和平均を求める

D7 =HARMEAN(D2:D6)

	A	B	C	D
1	作業者	時間（分）	数量（個）	1分あたり（個）
2	上村	48	135	2.8125
3	坂口	60	171	2.85
4	高橋	50	162	3.24
5	田中	72	198	2.75
6	橋本	56	182	3.25
7			平均	2.964889667
8				
9				

❶「=HARMEAN(D2:D6)」と入力

5人の作業者が同じ作業を行ったとき、1分あたりに処理した個数の平均を求めてみた（❶）。数量の合計を時間の合計で割っても同じ結果が得られるが、HARMEAN関数を使えばもっと簡単に計算できる

GEOMEAN関数で幾何平均を求める

C14 =GEOMEAN(C3:C13)

	A	B	C
1	月	売上（千円）	前月比
2	4月	3610	-
3	5月	4720	130.75%
4	6月	2840	60.17%
5	7月	4900	172.54%
6	8月	5900	120.41%
7	9月	6440	109.15%
8	10月	6460	100.31%
9	11月	7550	116.87%
10	12月	8840	117.09%
11	1月	6980	78.96%
12	2月	9180	131.52%
13	3月	9530	103.81%
14		前月比平均	109.23%
15			
16			

❶「=GEOMEAN(C3:C13)」と入力

月ごとの売上から前月比を求め、GEOMEAN関数で平均を計算した（❶）。関数を使わなければ非常に複雑な計算が必要だが、GEOMEAN関数なら簡単な数式で結果を得られる

「重み」を考慮する場合は加重平均を用いる

男子25名、女子15名のクラスでテストを実施し、男子の平均点が60点、女子の平均点が80点だった場合、全体の平均点は何点でしょうか。「60+80/2=70」で70点というのは誤りです。正しくは「(60*25+80*15)/(25+15)=67.5」で、全体の平均点は67.5点です。

なぜ単純に平均点の合計を2で割ってはいけないかというと、男子と女子では人数が異なるため、それぞれの平均点は数値の重みに差があるからです。このように、**数値の重みを考慮に入れて平均を計算する方法を「加重平均」といいます**。

データの数が多いと、手作業で数式を入力して加重平均を求めるのは大変です。そこで、SUMPRODUCT関数を使います。

関数書式

```
=SUMPRODUCT(範囲1, [範囲2] ,...)
```

SUMPRODUCT関数は、加重を含めて合計を求めるための関数です。下の表を例にすると、第1引数で「販売数」の範囲（セルB2～B7）、第2引数で「販売価格」の範囲（セルC2～C7）を指定すれば、「店舗ごとの販売数×販売価格」の総計を求められます。この方法で得た値を、SUM関数で求めた販売数の合計で割れば、加重平均を計算できます。

SUMPRODUCT関数とSUM関数で加重平均を求める

C8　=SUMPRODUCT(C2:C7,B2:B7/SUM(B2:B7))

	A	B	C
1	店舗名	販売数	販売価格
2	青葉店	91	¥10,100
3	港南店	72	¥12,700
4	川崎店	157	¥9,670
5	戸塚店	120	¥9,850
6	藤沢店	265	¥9,330
7	大磯店	84	¥11,690
8	平均販売価格		¥10,124
9			
10			

❶「=SUMPRODUCT(B2:B7,C2:C7)/SUM(B2:B7)」と入力

加重平均を計算するには、SUMPRODUCT関数とSUM関数を使って数式を入力する（❶）。「SUMPRODUCT(B2:B7,C2:C7)」で、全店舗の販売数×販売価格の合計を求められる。これを、「SUM(B2:B7)」で求めた販売数の合計で割ればよい

中央値や最頻値でデータの実態を捉える

データの一部に極端に高い値や低い値が含まれていると、平均値では実態を捉えられないことがあります。このような場合、外れ値を除いて平均を求めることもできますが、別の指標として「中央値（メジアン）」や「最頻値（モード）」を用いる方法もあります。

中央値とは、データに含まれる値を小さいものから順に並べたとき、中央にくる値のことです。値の数が偶数の場合、中央に近い2つの値の算術平均が中央値になります。中央値は、MEDIAN関数を使って求めます。

関数書式

```
=MEDIAN(数値1, [数値2] ,...)
```

最頻値は、データに含まれる値のうち、出現頻度が一番高い値のことです。エクセルで最頻値を求めるには、MODE.SNGL関数を使います。最頻値が複数ある場合は、指定した範囲で最初に出現する値を戻します。

関数書式

```
=MODE.SNGL(数値1, [数値2] ,...)
```

平均値・中央値・最頻値を比較する

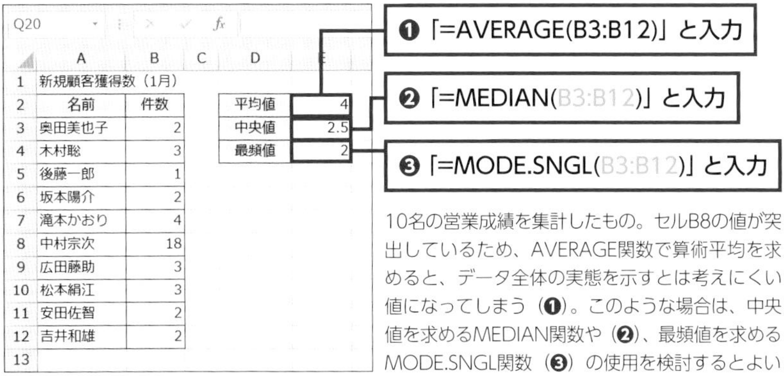

10名の営業成績を集計したもの。セルB8の値が突出しているため、AVERAGE関数で算術平均を求めると、データ全体の実態を示すとは考えにくい値になってしまう（❶）。このような場合は、中央値を求めるMEDIAN関数や（❷）、最頻値を求めるMODE.SNGL関数（❸）の使用を検討するとよい

POINT

平均値や中央値、最頻値などを総称して「代表値」と呼びます。いずれも統計でよく使われる値なので、それぞれの関数を覚えておきましょう。

3-07

時短 05 分

極端な値を除いて平均を求めたい

KEYWORD　TRIMMEAN関数

平均値を求めるとき、データの中に突出した値が含まれていると、計算結果が非現実的な値になってしまうことがあります。そんなときはTRIMMEAN関数を使って、極端な値を除外した平均値を求めましょう。

TRIMMEAN関数で突出したデータを除外する

たとえば、イベントの来場者数を集計して1日あたりの平均を求めたいとします。「初日は大盛況だったが、天候不良の日は来場者が極端に少なかった」という場合、単純に算術平均を求めると実態からかけ離れた値になってしまいます。このようなときは**TRIMMEAN関数を使うと、一定の割合でデータを除外して平均を計算できます**。

関数書式

```
=TRIMMEAN(配列,割合)
```

上下5%を除外する場合、除外する合計は10%となるので、割合を「0.1」と指定しましょう。データの総数が20個なら「20*0.1=2」となり、上下1個ずつのデータが除外されます。なお、**指定した割合ではデータ数が整数にならない場合、端数は切り捨てられます**。たとえば、データ数が50個なら「50*0.1=5」ですが、この場合は上下2個ずつのデータが除外されます。

TRIMMEAN関数で上下5%を除外する

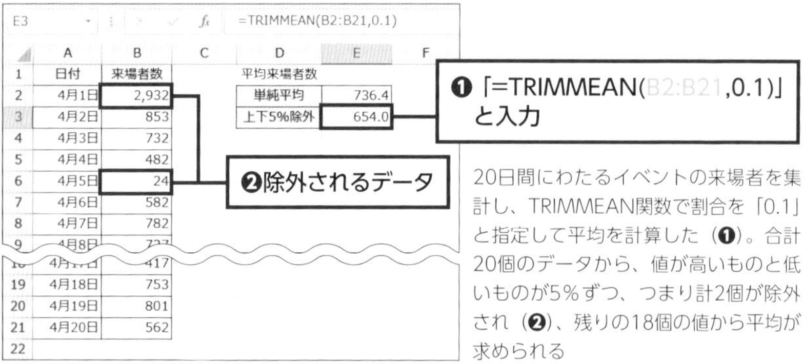

	A	B	C	D	E	F
1	日付	来場者数		平均来場者数		
2	4月1日	2,932		単純平均	736.4	
3	4月2日	853		上下5%除外	654.0	
4	4月3日	732				
5	4月4日	482				
6	4月5日	24				
7	4月6日	582				
8	4月7日	782				
9	4月8日	727				
18	4月17日	417				
19	4月18日	753				
20	4月19日	801				
21	4月20日	562				
22						

20日間にわたるイベントの来場者を集計し、TRIMMEAN関数で割合を「0.1」と指定して平均を計算した（❶）。合計20個のデータから、値が高いものと低いものが5%ずつ、つまり計2個が除外され（❷）、残りの18個の値から平均が求められる

3-08

時短 05 分

小数点以下の計算で生じる誤差に注意する

KEYWORD 表示桁数、2進数、ROUND関数

エクセルで小数を含む数値を扱っていると、どういうわけか正しく計算できなかったり、表示結果がおかしくなったりすることがあります。その原因と対処方法を知っておきましょう。

エクセルは小数の扱いが苦手だと知っておこう

エクセルで小数を扱うと、誤差が生じることが珍しくありません。たとえば「=42.5-42.6」と入力して計算すると、結果は「-0.1」と表示され、一見正しいように思えます。しかし、セルの表示形式で小数点以下の桁数を「15」以上にすると、「-0.100000000000001」と表示され、実は誤差が生じていることがわかります。この数値を参照して計算すれば、誤った結果になってしまいます。

小数の計算で誤差が生じる例

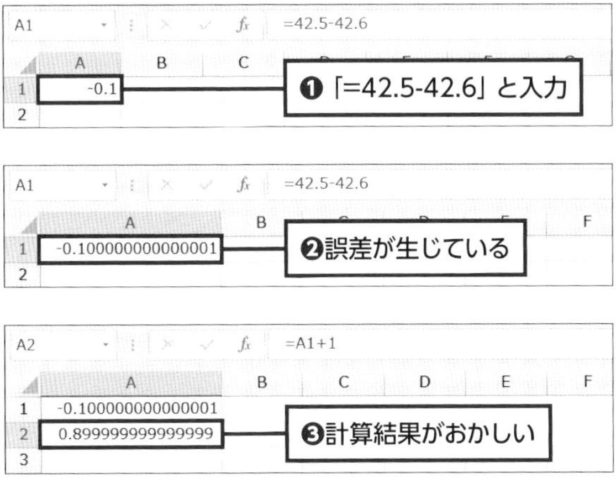

セルA1に「=42.5-42.6」と入力すると、セルの書式設定が「標準」の場合は「-0.1」と表示され、正しい結果に見える（❶）。しかし、小数点以下の桁数を「15」にすると、実際は誤差が出ていることがわかる（❷）。セルA2に「=A1+1」と入力すると、本来なら「-0.1+1=0.9」になるはずが、誤った答えになってしまう（❸）

エクセルに限らず、ソフトウェアの大半は内部的に2進数を使用するため、数値を2のべき乗で表します。整数なら、たとえば「5=2^2+2^0」のように表せますが、小数だと「0.5=2^(-1)」や「0.25=2^(-2)」などの組み合わせとなるため、10進数と完全に一致させるのが難しくなります。したがって、**コンピューター上の小数のほとんどは実際には近似値**、すなわ

ち**誤差を含んだ数値**なのです。

とはいえ、日常的な業務で誤差が大きな問題になるケースはそれほど多くないはずです。金額の計算では整数のみを扱いますし、実験結果などの統計では、そもそも元の数値に誤差が含まれているからです。

どうしても誤差が気になる場合、ROUND関数などで数値を丸めるか、10^n倍して整数にしてから計算し、あとで10^n倍で割れば正確な数値を得やすくなります。また、［Excelのオプション］で［表示桁数で計算する］を有効にすれば、数値の正確さは失われるものの、誤差による計算結果への影響を回避できます。ただし、この設定で失われたデータは復元できないので、必要であれば元のブックをバックアップしておきましょう。

「表示桁数で計算する」を有効にする

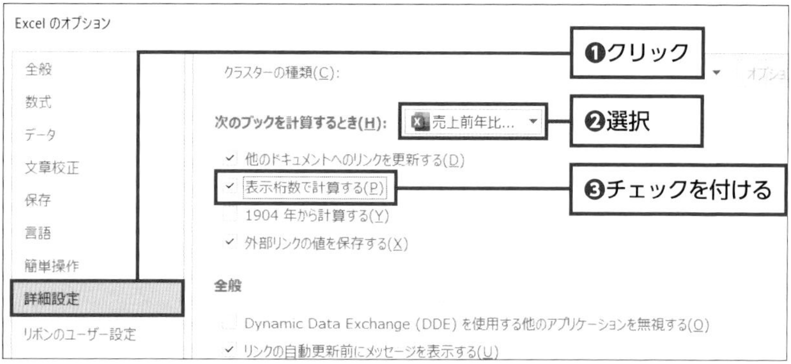

［ファイル］タブ→［オプション］をクリックし、［Excelのオプション］ダイアログが表示されたら［詳細設定］をクリックする（❶）。［次のブックを計算するとき］で対象のブックを選択し（❷）、［表示桁数で計算する］にチェックを付ける（❸）

COLUMN

有効桁数の制限にも注意しよう

エクセルで扱える数値の桁数は、15桁までに制限されています。整数でも小数でも、15桁を超える数値を入力すると16桁目以降は無視され、「0」に変更されてしまいます。これは国際規格IEEE 754に準拠したもので、桁数が大きいほど処理に時間がかかり、メモリーの消費も増えるため、現実的な妥協点として「精度は15桁まで」と定められているのです。エクセルだけでなく、多くのソフトウェアで共通の仕様となっているので、桁数の大きい数値で精密な計算をしたい場合には注意が必要です。

第4章

関数の使い道を広げる「IF」関数をマスターする

エクセルを使った作業では、「特定の条件を満たしているかどうかで処理方法を分ける」ということがよく行われます。そのために役立つのが「IF関数」です。IF関数は、ほかの関数とはやや毛色が異なり、場合分けを行うために用います。ほかの関数と組み合わせて複雑な処理を実行したいときに必須の関数である一方、記述が長くなりやすく、ロジックが難しくなるという問題が生じます。また、ちょっとしたミスが原因で、意図した結果が得られないこともあります。本章ではこういった問題を回避し、うまく使いこなすための秘訣を紹介します。
また、IF関数に似た機能を持つものとして、複数の条件分岐をシンプルに記述できるIFS関数、CHOOSE関数、SWITCH関数の使い方も慣れておくと便利です。IF関数なら何重にも入れ子にしなければならない場合でも、これらの関数なら見通しがよくなることがあります。

4-01 IF関数を正しく書くために知っておくべきコツ

時短 05 分

KEYWORD IF 関数、論理式、比較演算子

合格点以上の得点をとった人には「合格」、それ以外の人には「不合格」と表示するような場合分けをしたいなら、IF関数を使用します。複雑な処理には欠かせない関数です。

IF関数は、ほかの関数とは異なることに注意

本書でここまでに紹介した関数は、引数として与えられた値を計算したり、値の中から一定の基準で選択したりするものでした。IF関数はそれらとは異なり、**論理式が正しいか誤っているかによって、2つの処理からどちらかを選択する、つまり場合分けを行うためのものです。**

関数書式

```
=IF(論理式,［真の場合］,［偽の場合］)
```

「論理式」の値が正しい場合は、「真の場合」に書かれた値または数式を返します。誤っていれば、「偽の場合」の値または数式を返します。「論理式」には、以下の比較演算子を使うことができます。

● 論理式で利用できる比較演算子

演算子	意味	表記例	表記例の意味
=	等しい	A1=5 A1="合格"	セル A1 の値が「5」である セル A1 の値が「合格」である
<>	異なる	A1<>5 A1<>"合格"	セル A1 の値が「5」ではない セル A1 の値が「合格」ではない
>	より大きい	A1>5	セル A1 の値が「5」より大きい
>=	以上である	A1>=5	セル A1 の値が「5」以上である
<	より小さい	A1<5	セル A1 の値が「5」未満である
<=	以下である	A1<=5	セル A1 の値が「5」以下である

演算子の両側は「5」や「合格」といった、具体的な値以外に「A1」などセル参照を取ることができる。なお、「合格」など文字列はダブルクォーテーションで囲む

たとえば、以下のような関数を考えてみましょう。

入力関数

=IF(B2>=60,"合格","不合格")

論理式が「B2>=60」であれば、セルB2の値が60以上のときに論理式は正しくなり、「合格」という文字列を返します。一方、60未満であれば誤っていることになり、「不合格」という文字列を返します。

IF関数で場合分けを行う

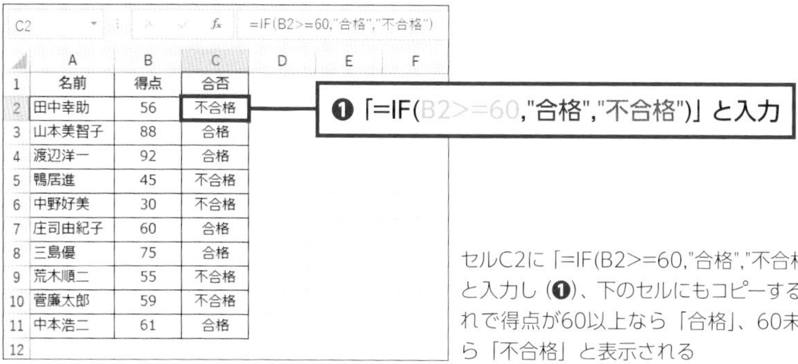

	A	B	C	D	E	F
1	名前	得点	合否			
2	田中幸助	56	不合格			
3	山本美智子	88	合格			
4	渡辺洋一	92	合格			
5	鴨居進	45	不合格			
6	中野好美	30	不合格			
7	庄司由紀子	60	合格			
8	三島優	75	合格			
9	荒木順二	55	不合格			
10	菅廉太郎	59	不合格			
11	中本浩二	61	合格			
12						

セルC2に「=IF(B2>=60,"合格","不合格")」と入力し（❶）、下のセルにもコピーする。これで得点が60以上なら「合格」、60未満なら「不合格」と表示される

IF関数を運用するコツは、まず論理式を正しく書くことです。特に、論理式が複雑になったり、複数のIF関数を組み合わせたりするようになると、論理的なミスによって誤った答えが出てしまうことが増えます。

そういったミスを避けるには、簡単な図を書いてから考えるようにするとよいでしょう。論理式が簡単であれば、あまり意味はないと感じるでしょうが、引数の中身が複雑になってくると必ず役立ちます。

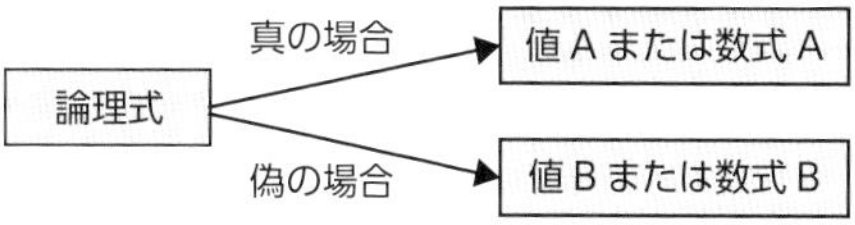

複雑な条件分岐を考えるときは、このような図を描いて考えるのがよいだろう

ATTENTION

論理式が論理的に成立しないケースでは、問答無用で「真の場合」が返ってくることに注意が必要です。たとえば、「=IF("エクセル">=60,"合格","不合格")」という関数の戻り値は「合格」です。また、セルの書式が文字列になっているときも同様です。重要な計算を行う場合は、セルの入力規則を設定するなど、数値以外が論理式に入り込むことを防ぐ手立てを考えるべきです。

4-02

時短 15 分

3つ以上の場合分けを間違えずに行いたい

KEYWORD IF関数、ネスト

前節で紹介したような簡単な場合分けだけなら、IF関数を使いこなすのはそれほど難しくはありません。問題は、場合分けの選択肢が3つ以上になった場合です。ここでは、複雑な場合分けの方法について解説します。

まずは場合分けの図を書いてみる

前節では「得点が60点以上なら合格、60点未満なら不合格」のように選択肢が2つの場合分けを挙げました。ここでは、営業成績が前期比で「120%以上ならA、100%以上120%未満ならB、90%以上100%未満ならC、90%未満ならD」という場合分けを考えてみましょう。

このように3つ以上の場合分けを行いたい場合、1つのIF関数では不可能です。まず、1つ目のIF関数で場合分けを行い、引数に2つ目のIF関数を記入します。これを繰り返していくことで、複雑な場合分けを入力できるはずです。このように**IF関数の引数に別のIF関数が含まれることを「ネスト」と呼びます**。この程度のネストであれば、慣れた人はすぐにIF関数を書き始めることができるでしょう。しかし、難しいと感じるなら、先に前節で紹介したような図を書いて考えることをおすすめします。

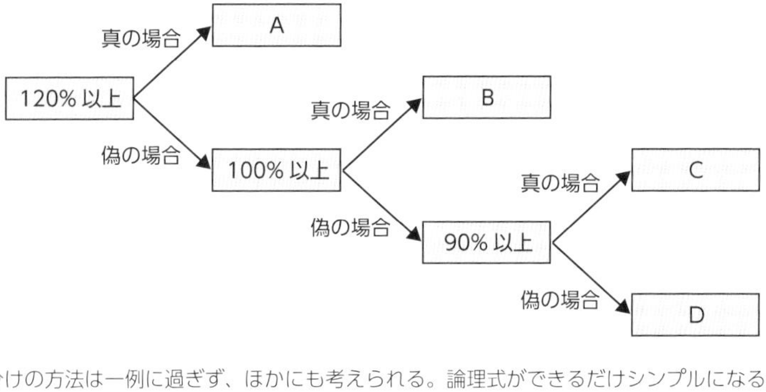

場合分けの方法は一例に過ぎず、ほかにも考えられる。論理式ができるだけシンプルになるように場合分けを行うとよい

この図で注目してほしいのは、2つ目の論理式に「100%以上120%未満」という条件をそのまま書かないことです。1つ目の「120%以上」という条件を満たさない（偽の場合）のだから、「120%未満」はいうまでもありません。2つ目の「100%以上」という条件を満たすかどうかだけ、記述すればいいのです。

では、実際に関数を書いてみましょう。先に出来上がった関数を挙げておきます。

● IF関数で3つ以上の場合分けを実行する

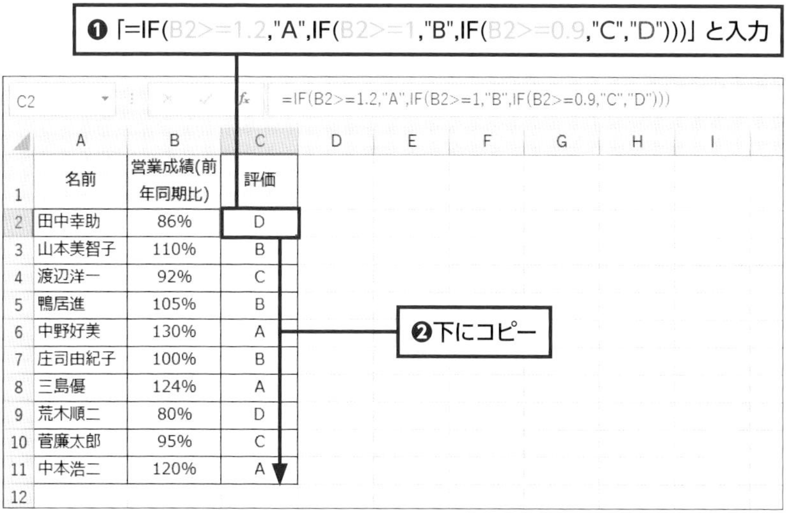

	A	B	C	D	E	F	G	H	I
1	名前	営業成績(前年同期比)	評価						
2	田中幸助	86%	D						
3	山本美智子	110%	B						
4	渡辺洋一	92%	C						
5	鴨居進	105%	B						
6	中野好美	130%	A						
7	庄司由紀子	100%	B						
8	三島優	124%	A						
9	荒木順二	80%	D						
10	菅廉太郎	95%	C						
11	中本浩二	120%	A						
12									

関数を入力したら（❶）、下のセルにもコピーしていく（❷）。列Bは「86%」などと表示されているが、セルの値は「0.86」など「%」は入らず、小数だけであることに注意。セルの書式を[パーセンテージ]に設定したことで、このような表示となっている

まず、1つ目の論理式を書きます。「120%以上」という条件なので、「=IF(B2>=1.2, 」です。次に、この条件が正しいとき（真の場合）、「A」を返します。論理式は「=IF(B2>=1.2, "A", 」となりました。条件が誤っているとき（偽の場合）、2つ目の論理式が入ります。「100%以上」という条件なので、論理式は「IF(B2>=1, 」です。これを1つ目の論理式と組み合わせると、以下のようになります。

```
=IF(B2>=1.2, "A", IF(B2>=1,
```

2つ目の条件が正しい場合は「B」を返し、誤っている場合は3つ目の条件「90%以上」を処理します。すると、

```
=IF(B2>=1.2, "A", IF(B2>=1, "B", IF(B2>=0.9,
```

となります。3つ目の条件が正しければ「C」を返し、誤っていれば（90%未満なら）「D」を返します。

```
=IF(B2>=1.2, "A", IF(B2>=1, "B", IF(B2>=0.9, "C", "D"
```

これで、書き終わりました……といいたいところですが、重要な作業が残っています。引数のカッコをすべて正しく閉じていく必要があります。このままEnterを押すと、以下のようなダイアログが表示されます。

カッコが不足しているとエラーが表示される

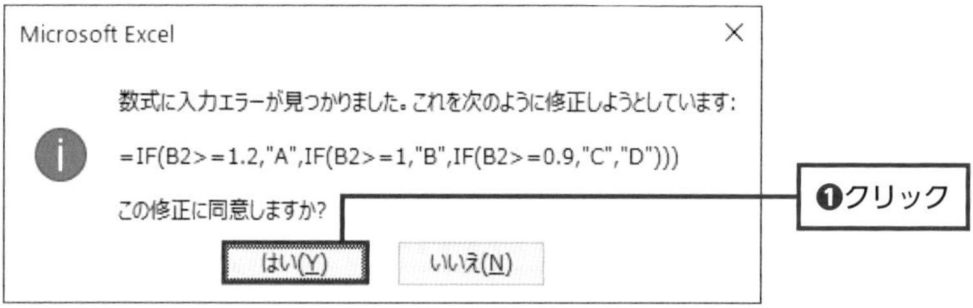

［はい］をクリックすると（❶）、不足しているカッコが補われて正しく入力できる

この例では正しくカッコが補われましたが、もちろんすべての場合でうまくいくわけではありません。関数内で使用したカッコは、必ずセットになっているかを確認しながら入力します。

ATTENTION

IF関数の第2引数と第3引数は省略可能です。「=IF(B2>=1.2,"A",)」のように引数を省略すると、戻り値は0になることがあります。多用することはないでしょうが、工夫次第では有効です。逆に、引数の書き忘れには注意しましょう。書き忘れてもエラーが生じず、誤った結果が返ってきます。

4-03

時短 10分

IF関数をネストせずに複数の条件を指定する

KEYWORD IFS関数

IF関数で複雑な場合分けを行うには、ネストを何重にも正確に記述する必要があります。ネストの深さが気になるなら、IFS関数を試してみるといいでしょう。

3つ以上の場合分けを手早く行う

IF関数を使って3つ以上の場合分けを行いたいときは、複数のIF関数を使ってネストする必要があります。96ページで紹介した例をもう一度見てみましょう。

営業成績が前期比で「120%以上ならA、100%以上120%未満ならB、90%以上100%未満ならC、90%未満ならD」という場合分けは、以下のようにIF関数をネストして記載できます。

```
=IF(B2>=1.2,"A",IF(B2>=1,"B",IF(B2>=0.9,"C","D")))
```

3つ以上の場合分けをもっと簡単に記述するには、IFS関数を利用すると便利です。ただし、IFS関数を使うにはExcel 2019またはMicrosoft 365の契約が必要なので注意しましょう。

関数書式

```
=IFS(論理式1, 真の場合, [論理式2, 真の場合, ...] )
```

上で挙げた場合分けは、IFS関数を利用すると以下のように書けます。

```
=IFS(B2>=1.2, "A", B2>=1, "B", B2>=0.9, "C", TRUE, "D")
```

最後に「TRUE, "D"」となっていることに注意してください。「いずれの条件も満たさなかった場合」という選択肢を明示することができないので、このように記述します。「TRUE, "D"」を省略した場合、その前の条件（ここでは「B2>=0.9」）が偽であれば「#N/A」エラーが返ります。なお、IFS関数では「偽の場合」に実行する数式を引数に直接記述できません。条件が複雑な場合、やはりIF関数を使う必要があります。

値が未入力でも計算でエラーを出さない

KEYWORD IF関数、エラー表示

数式や関数が入力されている場合、参照先のセルの値や引数によってはエラーが表示されることがあります。この種のエラーが表示されないようにしたいとき、IF関数を使うと便利です。

エラー表示を抑止して見栄えをよくする

たとえば、**割り算で除数（割る数）の入るセルに値が入力されていないと、0で割ることになってしまい、「#DIV/0!」エラーが表示されます。**このほか、エラーにはいくつかの種類がありますが、いずれも見栄えが悪いだけでなく、第三者が見ると計算ミスを疑われてしまいます。

● 参照先のセルの値が適切でないとエラーなどが表示される

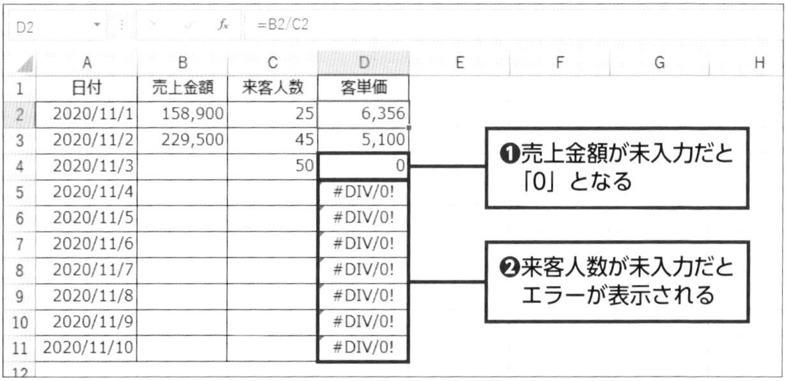

	A	B	C	D
1	日付	売上金額	来客人数	客単価
2	2020/11/1	158,900	25	6,356
3	2020/11/2	229,500	45	5,100
4	2020/11/3		50	0
5	2020/11/4			#DIV/0!
6	2020/11/5			#DIV/0!
7	2020/11/6			#DIV/0!
8	2020/11/7			#DIV/0!
9	2020/11/8			#DIV/0!
10	2020/11/9			#DIV/0!
11	2020/11/10			#DIV/0!

客単価を求める数式が入力されている場合、売上金額が未入力だと「0」（❶）、どちらも未入力だと「#DIV/0!」のエラーが表示される（❷）

このようなエラーや誤った計算結果を表示しないようにするには、売上金額のセルが空白の場合は、客単価の結果として何も表示されないようにし、そうでない場合は売上金額を来客人数で割った計算結果を表示します。これを実現するには、次の数式を入力します。

入力関数

```
=IF(B2="", "", B2/C2)
```

● IF関数で条件を記述する

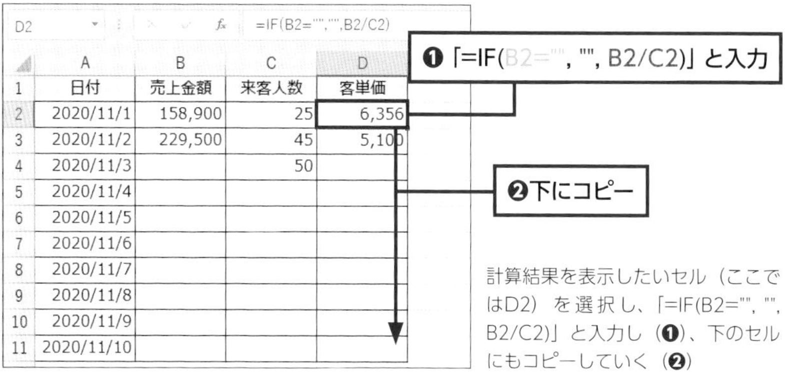

計算結果を表示したいセル（ここではD2）を選択し、「=IF(B2="", "", B2/C2)」と入力し（❶）、下のセルにもコピーしていく（❷）

POINT

エラー表示を抑止する方法は、いろいろ用意されています。ここで紹介したように、IF関数を使って論理式の値によって数式を変更する方法のほか、IFERROR関数でエラーを別の表示に差し替える方法があります。詳しくは109ページを参照してください。

COLUMN

条件付き書式で無理やりエラーを非表示にする

関数を使わずにエラーを非表示にする方法もあります。条件付き書式を利用して、セルの値がエラーになったらセルの背景色と文字色の両方を白など同じ色になるように設定するのです。関数を使わずに済むというメリットはありますが、通常の環境ではエラーインジケーターが表示される、セルの中身を確認してもなぜエラーが表示されないのかがわからない、背景色を変更したいときに別途文字色も変更する必要があるなどのデメリットもあります。あまりおすすめできませんが、参考までに設定方法を紹介します。

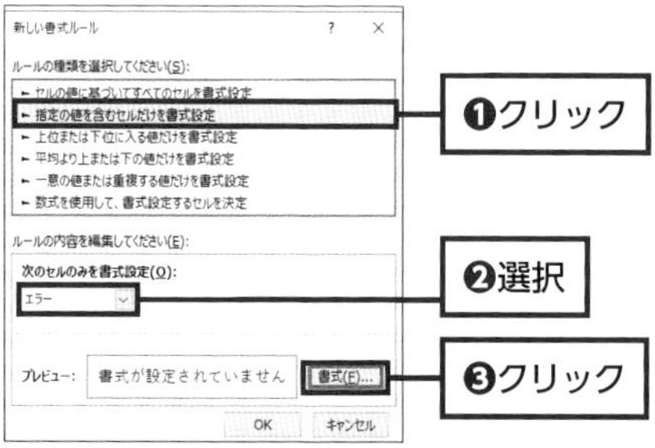

客単価の列のセルを選択し、[ホーム]タブの[スタイル]グループから[条件付き書式]→[新しいルール]をクリック。[新しい書式ルール]ダイアログが表示されたら、[指定の値を含むセルだけを書式設定]（❶）から[次のセルのみを書式設定]のリストで[エラー]を選択（❷）。その後、[書式]をクリックして（❸）、背景色と文字色を白に設定する

4-05

時短
15
分

アンケート結果の数字を別の文字列に置き換える

KEYWORD CHOOSE 関数、SWITCH 関数、VLOOKUP 関数

アンケートの評価が1から5の5段階で表されているとき、数字の代わりに文字列を使いたいなら、IF関数で置き換えることを思いつくかもしれません。しかし、もっと簡単な方法があります。

CHOOSE関数で数値に応じて値を切り替える

5段階のアンケートで1から5の数字に対して、「非常に悪い」「悪い」「普通」「良い」「非常に良い」といった評価がそれぞれ割り当てられているケースを考えます。数字から評価を導き出すには、IF関数を使おうと思った人も多いでしょう。IF関数なら、以下のようになります。

```
=IF(B2=1, "非常に悪い", IF(B2=2, "悪い", IF(B2=3, "普通", IF(B2=4, "良い
", "非常に良い"))))
```

ロジックとしては単純ですが、何重にもネストしたIF関数を書く必要があります。なお、ここでは1から5の数字以外は考えていません。

99ページで紹介したIFS関数を使えば、もう少し楽です。

```
=IFS(B2=1, "非常に悪い", B2=2, "悪い", B2=3, "普通", B2=4, "良い",
B2=5, "非常に良い")
```

さらに簡単に書くなら、CHOOSE関数を使ってみるといいでしょう。書式は以下のとおりです。

関数書式

```
=CHOOSE(インデックス, 値1, [値2] , ...)
```

インデックスが1であれば1番目の値、2であれば2番めの値を返します。上で挙げた、IF関数やIFS関数で書いた式と同じ値を返すには、

入力関数

```
=CHOOSE(B2, "非常に悪い", "悪い", "普通", "良い", "非常に良い")
```

となります。なお、**5つしか値が用意されていないとき、インデックスが6以上になれば、エラーが返ります**。

5段階評価の数値を評価に置き換える

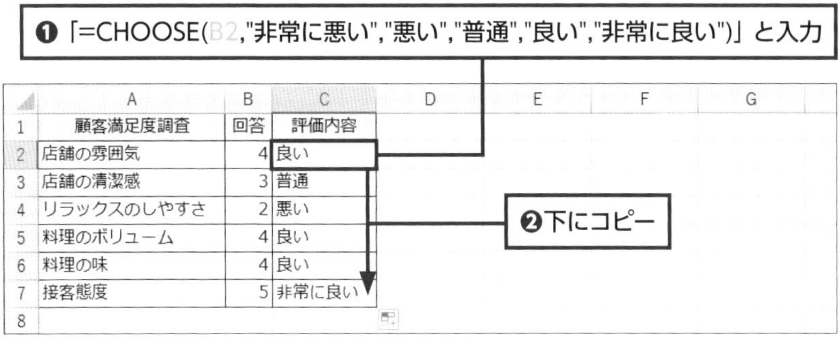

CHOOSE関数を使って、回答の列を評価に置き換えるための式を入力し（❶）、下のセルにもコピーする（❷）

SWITCH関数で一致した値を取り出す

CHOOSE関数はわかりやすいのがメリットですが、インデックスは数字でなければならない、という制約があります。5段階評価が数字ではなく、文字だった場合はCHOOSE関数は使えません。IFS関数でもいいのですが、SWITCH関数を使うとシンプルです。

関数書式

=SWITCH(検査値, 値1, 結果1, [値2, 結果2] , ..., [既定の結果])

「検査値」が「値1」と等しければ「結果1」を返し、「値2」と等しければ「結果2」を返します。どの値とも等しくなければ、「既定の結果」を返します。

もしAからEの文字に対して、それぞれ「非常に良い」「良い」「普通」「悪い」「非常に悪い」という評価が割り当てられている場合、SWITCH関数は以下のようになります。なお、この例では「検査値」に文字が入力されていない場合などは「該当なし」と表示します。

入力関数

=SWITCH(B2, "A", "非常に良い", "B", "良い", "C", "普通", "D", "悪い", "E", "非常に悪い", "該当なし")

SWITCH関数で評価を割り当てる

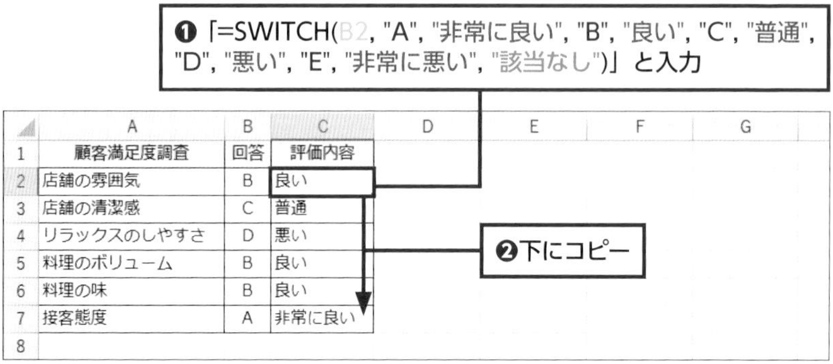

	A	B	C	D	E	F	G
1	顧客満足度調査	回答	評価内容				
2	店舗の雰囲気	B	良い				
3	店舗の清潔感	C	普通				
4	リラックスのしやすさ	D	悪い				
5	料理のボリューム	B	良い				
6	料理の味	B	良い				
7	接客態度	A	非常に良い				
8							

SWITCH関数を使って、回答の列を評価に置き換えるための式を入力し（❶）、下のセルにもコピーする（❷）

なお、SWITCH関数はExcel 2019またはMicrosoft 365のExcelのみ対応です。

ATTENTION

検査値と各値との比較は、先頭から行います。検査値と等しい値が出たところで結果が返ります。そのため、値を並べる順序によっては正しい結果が得られないことがあります。

POINT

CHOOSE関数もSWITCH関数も、取り得る値を関数の中に記述するので、見通しは悪くなります。表を別途用意して、VLOOKUP関数で参照するほうが応用は利くでしょう。

4-06

時短 10分

数値と文字列を区別して真偽を正しく判定する

KEYWORD ISNUMBER関数

IF関数には意外な弱点があります。これを知らず、対策を講じないまま表を運用していると、困った事態に遭遇することになってしまいます。ここでは、その弱点をカバーするための方法を紹介します。

ISNUMBER関数で数値が入力されているかを判定する

IF関数の論理式で「B2>=60」などといった数式を使った場合、セルB2の値が数値であれば正しく計算できますが、文字列であればどんな値であっても「正しい」と判別され、IF関数の「真の場合」の値が返されてしまいます。

● 文字列が入っていると正しい値が表示されない

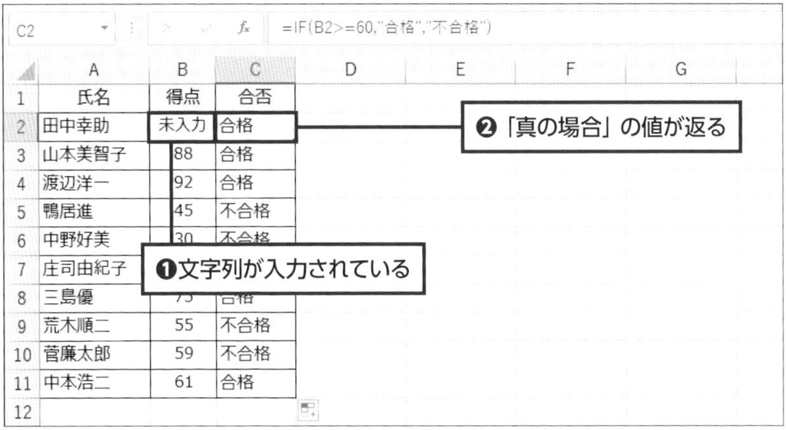

	A	B	C	D	E	F	G
1	氏名	得点	合否				
2	田中幸助	未入力	合格				
3	山本美智子	88	合格				
4	渡辺洋一	92	合格				
5	鴨居進	45	不合格				
6	中野好美	30	不合格				
7	庄司由紀子	[illegible]	[illegible]				
8	三島優	[illegible]	合格				
9	荒木順二	55	不合格				
10	菅廉太郎	59	不合格				
11	中本浩二	61	合格				
12							

列Cには、列Bに数値が入力される前提でIF関数が入力されている。しかし、セルB2は文字列が入っているため（❶）、セルC2に意図しない結果が返されている（❷）。これでは表の意味が半減する

このような事態を避けるには、**引数で指定されたセルの値が数値であるかどうかを判別するISNUMBER関数を使います**。もし数値であれば論理値「TRUE」を返し、数値以外の値であれば「FALSE」を返します。これをIF関数の第1引数で受け取って「TRUE」ならそのまま計算し、「FALSE」なら別の文字列を返せば、求める表示になります。

関数書式

=ISNUMBER(テストの対象)

　これをIF関数と組み合わせてみましょう。セルB2が60以上であれば「合格」、60未満なら「不合格」、数値以外が入っていれば「集計中」と表示されます。

入力関数

=IF(ISNUMBER(B2),IF(B2=60,"合格","不合格"),"集中力")

● ISNUMBER関数とIF関数を組み合わせる

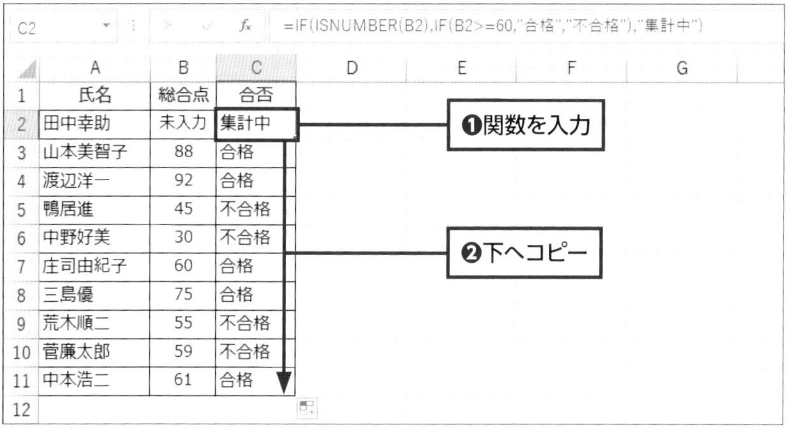

「=IF(ISNUMBER(B2), IF(B2>=60, "合格", "不合格"), "集計中")」と入力し（❶）、下のセルにもコピーしていく（❷）

POINT

　ISNUMBER関数は引数が数値かどうかを判別しますが、文字列かどうかを判別するISTEXT関数も用意されています。書式はISNUMBER関数と同じです。

ATTENTION

　引数に日付が入力された場合、シリアル値に変換してから判別されます。そのため、「=ISNUMBER(2021/3/31)」は「TRUE」を返します。見た目に惑わされないようにしましょう。

4-07 「かつ」や「または」など複雑な条件で場合分けする

時短 10分

KEYWORD AND関数、OR関数、NOT関数

「営業成績が100%以上」かつ「検定試験の評価がAまたはB」である、といった複雑な条件をIF関数で表すには、AND、OR、NOTといった関数を利用します。また、複雑な条件では、図を用いるのも効果的です。

必要に応じて図を書いて考える

IF関数に「Aであり、かつBである」や「Aであるか、またはBである」といった条件を用いるにはAND関数やOR関数を使います。まず、書式を見ておきましょう。

関数書式

=AND(論理式1, [論理式2] , ...)

=OR(論理式1, [論理式2] , ...)

たとえば、「営業成績が前年同期比で100%以上」かつ「検定試験の評価がA」であるという条件を表すには、AND関数を用いて次のように入力します。

● AND関数とIF関数を組み合わせる

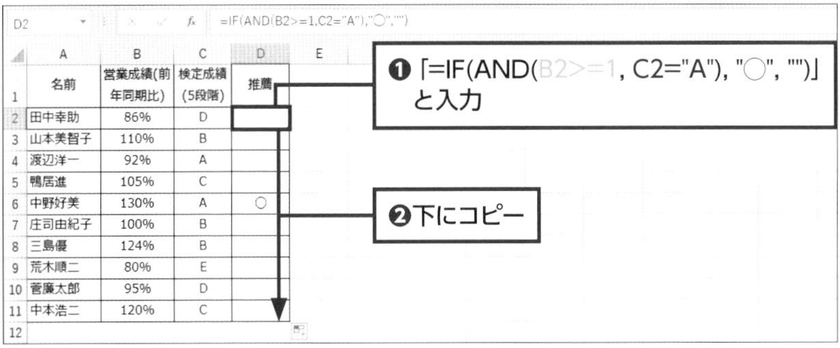

D2 =IF(AND(B2>=1,C2="A"),"○","")

	A	B	C	D	E
1	名前	営業成績(前年同期比)	検定成績(5段階)	推薦	
2	田中幸助	86%	D		
3	山本美智子	110%	B		
4	渡辺洋一	92%	A		
5	鴨居進	105%	C		
6	中野好美	130%	A	○	
7	庄司由紀子	100%	B		
8	三島優	124%	B		
9	荒木順二	80%	E		
10	菅廉太郎	95%	D		
11	中本浩二	120%	C		
12					

関数を入力したら（❶）、下のセルにもコピーしていく（❷）。これで「営業成績が1（100%）以上」かつ「検定試験がA」の行に○が表示される

では次に、「検定試験の評価がAである」という条件を変更し、「Aであるか、またはBである」としてみましょう。ここではOR関数を使います。

上に挙げたAND関数の引数が変わり、「C2="A"」の部分が「OR(C2="A", C2="B")」となります。

AND関数、OR関数、IF関数の3つを組み合わせる

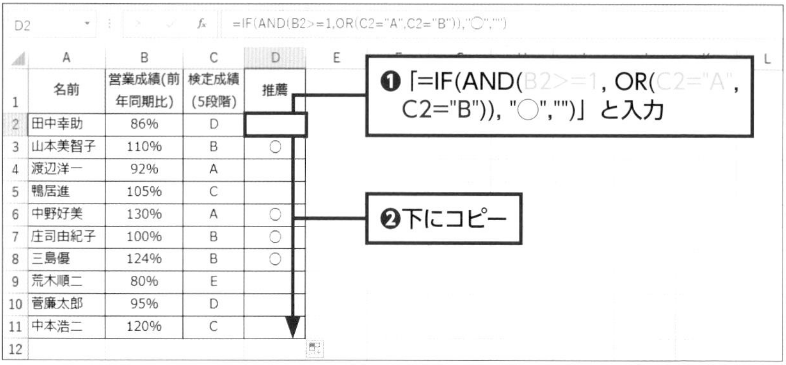

	A	B	C	D
1	名前	営業成績(前年同期比)	検定成績(5段階)	推薦
2	田中幸助	86%	D	
3	山本美智子	110%	B	○
4	渡辺洋一	92%	A	
5	鴨居進	105%	C	
6	中野好美	130%	A	○
7	庄司由紀子	100%	B	○
8	三島優	124%	B	○
9	荒木順二	80%	E	
10	菅廉太郎	95%	D	
11	中本浩二	120%	C	
12				

関数を入力したら（❶）、下のセルにもコピーしていく（❷）。これで「営業成績が1（100%）以上」かつ「検定試験がAまたはB」の行に○が表示される

「～ではない」という条件を表すには、NOT関数を利用します。たとえば、「検定試験の評価がAであるか、またはBである」の部分を「Aではない」と変更すると、「OR(C2="A", C2="B")」の部分が「NOT(C2="A")」となります。実際に試してみてください。

関数書式

=NOT(論理式)

COLUMN

NOT関数には注意が必要

NOT関数で注意すべきなのは、AND関数やOR関数と組み合わせたときです。わかりにくいときは、図を書いて考えるといいでしょう。たとえば、「検定試験の評価がAまたはBである」を否定すると、「Aではなく、かつBでもない」となります。

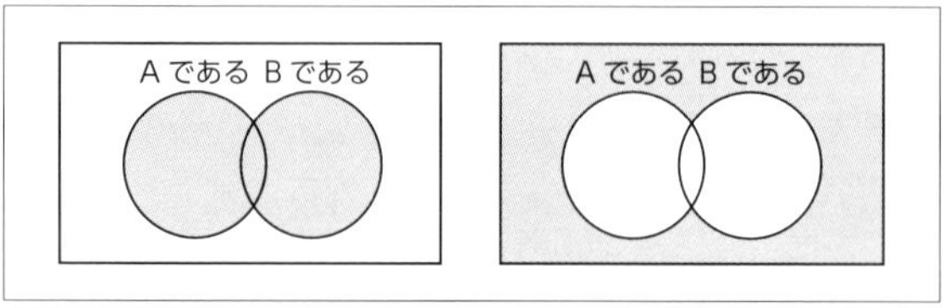

左のグレー部分が「AまたはBである」部分。これをNOT関数で否定すると、右のグレー部分になる

4-08

時短
10
分

エラーを回避して特定の文字列を表示する

KEYWORD IFERROR関数、ISERROR関数、条件付き書式

複数の種類のエラーが表示される可能性があるとき、いちいちIF関数などで場合分けしてエラー表示を抑止するのは面倒です。ここでは、すべてのエラー値をまとめて非表示にする方法を紹介します。

IFERROR関数でエラー表示を置き換える

加減乗除などの計算式に文字列が紛れ込むと「#VALUE!」エラーが表示されます。また、除数が0のときに表示されるのは「#DIV/0!」エラーです。これらのエラーは別々の方法で抑止しなければならず、エラーが表示されないように正しく設定するのはかなり面倒です。そこで試したいのが、エラーを一網打尽にするIFERROR関数です。

関数書式

=IFERROR(値, エラーの場合の値)

「値」にはセル範囲などが入ります。もしエラーが含まれていれば「エラーの場合の値」を返し、エラーがなければ「値」をそのまま返します。IF**関数でのエラー回避の方法と異なり、エラーが含まれない場合は第1引数をそのまま返すので、論理的な誤りが紛れ込みにくい**というメリットがあります。

● エラーが起きた場合に「集計中」と表示する

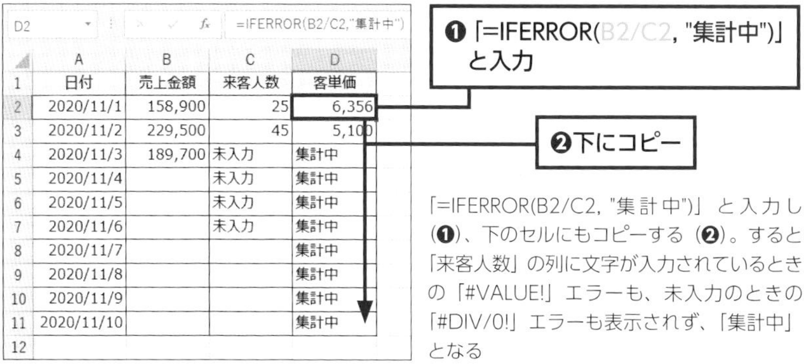

「=IFERROR(B2/C2, "集計中")」と入力し(❶)、下のセルにもコピーする(❷)。すると、「来客人数」の列に文字が入力されているときの「#VALUE!」エラーも、未入力のときの「#DIV/0!」エラーも表示されず、「集計中」となる

エラーかどうかを判別するだけならISERROR関数

IFERROR関数と似た機能を持つものとして、ISERROR関数があります。これは引数として与えられた値がエラーであれば「TRUE」を返し、エラーでなければ「FALSE」を返します。

関数書式

```
=ISERROR(値)
```

この関数は、単体ではあまり使い道がなさそうに思えます。しかし、条件付き書式と組み合わせて「数式や関数でエラーが返ってくれば、セルに背景色を付ける」などという目的で使うと、大変便利です。

条件付き書式でルールを作成する

書式を設定したいセルD2を選択して［ホーム］タブの［スタイル］グループから［条件付き書式］→［新しいルール］をクリック。［新しい書式］ダイアログが表示されたら、［数式を使用して、書式設定するセルを決定］を選択し（❶）、「=ISERROR(B2/C2)」と入力（❷）。［書式］をクリックして書式を設定する（❸）

エラーが生じたセルに背景色を設定する

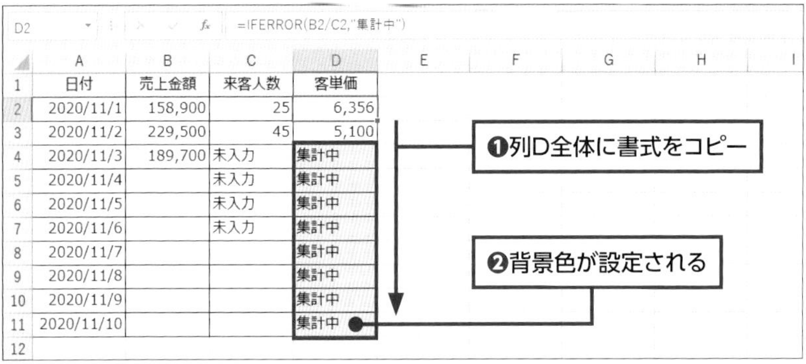

	A	B	C	D
1	日付	売上金額	来客人数	客単価
2	2020/11/1	158,900	25	6,356
3	2020/11/2	229,500	45	5,100
4	2020/11/3	189,700	未入力	集計中
5	2020/11/4		未入力	集計中
6	2020/11/5		未入力	集計中
7	2020/11/6		未入力	集計中
8	2020/11/7			集計中
9	2020/11/8			集計中
10	2020/11/9			集計中
11	2020/11/10			集計中
12				

設定した条件付き書式を列D全体にコピーしたら（❶）、エラーが生じるセルに背景色が設定される（❷）

4-09

時短 15分

IF関数よりも簡単に複数の条件分岐を行う

KEYWORD IF 関数、IFS 関数、VLOOKUP 関数

IF関数のネストが深くなりすぎると、「この関数は何をしているのか」がわかりにくくなってしまいます。場合分けの内容によっては、IF関数ではなく、VLOOKUP関数でわかりやすくすることも可能です。

階段状の場合分けならVLOOKUP関数が使える

96ページで挙げた例をもう一度見てみましょう。営業成績が前期比で「120%以上ならA、100%以上120%未満ならB、90%以上100%未満ならC、90%未満ならD」という場合分けは、IF関数を使うと以下のようになります。

```
=IF(B2>=1.2,"A",IF(B2>=1,"B",IF(B2>=0.9,"C","D")))
```

IFS関数を利用するとネストが不要になるので、以下のように多少はシンプルになります。

```
=IFS(B2>=1.2, "A", B2>=1, "B", B2>=0.9, "C", TRUE, "D")
```

ただ、場合分けに用いる数値やネストの深さを頻繁に書き換えるとなると、かなり面倒です。たとえば、「100%以上120%未満ならB」を「110%以上120%未満ならクラス2」「100%以上110%未満ならクラス3」などと書き換えるとなると、IF関数であろうとIFS関数であろうと、非常に手間がかかります。

こんなときは、VLOOKUP関数を利用することで、手間を減らすことができます。詳しくは114ページ以降で解説するので、ここでは単純な例を1つ挙げておきます。

ただし、**どんなIF関数もVLOOKUP関数に書き換えられるわけではありません。数値で区切られることと、「○○以上、□□未満」という区切り方であることが条件になります。**

VLOOKUP関数の書式は以下のとおりです。

関数書式

=VLOOKUP(検索値,範囲,列番号,［検索方法］)

「検索値」に検索したい値やセル参照、「範囲」に検索対象のセル範囲、「列番号」にセル範囲の何列目を取り出すかを入力します。そして、「検索方法」には「TRUE」を指定することで、「検索値」とぴったり同じではない、近似値を取り出すことができます。

具体例を見ていきます。

基準となる表にしたがって値を取り出す

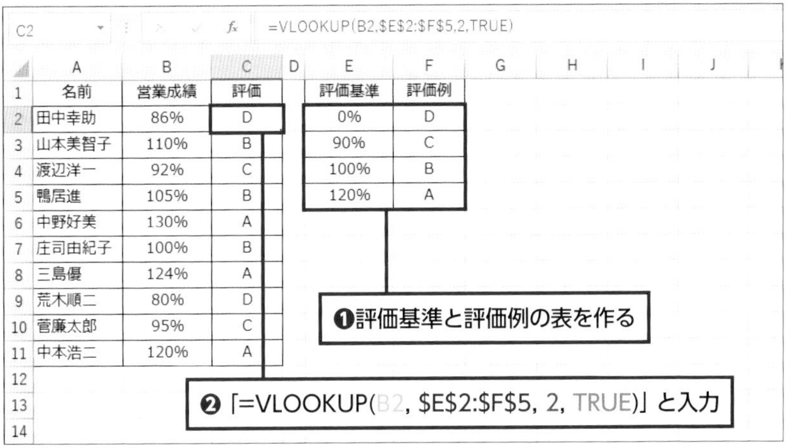

	A	B	C	D	E	F
1	名前	営業成績	評価		評価基準	評価例
2	田中幸助	86%	D		0%	D
3	山本美智子	110%	B		90%	C
4	渡辺洋一	92%	C		100%	B
5	鴨居進	105%	B		120%	A
6	中野好美	130%	A			
7	庄司由紀子	100%	B			
8	三島優	124%	A			
9	荒木順二	80%	D			
10	菅廉太郎	95%	C			
11	中本浩二	120%	A			

まず「○○以上、□□未満」という基準と評価例の表を作る（❶）。このとき、基準は小さいほうから並べる。ここでは「0%以上90%未満ならD、90%以上100%未満ならC、100%以上120%未満ならB、120%以上ならA」という基準を表にした。セルC2に「=VLOOKUP(B2, $E$2:$F$5, 2, TRUE)」と入力し（❷）、下のセルにもコピーすると、営業成績をもとに評価がなされる

基準となる表の作り方にはコツがあります。必ず小さいほうから並べる必要があり、もし最初の基準で当てはまらない場合は「#N/A!」エラーが生じます。実際に数値を変更して確認してみてください。

第5章

エクセル仕事を爆速にする簡易データベースの作り方

エクセルは表計算アプリでありながら、簡易データベースとしても一般的に利用されています。たとえば売上伝票や請求書などを作成するとき、そのつど顧客名や商品名、単価を入力するのは手間がかかります。そこで、あらかじめ顧客や商品の情報をデータベース化しておき、その中から必要なデータを検索して取り出せば、作業時間の大幅な短縮が可能です。
このような作業に役立つ関数で代表的なのがVLOOKUP関数ですが、ほかにもINDEX関数やMATCH関数など、覚えておきたい関数がいくつかあります。Microsoft 365のユーザーなら、VLOOKUP関数は捨てて、より高度な機能を備えたXLOOKUP関数をぜひ使いたいところです。また、FILTER関数もうまく使えば大変便利です。
これらの関数は使い方が難しいと感じる人も多いようですが、ポイントさえ押さえておけば恐れることはありません。便利な関数を味方にして、劇的な効率アップを実現しましょう。

表から欲しいデータをサクッと取り出したい

KEYWORD VLOOKUP関数

エクセルを簡易データベースとして使うために役立つ関数の中で、もっとも代表的なのがVLOOKUP関数です。ここでは、VLOOKUP関数の入力方法や注意したいポイントなど、基本的な使い方を説明します。

リストからデータを取り出して入力の手間を省く

仕事で扱うデータには、商品一覧、社員名簿、顧客名簿など、さまざまな種類のリストがあります。こういった**リストからデータを取り出すために使うのが、VLOOKUP関数**です。

たとえば、書類に担当者のメールアドレスを記入したいとします。いちいちアドレスを調べて入力するのは面倒ですし、ミスタイプする恐れもあります。VLOOKUP関数を使えば、事前に用意しておいた名簿からデータを検索して簡単に転記できます。

名簿からメールアドレスを取り出す

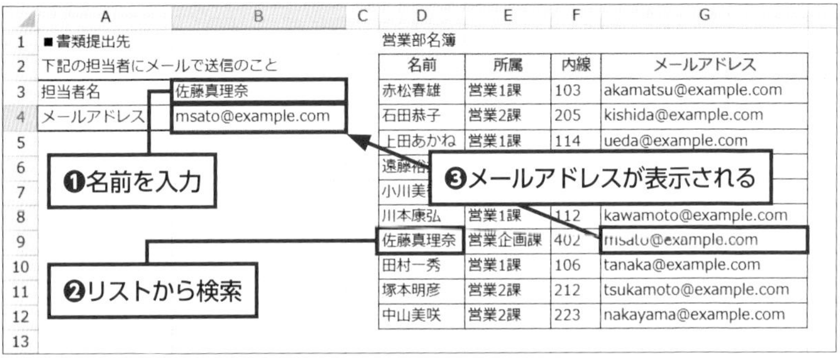

セルB3に担当者の名前、セルB4にメールアドレスを入力したいとする。VLOOKUP関数を使えば、名前を入力するだけで（❶）、リストからデータが検索され（❷）、該当する社員のメールアドレスが転記される（❸）

上の例では転記するデータが1件だけなので、「わざわざ名簿を用意して関数を使うより、コピー&ペーストしたほうが早いのでは？」と思うかもしれません。しかし、取り出したいデータが何件もある場合や、同じような作業を頻繁に繰り返す場合はどうでしょうか。

たとえば、売上伝票や請求書を作成するとき、そのつど商品名や単価を調べて転記するのは、たとえコピー&ペーストしても相当な手間がかかります。商品リストを作成しておく労力を差し引いても、VLOOKUP関数の利用による時短効果は大きくなります。

商品リストから売上伝票を作成する

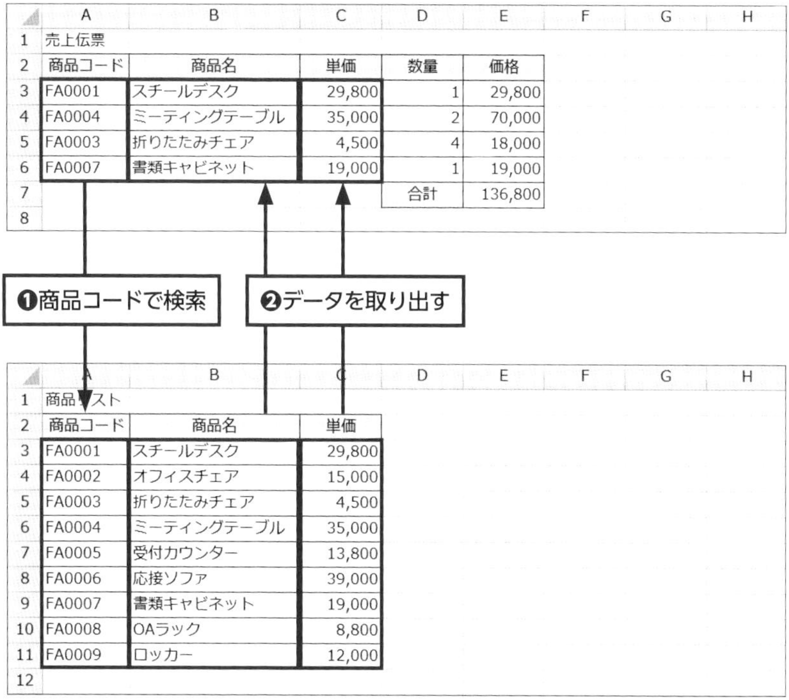

売上伝票に入力した商品コードを条件として、商品リストを検索し(❶)、該当するデータが見つかったら商品名や単価を自動的に転記できる(❷)。金額を合計する数式をあらかじめ入力しておけば、あとは数量を指定するだけで売上伝票が完成する

入力の手間を省けること、入力ミスを防げること以外に、もう1つメリットがあります。それは、**参照元のリストを修正すると、転記したデータにも反映される**ことです。上の例で商品の価格が改訂された場合、商品リストで価格を修正すれば、売上伝票に転記した価格も自動的に変更されます。大量のデータを手動で修正する必要がなく、大幅な省力化につながります。ただし、作成済みの書類が勝手に変更されると不都合な場合は、何らかの対策が必要です。

引数の意味を理解してVLOOKUP関数を使いこなす

ここからは、VLOOKUP関数の入力方法など、具体的な使い方を説明していきます。まずは書式を見ておきましょう。

関数書式

```
=VLOOKUP(検索値,範囲,列番号,［検索方法］)
```

VLOOKUP関数は非常に便利なのですが、「引数がたくさんあって難しい！」と苦手意識を持つ人も多いようです。そこで、理解しやすいように、4つの引数を平易な言葉に置き換えてみましょう。

VLOOKUP関数の引数

引数		意味	指定する内容
1	検索値	この値を探せ	何を検索するのかを指定する。数値や文字列、セル参照を指定できる
2	範囲	ここから取り出せ	取り出しの対象となるセル範囲を指定する
3	列番号	何番目の値を取り出せ	範囲の左端から数えて、何番目の列から値を取り出すかを数値で指定する
4	検索方法	この方法で探せ	完全一致で検索する場合は「FALSE」、近似一致で検索する場合は「TRUE」または省略する

具体的な例を見ながら、それぞれの引数について解説します。冒頭で挙げた、名簿からデータを転記する例の場合、次のような数式になります。

入力関数

```
=VLOOKUP(B3,D3:G12,4,FALSE)
```

第1引数の「検索値」は「何を探すか」、第2引数の「範囲」は「どこから探して取り出すか」を指定します。**注意しなければならないのは、「検索値」を「範囲」全体から探すのではない**ことです。**「範囲」の左端の列のみ検索の対象になります**。そのため、この例では「セルB3の文字列と同じものを、セルD3～D12から探せ」という意味になります。第3引数の「列番号」は、「検索値と一致するものが見つかったとき、「範囲」の何番目の列にある値を取り出すか」を指定します。この例では「4」なので、「範囲」の左から4番目、つまり列Gを指します。

引数が何を指すか把握しよう

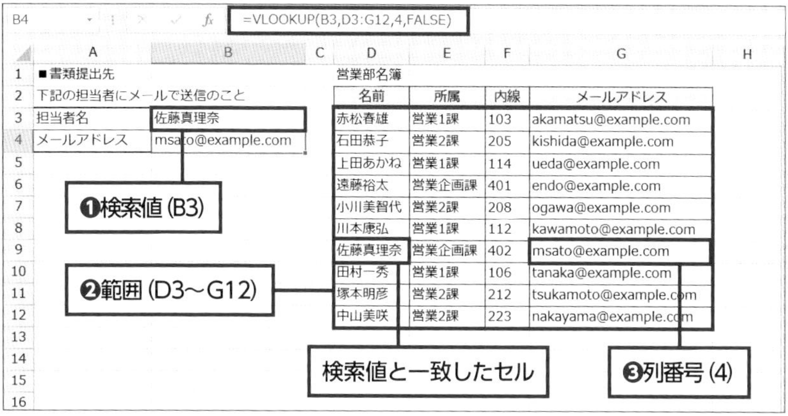

第1引数で指定した「検索値」を（❶）、第2引数で指定した「範囲」の左端の列から探す（❷）。見つかったら、第3引数で指定した「列番号」のセルにある値を取り出す（❸）

やや複雑なのが、第4引数の「検索方法」です。VLOOKUP関数で利用できる検索方法には「完全一致検索」と「近似一致検索」の2種類があります。一般には完全一致検索を使う場合が多いので、ここでは「ふつうはFALSEにすればよい」と覚えておいてください。なお、近似一致検索については124ページで解説します。

COLUMN

VLOOKUP関数は「L字型」で検索する

VLOOKUP関数では、「範囲」の左端にある列を上から順に検索し、見つかったら行を右方向へ移動して、「列番号」のセルから値を取り出します。L字型を描くように動作すると考えればわかりやすいでしょう。そのため、検索対象の値を含む列は、必ず範囲の左端になければならないので注意しましょう。

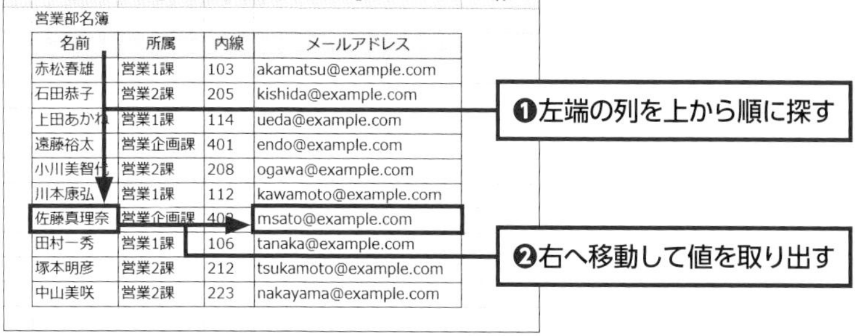

数式のコピーでずれた参照を手作業で修正するのが面倒！

KEYWORD VLOOKUP 関数、COLUMN 関数

一般的な関数では、セル参照を適切に記述しておけば、数式を別のセルへコピーしても問題なく使えるケースが多いものです。しかし、VLOOKUP関数の場合、それ以外にも注意すべき点があります。

範囲を絶対参照にして縦方向へコピーする

商品リストから商品名と単価を取り出して、売上伝票を作成する場合を例に考えてみましょう。セルB3に次の数式を入力すると、セルA3の商品コードをセルG3～G11から検索し、列Hから該当する商品名を取り出すことができます。

入力関数

```
=VLOOKUP(A3,G3:I11,2,FALSE)
```

この数式を、別のセルにもコピーして使えるように書き換えてみましょう。縦方向、つまりセルB4～B7にコピーできるようにするには、**第2引数の「範囲」を絶対参照に変更します。**

「範囲」を絶対参照で記述する

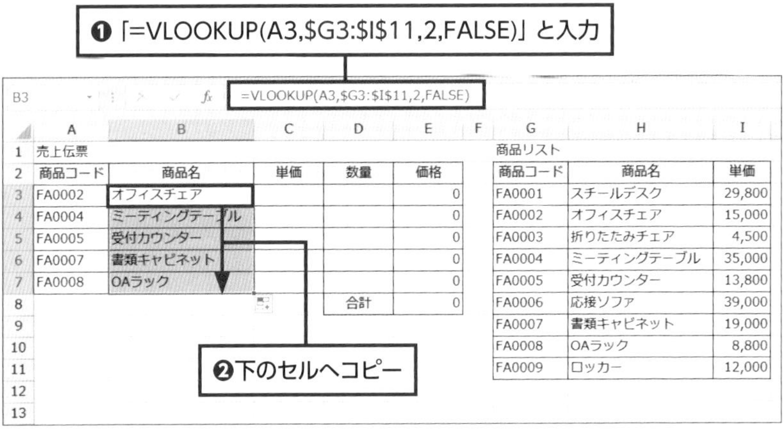

第1引数の「検索値」は相対参照のままで、第2引数の「範囲」を絶対参照にする（❶）。これをオートフィルで下のセルへコピーすればよい（❷）

横方向へコピーするときは注意が必要

では、横方向へコピーする場合はどうでしょうか。ここでは、商品リストから単価を取り出せるように、セルB3の数式をセルC3へコピーしてみましょう。すると、下図のようにエラーが発生してしまいます。

そのままコピーするとエラーが出る

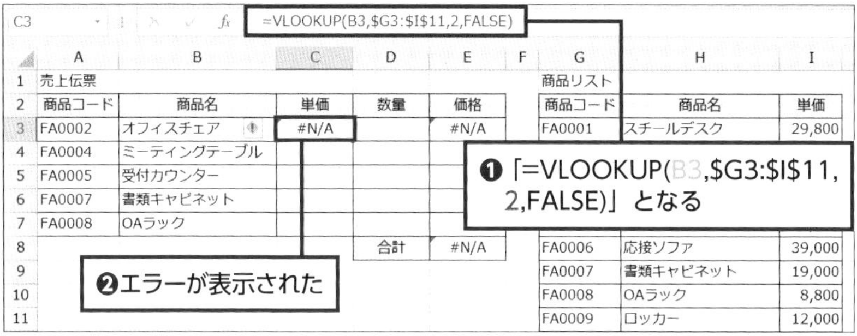

セルB3の数式をC3へコピーすると、「=VLOOKUP(B3,$G3:$I$11,2,FALSE)」となる（❶）。検索値のセルが「B3」にずれてしまったうえに、列番号が「2」のままなので、エラーが発生してしまう（❷）

問題となるのは、第1引数の「検索値」と第3引数の「列番号」です。これを解決する方法を見ていきましょう。

まず、**第1引数は「$A3」のように複合参照で指定します。これで、横方向にコピーしても参照がずれるのを防ぐことができます。**

検索値のセルを複合参照にする

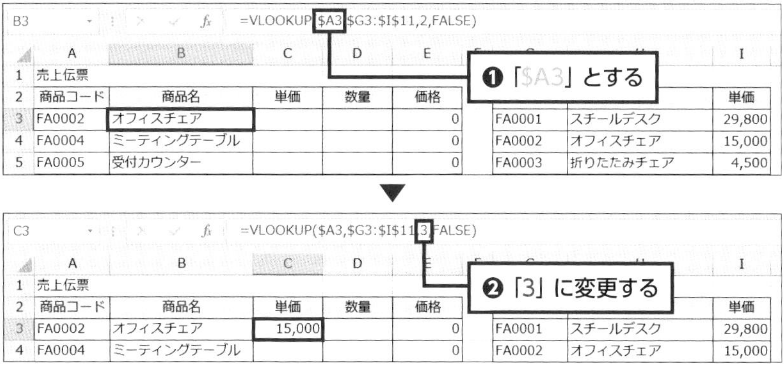

セルB3に数式を入力するとき、第1引数の検索値を複合参照にして「=VLOOKUP($A3,$G3:$I$11,2,FALSE)」とすれば、セルC3にコピーしても参照がずれる心配はない（❶）。ただし、第3引数の列番号は手動で修正する必要がある（❷）

COLUMN関数を併用すれば自在にコピーできる

第1引数については複合参照を使うことで解決できましたが、第3引数の「列番号」も手動で修正するのは面倒です。これを解消するには、COLUMN関数を利用しましょう。

セルB3には「=VLOOKUP($A3,$G3:$I$11,2,FALSE)」という数式を入力していましたが、これを次のように変更します。

入力関数

```
=VLOOKUP($A3,$G3:$I$11,COLUMN(B3),FALSE)
```

COLUMN関数は、引数として指定したセルの列番号を返す関数です。引数が「B3」の場合、列番号は「2」なので、VLOOKUP関数の第3引数を「2」と指定したことになります。この数式をセルC3にコピーすると、「=VLOOKUP($A3,$G3:$I$11,COLUMN(C3),FALSE)」となり、VLOOKUP関数の第3引数が「3」になります。この数式なら、縦・横どちらへコピーしてもエラーが起こらず、目的の値を正確に取り出すことが可能です。

COLUMN関数で列番号を指定

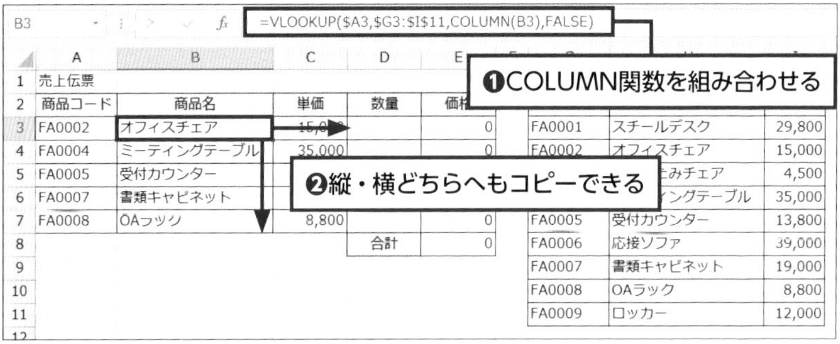

VLOOKUP関数の第3引数を、COLUMN関数によって指定する（❶）。これで、縦・横どちらにコピーしても問題なく動作する（❷）

ATTENTION

ここで紹介した例では、数式をコピーするセル同士が隣り合っていて、参照する列も隣同士なので、COLUMN関数でうまく処理できます。セルの位置関係によっては、この方法では解決できないこともあります。

COLUMN関数を使わずにコピー可能な数式にする

COLUMN関数を使わずに横方向へコピーできるようにしたい場合は、参照する表に列番号を入力しておくという方法があります。番号を振ったセルを複合参照で指定することで、第3引数の列番号をうまく処理できます。もちろん縦方向にコピーしても問題は起こりません。裏技的な方法ですが、関数を2つ使うのが面倒な人にはおすすめです。

参照する列に番号を振っておく

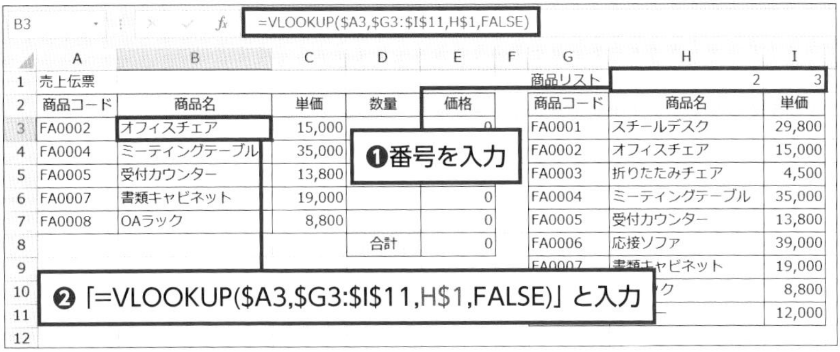

セルH1に「2」、セルI1に「3」と入力しておく（❶）。セルB3に「=VLOOKUP($A3,$G3:$I$11,H$1,FALSE)」と入力すれば、第3引数の列番号が「2」となる（❷）。この数式をセルC3にコピーすると、第3引数が「I$1」となり、列番号として「3」を指定できる

COLUMN

検索値が未入力だとエラーが表示される

VLOOKUP関数では、検索値を入力するセルが空白になっていると、関数を入力したセルにエラーが表示されます。また、そのセルを参照した数式が入っているセルもエラーになります。これを回避したいときは、IFERROR関数を使いましょう。上で紹介した数式の場合、下記のように変更すれば、検索値が未入力の場合はエラーの代わりに空白が表示されます。

=IFERROR(VLOOKUP($A3,$G3:$I$11,H$1,FALSE),"")

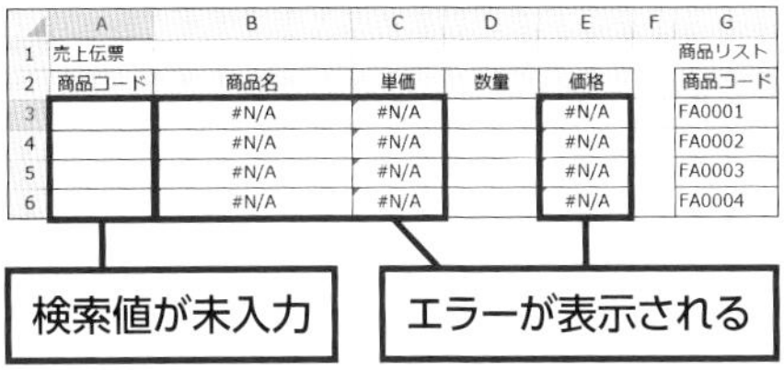

この例では列Aの商品コードが検索値になっているが、未入力の状態だとVLOOKUP関数を入力したセルにエラーが表示される。また、列Eには「単価*数量」を計算する数式が入力されているが、これらのセルもエラー表示になる

5-03

時短 10分

別のシートにある表からデータを取り出したい

KEYWORD VLOOKUP 関数、シート、テーブル

商品リストや顧客リストなどのマスタデータは、VLOOKUP関数を入力するセルとは別のシートに分けておいたほうが便利です。そこで、別のシートにある表を参照する方法を覚えておきましょう。

参照する表を別のシートに分けて管理する

1つのシートに複数の表が並んでいると、どちらかの表で列や行を追加・削除したとき、もう一方の表が崩れてしまうといった問題が起こりやすくなります。特にVLOOKUP関数で同じシートにある別の表を参照している場合は、数式の修正が必要になることもあり、無駄な手間がかかります。これを防ぐには、参照する表を別のシートに配置しておきましょう。

表を2つのシートに分けて配置

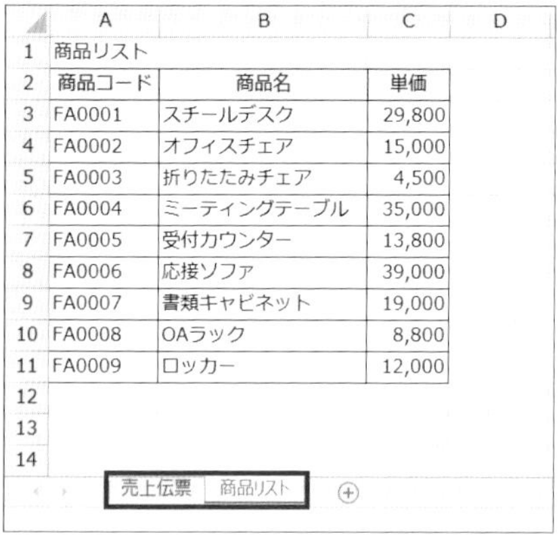

	A	B	C	D
1	商品リスト			
2	商品コード	商品名	単価	
3	FA0001	スチールデスク	29,800	
4	FA0002	オフィスチェア	15,000	
5	FA0003	折りたたみチェア	4,500	
6	FA0004	ミーティングテーブル	35,000	
7	FA0005	受付カウンター	13,800	
8	FA0006	応接ソファ	39,000	
9	FA0007	書類キャビネット	19,000	
10	FA0008	OAラック	8,800	
11	FA0009	ロッカー	12,000	
12				
13				
14				

ここでは、VLOOKUP関数を入力する「売上伝票」と、参照する範囲が含まれる「商品リスト」を、別のシートに配置した。シートの名前はわかりやすいように変更しておこう

参照する表が別のシートにある場合、第2引数の「範囲」はシート名を含めて指定する必要があるので注意しましょう。この例ではシート名が「商品リスト」、参照する範囲はセルA3～C11なので、「商品リスト!$A$3:$C$11」と記述します。

入力関数

```
=VLOOKUP($A3,商品リスト!$A$3:$C$11,2,FALSE)
```

シート名を含めて範囲を指定

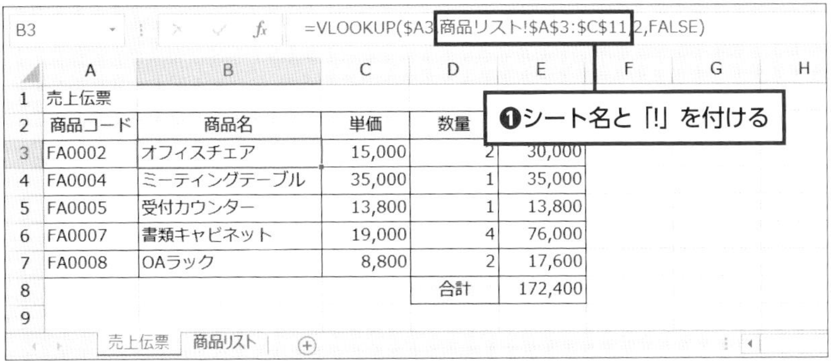
B3　=VLOOKUP($A3,商品リスト!$A$3:$C$11,2,FALSE)

	A	B	C	D	E	F	G	H
1	売上伝票							
2	商品コード	商品名	単価	数量				
3	FA0002	オフィスチェア	15,000	2	30,000			
4	FA0004	ミーティングテーブル	35,000	1	35,000			
5	FA0005	受付カウンター	13,800	1	13,800			
6	FA0007	書類キャビネット	19,000	4	76,000			
7	FA0008	OAラック	8,800	2	17,600			
8				合計	172,400			
9								

別のシートにある表を参照する場合、第2引数の「範囲」は、セル参照の前にシート名+「!」を付ける必要がある（❶）

ATTENTION

シート名が数字で始まる場合や、途中にスペースが含まれている場合は、シングルクォーテーションで囲む必要があります。ここで紹介した例で、シート名が「2021年新商品」だった場合は、以下のような記述になります。

=VLOOKUP($A3,'2021年新商品'!$A$3:$C$11,2,FALSE)

ただし、シート名にスペースが含まれているとトラブルの原因になりやすいので、できるだけ避けたほうがよいでしょう。どうしても名前を途中で区切りたいなら、「_」（アンダースコア）を使うのがおすすめです。なお、シート名には「:」「?」「/」「*」「¥」「[」「]」などの記号は使用できないので注意しましょう。「_」と「-」以外の記号は使わないほうが無難です。

COLUMN

テーブルを利用すればさらに便利

さらに一歩進んで、参照する表をテーブルに変換しておくという方法もあります。この方法ならテーブル名だけで範囲指定が可能なので、数式がシンプルになり、記述ミスも少なくなります。また、テーブルに行を追加しても範囲指定をやり直す必要がなく、データの増減に対処しやすいのもメリットです。なお、テーブルを参照するための詳しい方法は、131ページを参照してください。

5-04

時短
10
分

数値が「○以上X未満」という条件にあてはまるか判別する

KEYWORD　VLOOKUP 関数、近似一致検索

VLOOKUP関数では、完全に一致する値を検索するほかに、近似値を探す検索方法にも対応しています。この方法を使えば、「○以上X未満なら、この値を取り出す」といった処理が可能です。

VLOOKUP関数で近似一致検索を行う

ここまでに紹介したVLOOKUP関数の使用例は、検索値と完全に一致するものを探し、対応する値を返すというものでした。これに対し、「5万以上10万未満」といった**幅のある値から該当するものを探す方法を「近似一致検索」といいます**。

例として、購入額に応じて割引率が変わるというケースを考えてみましょう。近似一致検索を利用すれば、購入額がどの価格帯に該当するかを検索し、簡単に割引率を調べることができます。

まず、購入額と割引率の対照表を作成します。このとき、**条件となる金額は昇順に並べておく必要があるので注意しましょう**。

参照する表を作成する

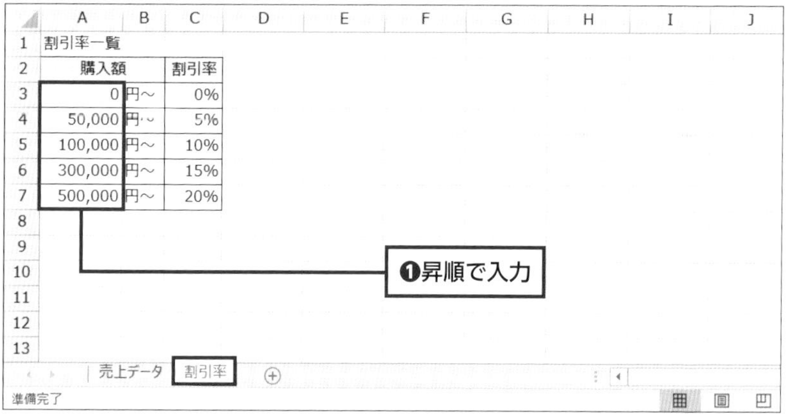

「割引率」という名前のシートを用意し、購入額と割引率の対照表を作成した。正常に検索できるようにするには、金額を左端の列に入力し、昇順で並べておく必要がある（❶）

次に、売上データの「割引率」という列にVLOOKUP関数を入力します。近似一致検索の場合、第4引数の「検索方法」を「TRUE」とします。それ以外の引数は、完全一致検索の場合と同じです。

近似一致検索で関数を入力

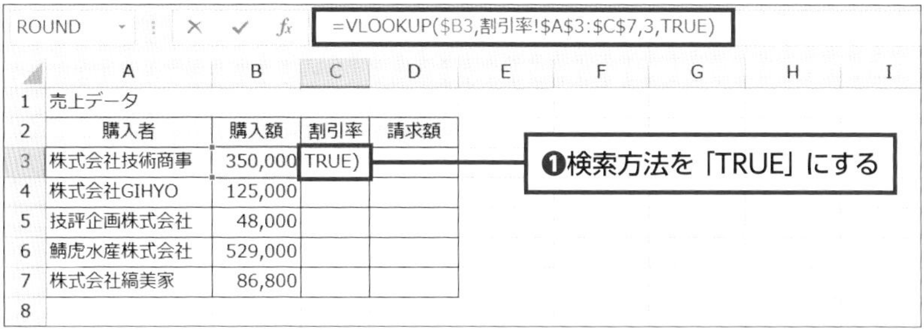

セルC3に「=VLOOKUP($B3,割引率!$A$3:$C$7,3,TRUE)」と入力する。第4引数の検索方法を「TRUE」とするのがポイントだ（❶）。この数式を下のセルにもコピーする

この関数を実行すると、「割引率」シートのセルA3～A7が上から順に検索されます。**完全に一致する値がなかった場合、検索値よりも小さい値の中でもっとも近い値が近似値としてヒットします。**

該当する価格帯の割引率が得られる

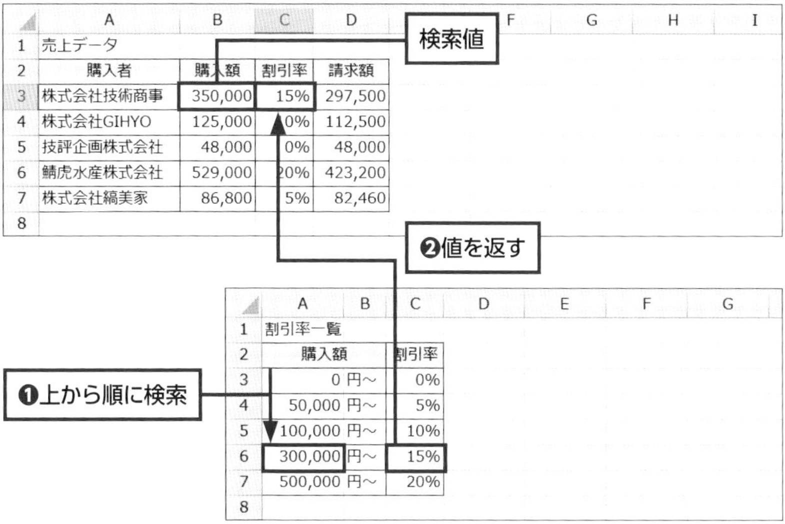

「割引率」シートのセルA3～A7が、上から順に検索される（❶）。検索値が「350,000」の場合、近似値は「300,000」となる。該当する行から、第3引数で指定した列番号の数値が取り出され、関数を入力したセルに値「15%」が返される（❷）

5-05 2つ以上の文字列を組み合わせて検索する

時短 10 分

KEYWORD VLOOKUP 関数、文字列の結合

VLOOKUP関数では、複数の条件でAND検索を行うことはできません。しかし、検索条件が文字列の場合は、ちょっとしたテクニックを使って2つ以上の条件を組み合わせることが可能です。

複数の文字列を結合して検索値にする

VLOOKUP関数には、検索値を1つしか指定できないという制約があります。たとえば、下の表で「商品名がチェア、色がオレンジの商品を検索したい」と思っても、列Aと列Bにある2つのセルを検索値にすることはできません。とはいえ、「チェア」のみ、または「オレンジ」のみを条件にすると、無関係な商品までヒットしてしまいます。

複数の文字列で検索したい場合

	A	B	C	D	E	F	G	H	I	J
1	商品リスト									
2	商品名	色	単価	特記事項						
3	チェア	ネイビー	9,800							
4	チェア	ブルー	9,800							
5	チェア	グリーン	9,800							
6	チェア	オレンジ	9,800							
7	チェア	グレー	9,800							
8	ソファ	ネイビー	19,800							
9	ソファ	グリーン	19,800							
10	ソファ	オレンジ	19,800							
11	ソファ	ブラウン	19,800							
12	テーブル	ブラウン	12,800							
13	テーブル	ナチュラル	12,800							
14	木製ラック	ブラウン	15,800							

商品名や色が同じものが複数ある

同じ商品名や同じ色の商品が複数あるので、どちらか片方を条件にしただけでは目的の商品をうまく検索できない

これを解決するには、列Aと列Bの文字列を結合し、「チェアオレンジ」のように1つにまとめてしまいましょう。**結合後の文字列を検索値にすれば、VLOOKUP関数で処理できるようになります。**

複数の文字列を結合するには、演算子の「&」を使います。「=A3&B3」と入力すれば、セルA3とB3の文字列を結合できます。ここでは2つの文字列を対象にしていますが、3つ以上を結合することも可能です。

2つの文字列を結合する

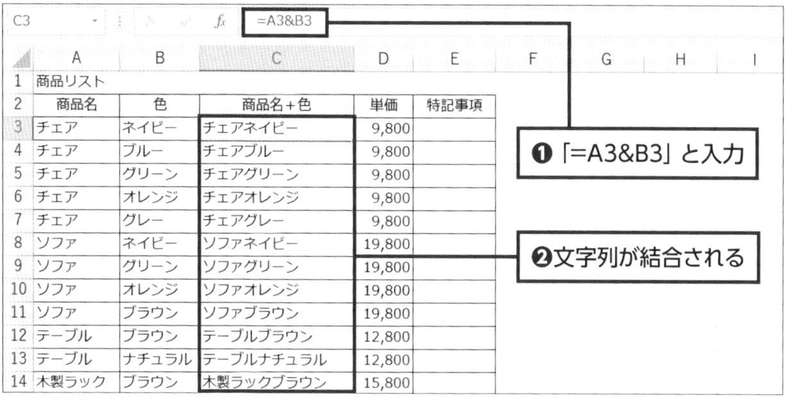

	A	B	C	D	E
1	商品リスト				
2	商品名	色	商品名+色	単価	特記事項
3	チェア	ネイビー	チェアネイビー	9,800	
4	チェア	ブルー	チェアブルー	9,800	
5	チェア	グリーン	チェアグリーン	9,800	
6	チェア	オレンジ	チェアオレンジ	9,800	
7	チェア	グレー	チェアグレー	9,800	
8	ソファ	ネイビー	ソファネイビー	19,800	
9	ソファ	グリーン	ソファグリーン	19,800	
10	ソファ	オレンジ	ソファオレンジ	19,800	
11	ソファ	ブラウン	ソファブラウン	19,800	
12	テーブル	ブラウン	テーブルブラウン	12,800	
13	テーブル	ナチュラル	テーブルナチュラル	12,800	
14	木製ラック	ブラウン	木製ラックブラウン	15,800	

結合後の文字列を入力するための列（ここでは列C）を作っておく。セルC3に「=A3&B3」と入力し（❶）、下のセルにもコピーする。すると、列Aと列Bの文字列を結合したものが表示される（❷）

あとは、結合した文字列が入力されたセルを検索値にすれば、VLOOKUP関数を使用できます。ここでは、列Cの「商品名+色」を右の表から検索し、該当する商品が見つかったら列Eの「特記事項」に情報が書き込まれるようにしました。検索値が見つからなかった場合はエラーを表示せず、空欄にしておくために、IFERROR関数を使っています。

結合した文字列を使って検索する

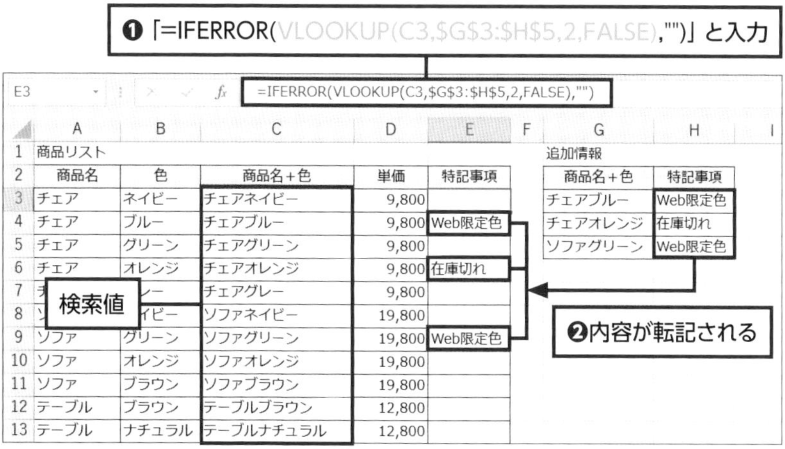

	A	B	C	D	E
1	商品リスト				
2	商品名	色	商品名+色	単価	特記事項
3	チェア	ネイビー	チェアネイビー	9,800	
4	チェア	ブルー	チェアブルー	9,800	Web限定色
5	チェア	グリーン	チェアグリーン	9,800	
6	チェア	オレンジ	チェアオレンジ	9,800	在庫切れ
7	チ	レー	チェアグレー	9,800	
8	ソ	イビー	ソファネイビー	19,800	
9	ソファ	グリーン	ソファグリーン	19,800	Web限定色
10	ソファ	オレンジ	ソファオレンジ	19,800	
11	ソファ	ブラウン	ソファブラウン	19,800	
12	テーブル	ブラウン	テーブルブラウン	12,800	
13	テーブル	ナチュラル	テーブルナチュラル	12,800	

追加情報

商品名+色	特記事項
チェアブルー	Web限定色
チェアオレンジ	在庫切れ
ソファグリーン	Web限定色

セルE3に「=IFERROR(VLOOKUP(C3,$G$3:$H$5,2,FALSE),"")」と入力し（❶）、下のセルにもコピーする。すると、セルG3〜G5から文字列が検索され、該当するものが見つかると、列Hの内容が列Eに転記される（❷）

ATTENTION

結合した文字列が入っている列が邪魔だと思うかもしれませんが、削除してしまうと関数が動作しなくなり、エラーが起こります。どうしても気になるときは、列を非表示にするとよいでしょう。

POINT

文字列を結合するには、演算子「&」の代わりにCONCAT関数を使う方法もあります。たとえば、セルA2～C2の文字列を結合したい場合は「=CONCAT(A2:C2)」と入力します。セルA2とD2のように離れた場所の文字列を結合したい場合は、「=CONCAT(A2,D2)」と入力しましょう。なお、CONCAT関数はExcel 2019およびMicrosoft 365のExcelのみに対応しています。

COLUMN

関数の代わりにフィルターを利用する

複数の条件でデータを検索するには、フィルター機能を利用する方法もあります。作業の目的によっては、こちらのほうが便利な場合もあるでしょう。前ページで紹介した例の場合、フィルターの適用後に「商品名」と「色」の列で条件を絞り込めば、必要なデータだけを表示できます。

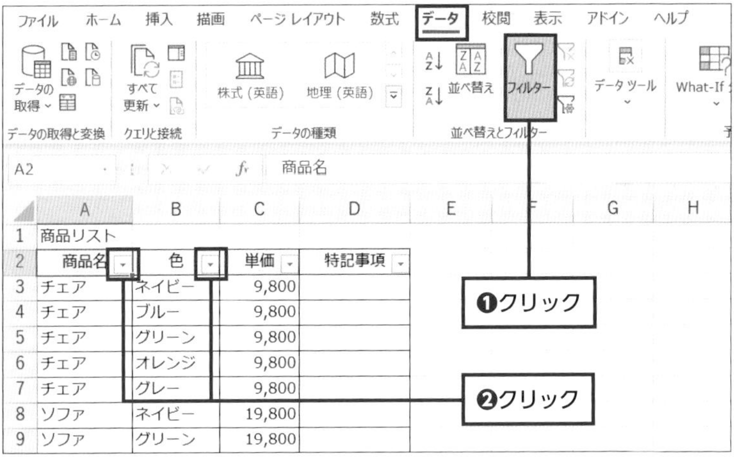

表の中のセルを選択した状態で、［データ］タブの［並べ替えとフィルター］グループにある［フィルター］をクリック（❶）。フィルターが適用されたら、タイトル行にある［▼］をクリックし（❷）、表示したい項目を指定する

5-06

時短
15
分

データの増減のたびに数式を修正するのを避ける

KEYWORD VLOOKUP関数、構造化参照、テーブル

VLOOKUP関数で注意すべき点の1つが、参照している表に行や列を追加すると問題が起こりやすいことです。データが増減するたびに数式を修正するのを避けるには、どんな方法があるか知っておきましょう。

VLOOKUP関数で参照する表の変更には注意

商品リストや顧客リストなどの表では、データの増加に伴って行が追加することがあります。また、データの管理に関する情報が増えたために列を追加することもあるでしょう。VLOOKUP関数でこういった表を参照している場合、第2引数の「範囲」を書き換える必要が出てきます。特に、行の追加は頻繁に行われるケースもあるので、そのつど対処するのは面倒です。無駄な手間を省くため、データが増えても数式を修正しないで済むように、あらかじめ手を打っておきましょう。

行や列を追加すると問題が起こる

	A	B	C	D	E	F	G	H	I
1	商品リスト								
2	商品コード	商品名	単価						
3	HY0001	ボールペン黒	1,000						
4	HY0002	ボールペン赤	1,000						
5	HY0003	ボールペン青	1,000						
6	HY1001	サインペン黒	1,200						
7	HY1002	サインペン赤	1,200						
8	CP2001	コピー用紙A4 500枚	2,800						
9	CP2002	コピー用紙A3 500枚	3,200						

▼

	A	B	C	D	E	F	G	H	I
1	商品リスト								
2	商品コード	商品名	入数	単価					
3	HY0001	ボールペン黒	10	1,000					
4	HY0002	ボールペン赤	10	1,000					
5	HY0003	ボールペン青	10	1,000					
6	HY1001	サインペン黒	8	1,200					
7	HY1002	サインペン赤	8	1,200					
8	CP2001	コピー用紙A4 500枚	10	2,800					
9	CP2002	コピー用紙A3 500枚	5	3,200					
10	CP2003	コピー用紙B5 500枚	10	2,500					
11	CP2004	コピー用紙B4 500枚	5	2,500					

列を追加

行を追加

VLOOKUP関数の第2引数でセルA3～C9を範囲として指定していた場合、図のように行や列を追加すると参照がずれてしまい、正しい値を取得できなくなる

列だけを範囲指定すれば行が増えてもOK

行の追加に備える方法でもっとも簡単なのは、範囲として列のみを指定しておくことです。

VLOOKUP関数の第2引数は、通常は「$A$3:$C$9」のように範囲を指定しますが、これを「$A:$C」のように列だけで指定します。そうすれば、行を追加しても数式を変更する必要がなくなります。下図の表で、「商品リスト」シートの列A～Cを参照したい場合は、セルC3に次の数式を入力します。

入力関数

```
=VLOOKUP($A3,商品リスト!$A:$C,3,FALSE)
```

列全体を範囲として指定

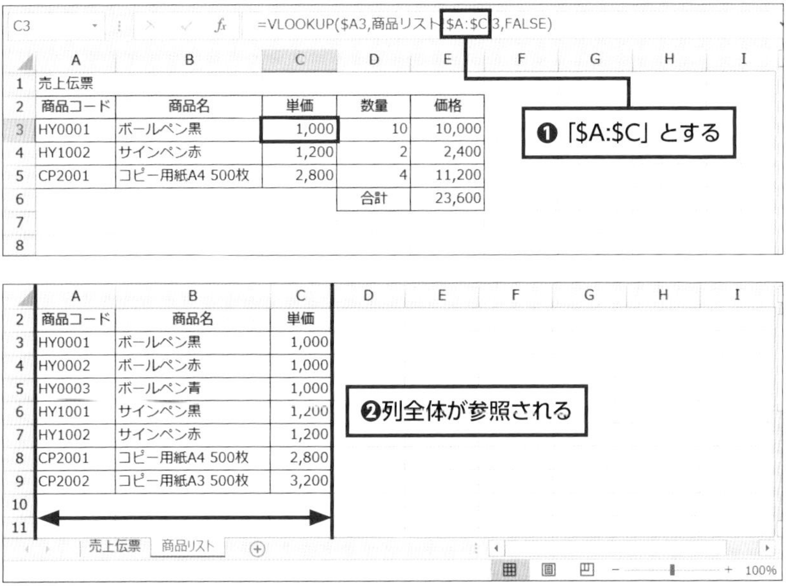

第2引数で「$A:$C」と指定すれば（❶）、列A～C全体が参照され（❷）、あとから追加した行も範囲に含められる

ただし、この方法で対処できるのは行を追加した場合だけです。列も追加する可能性がある場合は、次ページで紹介する方法を使いましょう。

構造化参照で行や列の追加に備える

よりスマートにデータの増加に備えるには、参照する表をテーブルに変換しておく方法がおすすめです。VLOOKUP関数の第2引数で、セル参照の代わりにテーブル名を指定しておけば、テーブルに行を追加しても数式を修正する必要はありません。

列の追加にも対処したい場合は、第3引数でCOLUMN関数を使用し、「COLUMN(テーブル名[列名])」の形式で記述します。列名を囲む[　]は半角で入力する点に注意しましょう。この方法なら、列名から自動的に列番号が取得され、列を増減しても問題なく動作します。**このような記述方法でテーブルを参照することを「構造化参照」と呼びます。**

参照する表をテーブルにする

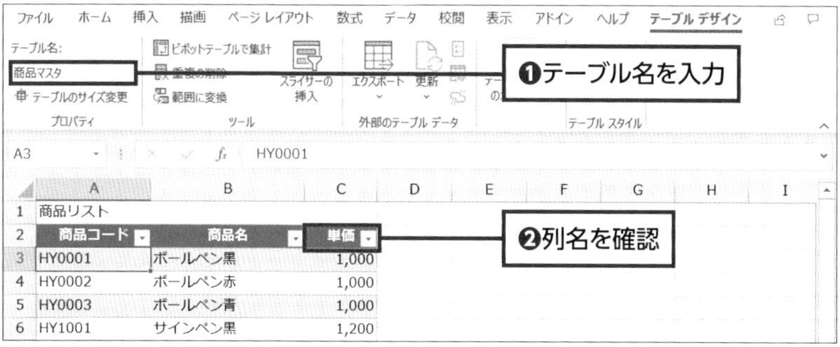

参照する表をテーブルに変換し、[テーブルデザイン] タブで [テーブル名] を入力しておく (❶)。ここではテーブル名が「商品マスタ」、データを取り出したい列が「単価」(❷) となっている

テーブル名と列名を使って引数を指定

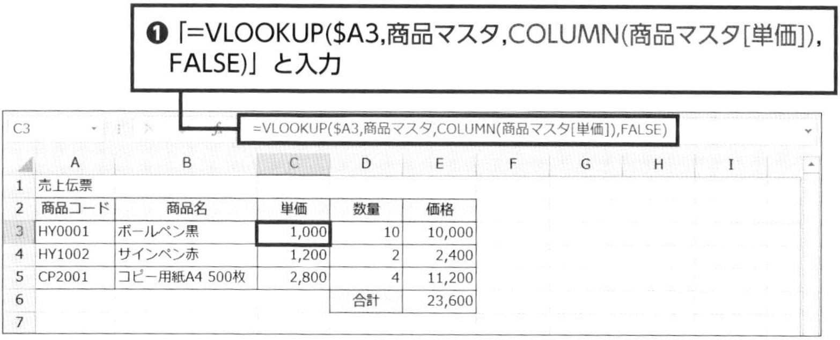

単価を表示したいセルにVLOOKUP関数を入力する。第2引数はテーブル名の「商品マスタ」、第3引数は「COLUMN(商品マスタ[単価])」と入力しよう (❶)。これを下のセルにもコピーする

5-07

時短 05 分

横方向に検索して値を取り出す

KEYWORD　HLOOKUP関数

VLOOKUP関数では表を縦方向に検索しますが、参照する表の構造によっては横方向に検索したいこともあるでしょう。そんなときはHLOOKUP関数を利用します。

HLOOKUP関数で列を左から右へ検索する

HLOOKUP関数は、VLOOKUP関数とほぼ同様の用途で使える関数です。1つだけ異なるのが、**HLOOKUP関数は指定した範囲の一番上の行を横方向に検索する**点です。書式もほとんど同じですが、**HLOOKUP関数では列番号の代わりに行番号を指定します。**

関数書式

=HLOOKUP(検索値,範囲,行番号,［検索方法］)

下の例では近似一致検索を行っていますが、完全一致検索にしたい場合は第4引数を「FALSE」とします。なお、近似一致検索の場合は、値を左から昇順に並べておく必要があります。

表を横方向に検索して値を取り出す

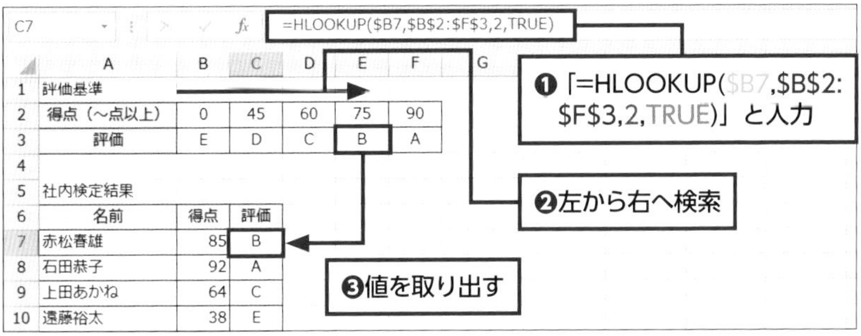

セルC7にHLOOKUP関数を入力し（❶）、下のセルにもコピーする。指定した範囲（ここではセルB2～F3）の1行目が左から順に検索され（❷）、該当する値が見つかると、指定した行番号（ここでは2）のデータが返される（❸）

ちなみに、VLOOKUPの「V」は「Vertical（垂直）」、HLOOKUPの「H」は「Horizontal（水平）」の略です。

5-08

時短 05 分

○行目・X列目にあるセルの値を取り出す

KEYWORD INDEX関数

探したいデータが表の何行目、何列目にあるかわかっている場合は、INDEX関数を使うと便利です。行番号と列番号を指定することで、簡単に値を取り出せます。

INDEX関数で行番号と列番号を指定する

大きな表から目的のデータを素早く探したいときに便利なのが、INDEX関数です。**特定の範囲内で「上から4番目、左から2番目」のように場所を指定して、該当するセルを参照できます。**

INDEX関数の使い方には「セル参照形式」と「配列形式」の2種類がありますが、ここではセル参照形式について説明します。

関数書式

=INDEX(参照,行番号,［列番号］,［領域番号］)

「参照」では、検索対象のセル範囲を指定します。その中から「行番号」と「列番号」で指定した場所が検索され、該当するセルからデータを取り出せます。「領域番号」は、「参照」で複数のセル範囲を指定した場合に、何番目の範囲を検索対象にするかを指定します。

縦と横の位置を指定してデータを取り出す

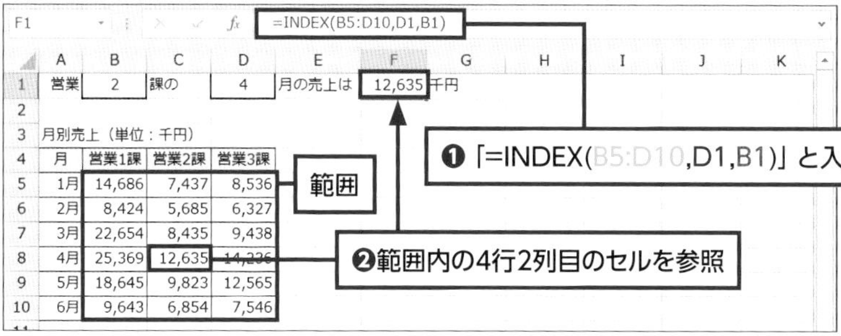

参照する範囲をセルB5〜D10とし、セルD1の値を行番号、セルB1の値を列番号として指定した（❶）。すると、範囲内の4行2列目のセルが参照され、値が返される（❷）

5-09

時短 10 分

列の位置に縛られずにデータを自在に検索したい！

KEYWORD INDEX 関数、MATCH 関数

INDEX関数は別の関数と一緒に使うことで、より便利に活用できます。ここではMATCH関数と組み合わせて、表を右から左へ検索してデータを取り出す方法を紹介します。

INDEX関数とMATCH関数で自在に値を検索

下の表は、社員番号と所属、名前を記載した名簿です。この表で「社員番号から名前を検索」したい場合、VLOOKUP関数を使えば簡単です。しかし、逆に「名前から社員番号を検索」したい場合はどうでしょうか。VLOOKUP関数では範囲の左端の列しか検索できないため、名前（右の列）から社員番号（左の列）を調べることは不可能です。

● VLOOKUP関数では検索できない例

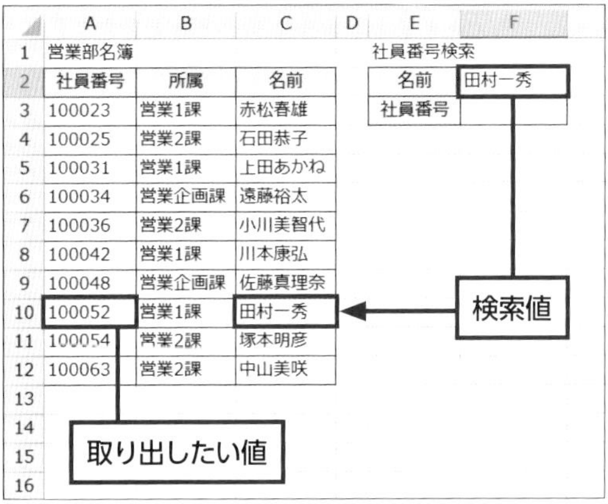

セルF2に入力した名前を左の表から検索し、社員番号を調べたい。しかし、名前（検索値）のほうが社員番号（取り出したいデータ）よりも右にあるため、VLOOKUP関数では検索できない

このケースのように、**列の位置関係に縛られずに検索したいときは、前節で紹介したINDEX関数を使いましょう**。範囲をセルA3～C12、列番号を「1」とすれば、列Aから社員番号を取り出せます。あとは行番号が必要ですが、列Cから名前を検索し、該当するセルが何行目にあたるかを取得すればOKです。そのためにMATCH関数を使います。

関数書式

```
=MATCH(検索値,検索範囲,［照合の種類］)
```

MATCH関数は、「検索範囲」から「検索値」を探し、その値が何番目のセルにあるかを調べるための関数です。「照合の種類」は3種類から選べますが、完全一致検索の場合は「0」と指定しましょう。

セルF2に入力した名前をC3～C12から検索して列番号を調べたい場合、次のような数式になります。

```
=MATCH(F2,C3:C12,0)
```

これをINDEX関数の第2引数としてネストすれば、1つの数式で名前から社員番号を調べることができます。

入力関数

```
=INDEX(A3:C12,MATCH(F2,C3:C12,0),1)
```

名前から社員番号を調べる

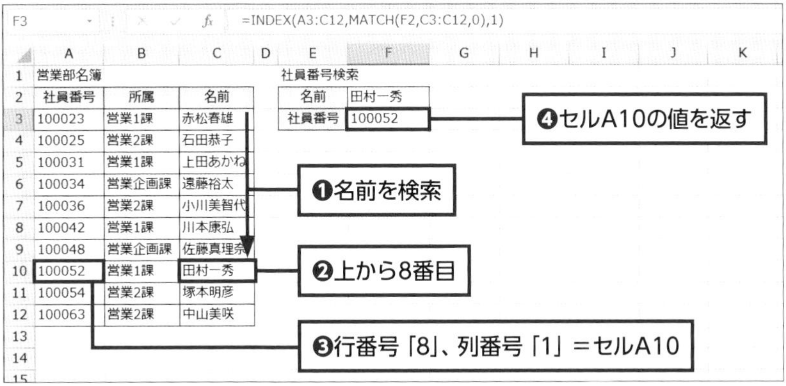

セルF3に「=INDEX(A3:C12,MATCH(F2,C3:C12,0),1)」と入力する。まずMATCH関数で、セルF2に入力した名前がセルC3～C12から検索され（❶）、戻り値「8」がINDEX関数の第2引数として渡される。次に、INDEX関数で行番号「8」、列番号「1」のセルが検索され（❸）、一致するセルA10の値がセルF3に表示される（❹）

なお、**Microsoft 365のExcelなら、XLOOKUP関数を使うと、ここで紹介した作業をもっと簡単に実行できます**（139ページ参照）。

5-10　時短 10分

複数の表を参照するときに数式をわざわざ書き換えない

KEYWORD　INDIRECT関数、VLOOKUP関数

VLOOKUP関数では、検索値を探してデータを取り出すための範囲を1つしか指定できません。検索したいデータが2つ以上の表に分かれている場合は、複数の数式を使い分けるしかないのでしょうか。

条件によって参照する表を自動的に変える

下の表で、「支店ID」から支店名を検索し、「担当支店」の列に転記したいとします。支店のリストが東日本・中部・西日本で別の表になっている場合、参照する範囲をエリアごとに切り替える必要があります。ふつうに考えると、VLOOKUP関数の引数で「範囲」を書き換えるしかなさそうですが、それでは手間がかかります。そこで、数式を変更せずに複数の範囲を参照する方法を考えてみましょう。

複数の表を参照してデータを取り出すには

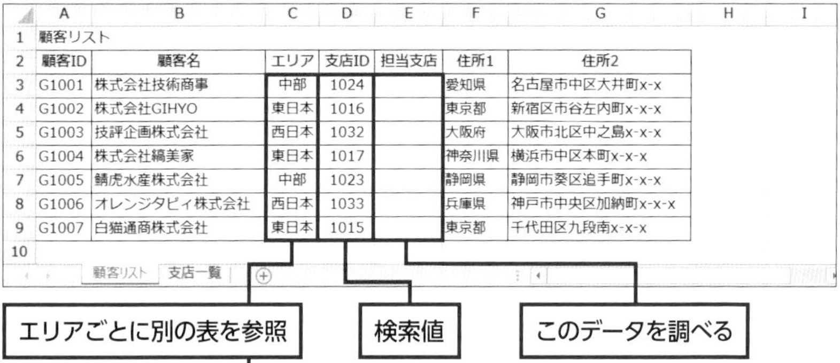

	A	B	C	D	E	F	G	H	I
1	顧客リスト								
2	顧客ID	顧客名	エリア	支店ID	担当支店	住所1	住所2		
3	G1001	株式会社技術商事	中部	1024		愛知県	名古屋市中区大井町x-x		
4	G1002	株式会社GIHYO	東日本	1016		東京都	新宿区市谷左内町x-x-x		
5	G1003	技評企画株式会社	西日本	1032		大阪府	大阪市北区中之島x-x-x		
6	G1004	株式会社縞美家	東日本	1017		神奈川県	横浜市中区本町x-x-x		
7	G1005	鯖虎水産株式会社	中部	1023		静岡県	静岡市葵区追手町x-x-x		
8	G1006	オレンジタビィ株式会社	西日本	1033		兵庫県	神戸市中央区加納町x-x-x		
9	G1007	白猫通商株式会社	東日本	1015		東京都	千代田区九段南x-x-x		
10									

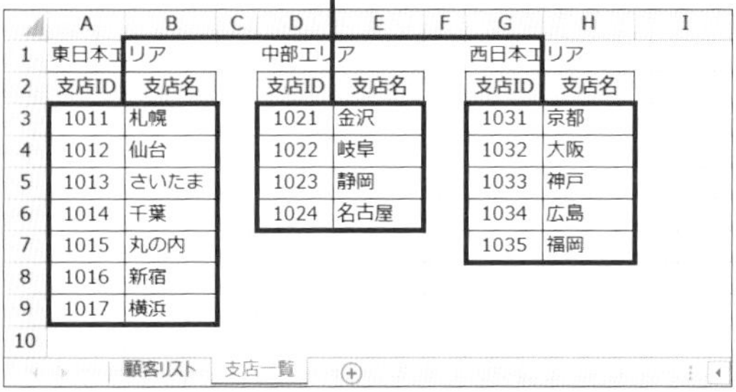

	A	B	C	D	E	F	G	H	I
1	東日本エリア			中部エリア			西日本エリア		
2	支店ID	支店名		支店ID	支店名		支店ID	支店名	
3	1011	札幌		1021	金沢		1031	京都	
4	1012	仙台		1022	岐阜		1032	大阪	
5	1013	さいたま		1023	静岡		1033	神戸	
6	1014	千葉		1024	名古屋		1034	広島	
7	1015	丸の内					1035	福岡	
8	1016	新宿							
9	1017	横浜							
10									

「エリア」が「東日本」「中部」「西日本」のどれに該当するかによって、別の表を参照してデータを取り出したい。これを1つの数式で可能にする方法を考えてみよう

エリアによって参照する範囲を切り替えるには、まず準備として、それぞれの範囲に名前を付けておきます。

参照する範囲に名前を付ける

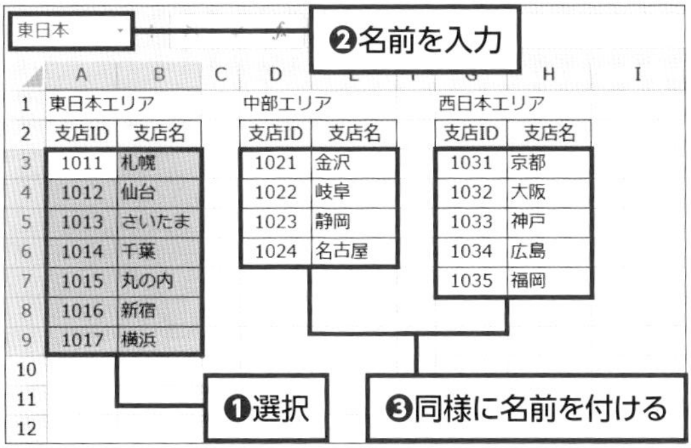

東日本エリアの支店一覧で、参照したい範囲（セルA3～B9）を選択し（❶）、［名前ボックス］に「東日本」と入力する（❷）。同様の方法で、セルD3～E6には「中部」、セルG3～H7には「西日本」と名前を付ける（❸）

POINT

ここではセル範囲を参照する場合を例に説明していますが、テーブルの場合も同様の手順で参照できます。その場合は、テーブルに「東日本」などの名前を付けておきましょう。

次に、顧客リストの「エリア」と同じ名前の範囲を参照できるようにしましょう。そのためにはINDIRECT関数を使います。

関数書式

```
=INDIRECT(参照文字列,［参照形式］)
```

「参照文字列」にはセル範囲の名前やセル参照が入り、セル範囲または参照したセルの値を返します。たとえば、「=INDIRECT("東日本")」とすれば、「東日本」という名前の付いたセル範囲が返ります。「=INDIRECT(C3)」とすれば、セルC3の値がセル範囲の名前とみなされますが、「=INDIRECT("C3")」とすれば、セルC3の値がそのまま返されます。ダブルクォーテーションの有無に注意してください。

入力関数

```
=VLOOKUP(D3,INDIRECT(C3),2,FALSE)
```

エリアごとに参照範囲を切り替える

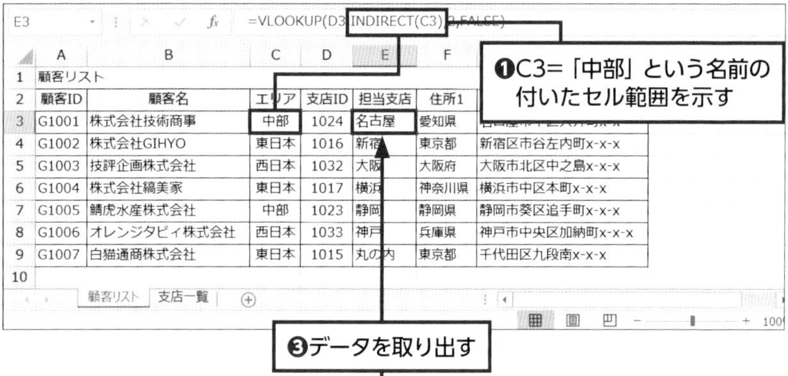

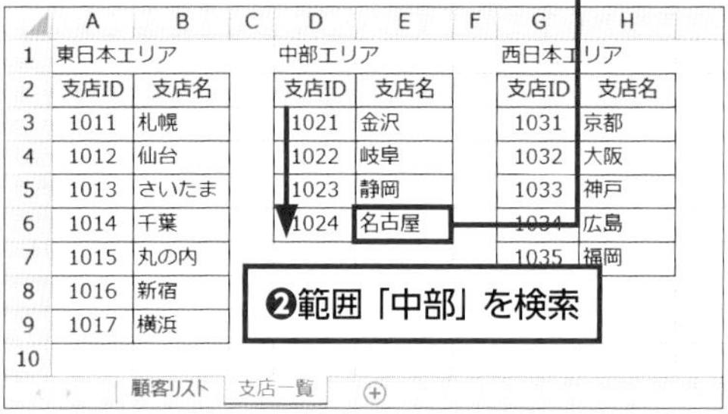

セルE3に「=VLOOKUP(D3,INDIRECT(C3),2,FALSE)」と入力し、下のセルにもコピーする。セルC3の「中部」がINDIRECT関数で参照され、VLOOKUP関数の第2引数が「中部」という名前のセル範囲になる（❶）。範囲「中部」から支店IDが検索され（❷）、見つかったデータがセルE3に返される（❸）

このようにINDIRECT関数を活用することで、わざわざ数式を書き換えなくても参照範囲を変更でき、効率アップにつながります。難易度は若干高めですが、VLOOKUP関数以外にもさまざまな関数との組み合わせが可能なので、ぜひ使い方を覚えておきましょう。

COLUMN

INDIRECT関数の第2引数

INDIRECT関数の第1引数で指定するセル参照には、「A1形式」と「R1C1形式」の2種類を使用できます。A1形式は、一般によく使われる「A2」「B3」のような形式で、R1C1形式は「R2C3」のように行（Row）と列（Column）の組み合わせでセルの位置を表す形式です。どちらの形式を使用しているかは、第2引数の「参照形式」で指定します。「TRUE」または省略するとA1形式、「FALSE」とするとR1C1形式になります。R1C1形式を使う機会は少ないかもしれませんが、使用する場合は第2引数を忘れずに指定しましょう。

5-11

時短 50 分

検索の不便さを一挙に解消！XLOOKUP関数のすすめ

KEYWORD XLOOKUP 関数

VLOOKUP関数は仕事に不可欠だけど、使い勝手が今ひとつ……。そう感じたことがあるなら、ぜひXLOOKUP関数を試してみましょう。従来の不便さが解消され、表の検索を大幅に効率化できます。

VLOOKUP関数のさまざまなデメリットを解消！

従来、エクセルで表を検索してデータを取り出すには、主にVLOOKUP関数が使われてきました。しかし、VLOOKUP関数は便利な反面、実はあまり出来のいい関数ではありません。特に問題なのが、参照する範囲の左端の列しか検索できないことです。134ページで説明したように、代わりにINDEX関数とMATCH関数を組み合わせる方法もありますが、関数を入れ子にする必要があるため少々面倒です。

このようなデメリットを解消した新しい関数が、XLOOKUP関数です。**列の左右に関係なくデータを検索できる**ことなど、VLOOKUP関数にはない多くの利点があります。また、**表を横方向に検索することも可能**なので、HLOOKUP関数の代替としても利用できます。

では、XLOOKUP関数の書式を見てみましょう。

関数書式

=XLOOKUP(検索値,検索範囲,戻り範囲,［見つからない場合］,［一致モード］,［検索モード］)

引数が6つもあるので難しそうに見えるかもしれませんが、必須なのは前半の3つだけで、後半の3つはオプション（省略可）です。次のページで、実際の例を見ながら具体的な入力方法を説明します。

ATTENTION

XLOOKUP関数は2019年に登場した新しい関数で、執筆時点（2021年3月現在）ではMicrosoft 365のExcelのみに対応しています。Excel 2019までのバージョンでは利用できないので注意してください。

検索範囲よりも左の列からデータを取り出せる

下の表で、売上データに入力した「顧客名」を顧客リストから検索し、「顧客ID」を取り出してみましょう。「顧客名」が「顧客ID」よりも右の列にありますが、XLOOKUP関数なら問題なくデータを取得できます。

顧客名から顧客IDを調べる

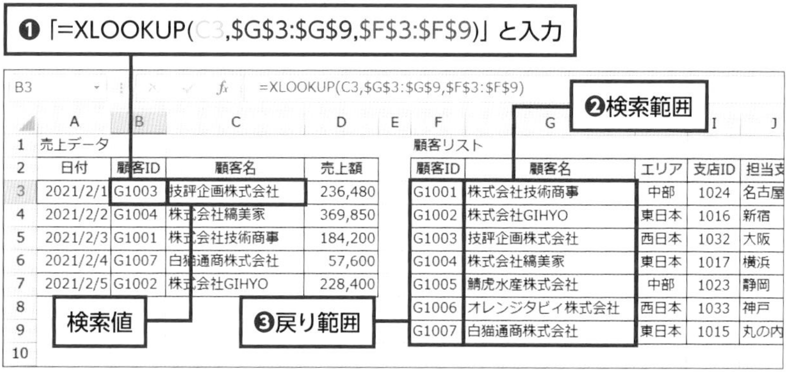

セルB3に「=XLOOKUP(C3,$G$3:$G$9,$F$3:$F$9)」と入力し（❶）、下のセルにもコピーする。すると、「検索範囲」（セルG3～G9）から顧客名が検索され（❷）、一致するものが見つかれば「戻り範囲」（セルF3～F9）からデータが返される（❸）

第1引数の「検索値」はVLOOKUP関数と同様で、「何を検索するか」を数値や文字列、セル参照で指定します。第2引数の「検索範囲」では検索対象とする範囲、第3引数の「戻り範囲」では取り出したいデータがある範囲をセル参照で指定します。ここでは数式をコピーすることを考慮して、絶対参照で指定しました。「検索範囲」と「戻り範囲」はそれぞれ独立した範囲として指定できるため、**検索する列よりも左にある列からもデータを取り出せる**のが大きなメリットです。なお、**「検索範囲」と「戻り範囲」で参照するセル範囲は、行番号を一致させておかないと正しく動作しないので注意しましょう。**

POINT

ここで紹介した例では、数式を入力したセルと参照する表が同じシートにありますが、別のシートを参照することも可能です。その場合は、検索範囲や戻り範囲のセル参照の前に「シート名!」を付加しましょう。

列の追加・入れ替えの際も引数の修正は不要

XLOOKUP関数のもう1つのメリットは、列を追加・削除したり、順番を入れ替えたりした場合でも、数式の修正が不要なことです。下図では、例として顧客リストの「顧客ID」と「顧客名」の列を入れ替えてみました。すると、第2引数の「検索範囲」と第3引数の「戻り範囲」のセル参照が自動的に修正されます。「検索範囲」と「戻り範囲」の間に列を追加した場合でも、同様に**引数が自動修正され、問題なく動作します**。VLOOKUP関数では手動で引数を修正する必要がありますが、XLOOKUP関数ならよけいな手間がかからず、効率化やトラブル防止に役立ちます。

列順の変更に合わせて自動修正

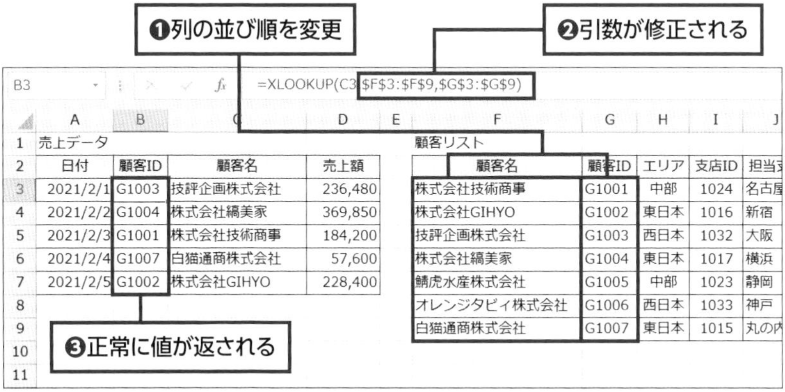

顧客リストの「顧客名」と「顧客ID」の列を左右逆に並べ替えた（❶）。すると、第2引数と第3引数のセル参照が自動的に修正され（❷）、正常に戻り値が表示される（❸）

ただし、**参照する表に行を追加した場合は、やはり引数の修正が必要です。これを回避するには、範囲を「$F:$F」のように列だけで指定するか、参照する表をテーブルに変換しておくとよいでしょう**。

POINT

テーブルを利用して構造化参照にする場合は、検索範囲や戻り範囲を「テーブル名[列名]」の形式で指定します。テーブルの扱い方はVLOOKUP関数の場合と同じなので、詳しくは131ページを参考にしてください。

表を横方向に検索したいときにも使える

ここまではXLOOKUP関数で表を縦方向に検索する方法を説明してきましたが、横方向に検索することもできます。つまり、**HLOOKUP関数の代わりに使うことが可能です**。

横方向に検索してデータを取り出すには、「検索範囲」と「戻り範囲」で列ではなく、行方向の範囲を指定します。それ以外の記述は、縦方向に検索する場合と同じです。

横方向に検索してデータを取り出す

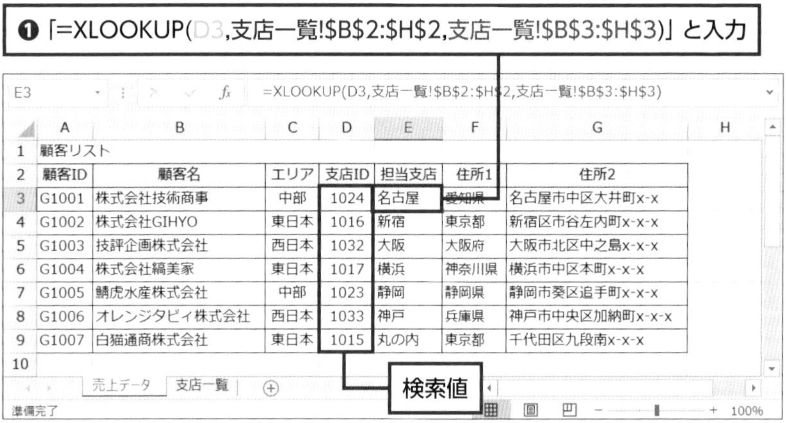

	A	B	C	D	E	F	G	H
1	顧客リスト							
2	顧客ID	顧客名	エリア	支店ID	担当支店	住所1	住所2	
3	G1001	株式会社技術商事	中部	1024	名古屋	愛知県	名古屋市中区大井町x-x	
4	G1002	株式会社GIHYO	東日本	1016	新宿	東京都	新宿区市谷左内町x-x-x	
5	G1003	技評企画株式会社	西日本	1032	大阪	大阪府	大阪市北区中之島x-x-x	
6	G1004	株式会社縞美家	東日本	1017	横浜	神奈川県	横浜市中区本町x-x-x	
7	G1005	鯖虎水産株式会社	中部	1023	静岡	静岡県	静岡市葵区追手町x-x-x	
8	G1006	オレンジタビィ株式会社	西日本	1033	神戸	兵庫県	神戸市中央区加納町x-x-x	
9	G1007	白猫通商株式会社	東日本	1015	丸の内	東京都	千代田区九段南x-x-x	
10								

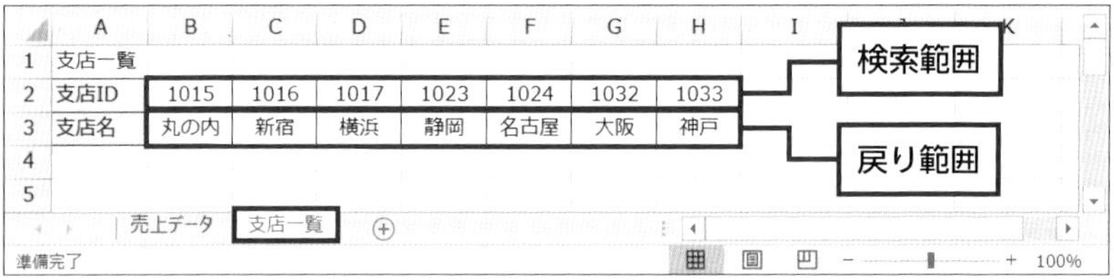

	A	B	C	D	E	F	G	H	I	J	K
1	支店一覧										
2	支店ID	1015	1016	1017	1023	1024	1032	1033			
3	支店名	丸の内	新宿	横浜	静岡	名古屋	大阪	神戸			
4											
5											

「売上データ」シートのセルE3に「=XLOOKUP(D3,支店一覧!$B$2:$H$2,支店一覧!$B$3:$H$3)」と入力し（❶）、下のセルにもコピーする。セルD3～D9に入力した支店IDが、「支店一覧」シートのセルB2～H2から検索され、一致するものが見つかれば、セルB3～H3のデータが返される

エラー値の回避もXLOOKUP関数なら簡単！

検索値が未入力の場合や、検索範囲に見つからなかった場合は、エラー値の「#N/A」が返されます。VLOOKUP関数やHLOOKUP関数では、エラーを非表示にするにはIFERROR関数でネストする必要がありますが、

XLOOKUP関数ならもっと簡単です。**第3引数の「見つからない場合」で、エラー値の代わりに表示したい文字列を指定しておけばよいのです。**文字列はダブルクォーテーションで囲んで入力します。空白にしたい場合は「""」と指定しましょう。

エラー値の代わりに任意の文字列を表示する

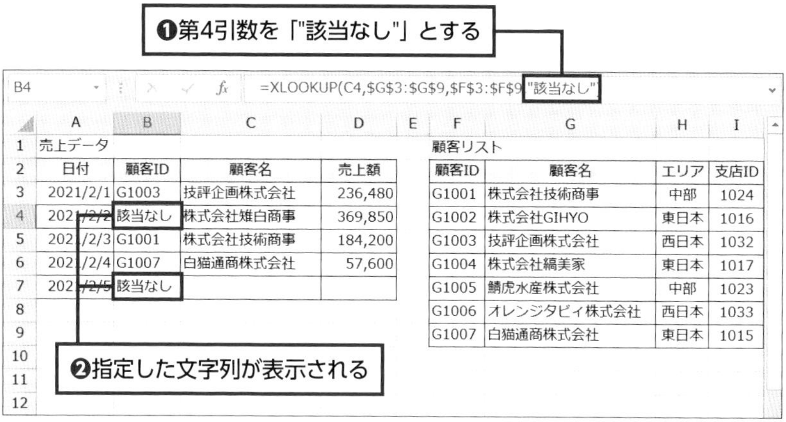

売上データ

日付	顧客ID	顧客名	売上額
2021/2/1	G1003	技評企画株式会社	236,480
2021/2/2	該当なし	株式会社雉白商事	369,850
2021/2/3	G1001	株式会社技術商事	184,200
2021/2/4	G1007	白猫通商株式会社	57,600
2021/2/5	該当なし		

顧客リスト

顧客ID	顧客名	エリア	支店ID
G1001	株式会社技術商事	中部	1024
G1002	株式会社GIHYO	東日本	1016
G1003	技評企画株式会社	西日本	1032
G1004	株式会社縞美家	東日本	1017
G1005	鯖虎水産株式会社	中部	1023
G1006	オレンジタビィ株式会社	西日本	1033
G1007	白猫通商株式会社	東日本	1015

第4引数を「"該当なし"」としておけば（❶）、検索値が未入力の場合や見つからなかった場合に「該当なし」と表示される（❷）

COLUMN

VLOOKUP関数はもう不要なのか

XLOOKUP関数は非常に高機能で使いやすいため、実際に試してみると「もうVLOOKUP関数やHLOOKUP関数はいらない！」と思う人が多いでしょう。にもかかわらず、本書ではVLOOKUP関数についてもかなり詳しく解説しているので、「どうして今さら？」と不思議に思うかもしれません。その理由は、XLOOKUP関数はどんな環境でも利用できるわけではないからです。すでに述べたように、XLOOKUP関数は今のところMicrosoft 365のExcelのみに対応しており、Excel 2019までのバージョンでは利用できません。自分はMicrosoft 365を使っていても、共同で作業するユーザーが別のバージョンや他社製のオフィス互換アプリを使用している場合、XLOOKUP関数を含むファイルを共有するとトラブルの原因になります。互換性への配慮が必要な場合は、残念ながらVLOOKUP関数やHLOOKUP関数などを使うしかないのです。

なお、デスクトップ版アプリ以外では、Office Onlineのエクセルや、iOS版、Android版のエクセルもXLOOKUP関数に対応しています。

5-12
時短 10分

一度の検索で複数のデータをまとめて取り出す

KEYWORD XLOOKUP関数、スピル、動的配列数式

「商品コードを指定して、商品名と単価を調べたい」というように、同じ検索値から複数のデータを取り出したいことがあります。こんなとき、XLOOKUP関数なら1つの数式でまとめて実行することが可能です。

範囲をうまく指定すれば数式のコピーが不要！

下の図で示すように、「売上伝票に商品コードを入力したら、商品リストから商品名と単価を自動的に転記したい」というケースはよくあります。VLOOKUP関数であれば、「商品名」の列に入力した数式を「単価」の列にコピーするのが一般的な方法です。単にコピーするだけで済めばいいのですが、列番号の参照がずれてしまうのを防ぐための処理が必要なので、手間がかかります。

複数の値を同時に取り出したい

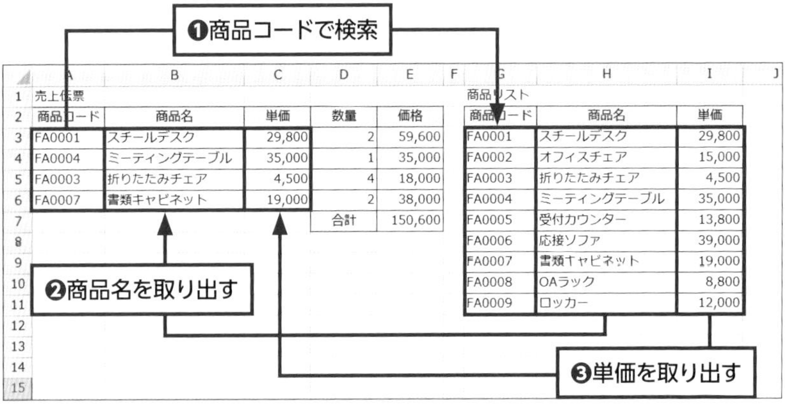

売上伝票

商品コード	商品名	単価	数量	価格
FA0001	スチールデスク	29,800	2	59,600
FA0004	ミーティングテーブル	35,000	1	35,000
FA0003	折りたたみチェア	4,500	4	18,000
FA0007	書類キャビネット	19,000	2	38,000
			合計	150,600

商品リスト

商品コード	商品名	単価
FA0001	スチールデスク	29,800
FA0002	オフィスチェア	15,000
FA0003	折りたたみチェア	4,500
FA0004	ミーティングテーブル	35,000
FA0005	受付カウンター	13,800
FA0006	応接ソファ	39,000
FA0007	書類キャビネット	19,000
FA0008	OAラック	8,800
FA0009	ロッカー	12,000

セルA3～A6に入力した商品コードをセルG3～G11から検索し（❶）、セルH3～H11から商品名（❷）、I3～I11から単価を取り出す（❸）。これを1つの数式で実行できる方法を考えてみよう

XLOOKUP関数は「スピル」という機能に対応しており、第3引数の「戻り範囲」で複数の列（または行）を指定することで、1つの検索値から複数の戻り値を得ることができます。実際に数式を入力して、動作を確認してみましょう。

複数の列を戻り範囲として指定

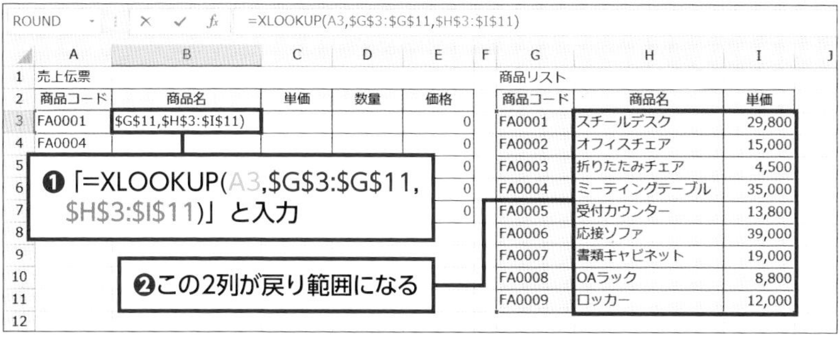

セルB3に「=XLOOKUP(A3,$G$3:$G$11,$H$3:$I$11)」と入力し（❶）、Enterを押す。このとき、第3引数を「$H$3:$I$11」として、2つの列にわたる範囲を指定するのがポイントだ（❷）

商品名と単価を同時に取得できる

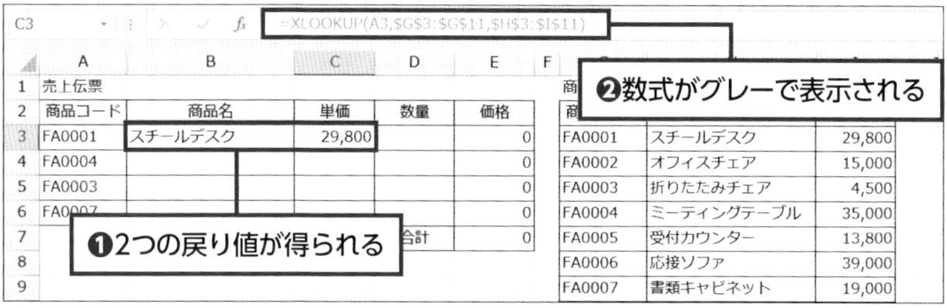

関数を実行すると、セルB3の商品名だけでなく、セルC3の単価も同時に表示される（❶）。セルC3を選択すると、数式バーに薄いグレーで数式が表示されるので、確認してみよう（❷）。あとは、セルB3の数式をB4～B6にもコピーすれば完了だ

ここでは2つの値を取り出す方法を紹介しましたが、同様の方法で3つ以上の値を得ることも可能です。たとえば、顧客IDを指定して、顧客の名前と住所、電話番号をまとめて取り出すといった使い方ができます。

COLUMN

「スピル」で複数の戻り値を得る

「スピル」はMicrosoft 365に搭載されている新しい機能で、従来の配列数式に似た機能をより簡単に使えるようにしたものです。スピル（Spill）とは「こぼれる」という意味で、複数の戻り値がセルからこぼれるように、隣接するセルにも表示されることを指します。このような動作を示す数式を「動的配列数式」と呼びます。

従来の配列数式は、入力時にCtrl＋Shift＋Enterを押す必要がありますが（詳しくは209ページ以降を参照）、スピル関数ではこのような操作は不要で、通常の関数と同じようにEnterだけで実行できます。

5-13

時短 10分

「○gまでならX円」という表から送料を調べる

KEYWORD XLOOKUP関数、近似値、一致モード

VLOOKUP関数の近似一致検索では、検索値よりも小さい近似値が選択されますが、これでは不都合な場合もあります。XLOOKUP関数なら、小さい近似値と大きい近似値のどちらを選ぶか指定できます。

「○よりも大きい近似値」を条件に検索する

XLOOKUP関数では、第5引数の「一致モード」を指定することで、完全に一致する値が見つからなかった場合の動作を指定できます。VLOOKUP関数の「検索方法」は、「FALSE」(完全一致検索)と「TRUE」(近似一致検索)の2種類しか選択肢がありませんが、XLOOKUP関数の一致モードは4種類から選択できます。

「一致モード」で指定できる引数

引数	意味
0または省略	完全一致検索を行い、見つからない場合はエラー値「#N/A」を返す
-1	完全一致検索を行い、見つからない場合は検索値よりも小さい近似値を返す
1	完全一致検索を行い、見つからない場合は検索値よりも大きい近似値を返す
2	ワイルドカードの「*」「?」および「~」を使って文字列を検索する

特に注目したいのが、**数値の近似値を求める際に「検索値より大きい」か「検索値より小さい」かを指定できる**ことです。たとえば、荷物の重量によって送料が変わる場合に、「○gまでならX円」という表から送料を検索するには、送りたい荷物の重量よりも大きい近似値を求める必要があります。そんなときは、検索モードで「1」を指定します。

なお、VLOOKUP関数で近似値検索を行う場合は値を昇順に並べておく必要がありますが、XLOOKUP関数にはこのような制限はありません。ただし、**ワイルドカードを使って文字列を検索する場合は、最初に見つかったものが戻り値になるので注意が必要です**。

荷物の重量に対応した送料を調べる

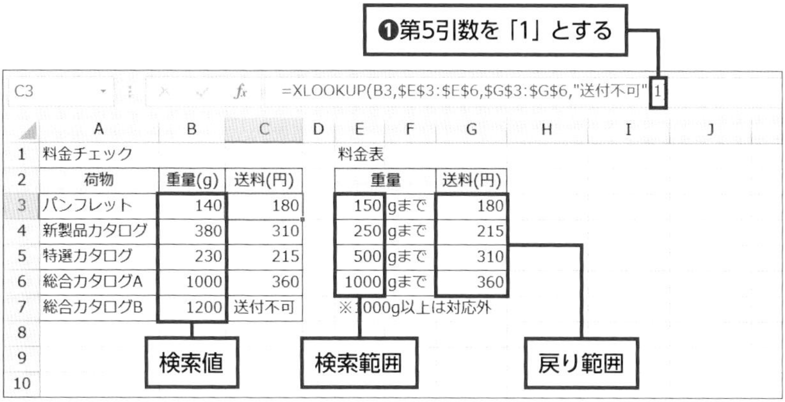

セルC3に「=XLOOKUP(B3,$E$3:$E$6,$G$3:$G$6,"送付不可",1)」と入力し、下のセルにもコピーする。第5引数を「1」にすることで（❶）、荷物の重量と等しい値、または大きい近似値が検索され、対応する送料を調べられる

POINT

第5引数を指定したい場合、第4引数を省略することはできないので、必ず指定しましょう。上の例では、重量が1000gを超える場合に「送付不可」と表示されるようにしていますが、エラー値をそのまま表示したい場合は「0」を指定します。

COLUMN

第6引数の「検索モード」を指定する

XLOOKUP関数の第6引数「検索モード」では、検索を実行する順番などを指定します。検索範囲に同じ値が複数ある場合は、どの順番で検索するかによって結果が変わってくるので注意しましょう。また、引数を「2」や「-2」にしてバイナリ検索を行うと、大量のデータを高速に検索できます。その場合、検索範囲を昇順または降順に並べておく必要があります。

引数	意味
1または省略	検索範囲の先頭から検索を実行する
-1	検索範囲の末尾から検索を実行する
2	昇順で並べられた検索範囲を対象にバイナリ検索を実行する。 昇順でない場合は無効な結果が返される
-2	降順で並べられた検索範囲を対象にバイナリ検索を実行する。 降順でない場合は無効な結果が返される

5-14

時短 20分

探したいデータが表のどこにあるかを調べる

KEYWORD XMATCH関数

大きな表では、参照したいデータがどこにあるのか探すのに手間がかかることがあります。そんなときに役立つのが、XMATCH関数です。ここでは、XMATCH関数のさまざまな使い方を紹介します。

XMATCH関数でデータの検索を便利にする

XMATCH関数は、XLOOKUP関数と同時期に登場した新しい関数で、MATCH関数（134ページ参照）の機能を発展させたものです。目的はMATCH関数とほぼ同じですが、より高機能かつ使いやすく改良されています。

まずはXMATCH関数の書式を見てみましょう。

関数書式

=XMATCH(検索値,検索範囲,［一致モード］,［検索モード］)

第1引数の「検索値」を、第2引数の「検索範囲」から探し、相対的な位置を返します。つまり、範囲の先頭のセルを「1」とした場合に、値が何行目（または何列目）にあるかを調べることができます。

第3引数の「一致モード」と第4引数の「検索モード」はオプションとなっており、省略が可能です。**「一致モード」を省略した場合は完全一致検索、「検索モード」を省略した場合は範囲の先頭から末尾に向かって検索が行われます**。なお、この2つの引数はXLOOKUP関数の「一致モード」や「検索モード」と共通なので、146ページおよび147ページの表も参考にしてください。

ATTENTION

XMATCH関数は、執筆時点（2021年3月現在）ではMicrosoft 365のExcelのみに対応しています。Excel 2019までのバージョンでは利用できないので注意しましょう。

数値を検索して何行目にあるかを探す

では、実際の使用例を見てみましょう。最初に基本的な使い方として、表から数値を検索して何行目にあるかを求める方法を紹介します。

MATCH関数の場合、数値を検索するときは昇順に並べておかないと正しい結果が得られませんが、XMATCH関数の場合は順番がバラバラでも問題なく検索できます。また、完全一致検索を行うときは第3引数が省略可能なので、2つの引数だけで簡単に記述できるのも特徴です。

商品リストで価格を検索する

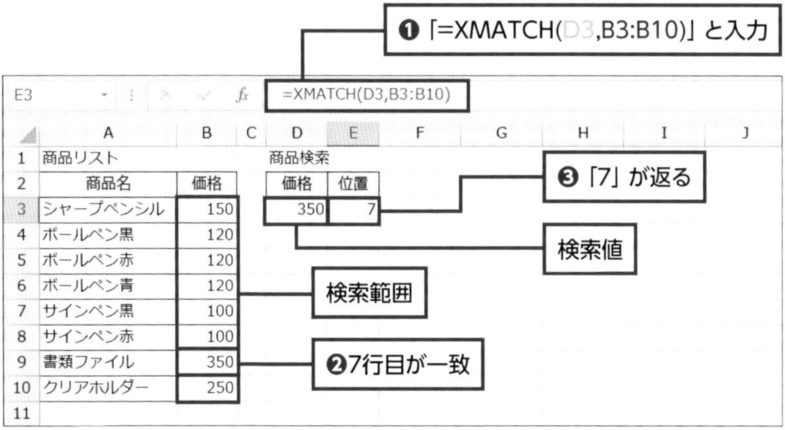

セルE3に「=XMATCH(D3,B3:B10)」と入力すると（❶）、セルD3に入力した検索値「350」が、検索範囲のセルB3～B10から検索される。一致する値は検索範囲の7行目にあるので（❷）、戻り値「7」が返される（❸）

なお、上の例では第3引数を省略しているので、完全に一致する値が見つからなければエラー値「#N/A」が返されます。また、同じ価格の商品が複数ある場合は、最初に見つかったほうの値（ここでは第4引数を省略しているので、検索範囲の先頭に近い値）が返されます。

POINT

上記の数式をINDEX関数でネストして「=INDEX(A3:B10,XMATCH(D3,B3:B10),1)」とすれば、価格から商品名を検索できます。ただし、XLOOKUP関数を使えばもっと簡単な数式で同じことができるので、そちらの方法を利用したほうがよいでしょう。

XMATCH関数のさまざまな活用方法

XMATCH関数は、近似値検索にも対応しています。第3引数の「一致モード」を「1」にすれば「完全一致または次に大きい値」、「-1」にすれば「完全一致または次に小さい値」を検索できます。

また、別の関数をネストして、条件に一致する値の場所を探すことも可能です。下の例では、MAX関数やMIN関数と組み合わせて、最大値や最小値がどこにあるかを調べています。

検定試験の結果からいろいろな値を検索

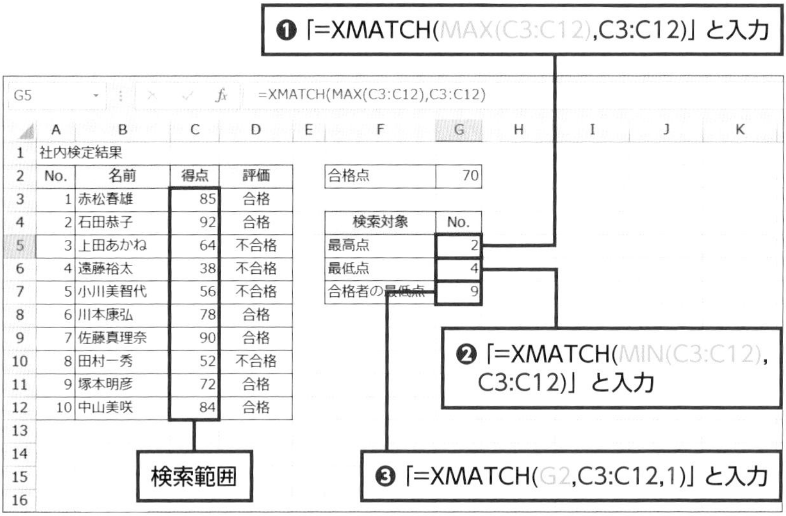

	A	B	C	D	E	F	G
1	社内検定結果						
2	No.	名前	得点	評価		合格点	70
3	1	赤松春雄	85	合格			
4	2	石田恭子	92	合格		検索対象	No.
5	3	上田あかね	64	不合格		最高点	2
6	4	遠藤裕太	38	不合格		最低点	4
7	5	小川美智代	56	不合格		合格者の最低点	9
8	6	川本康弘	78	合格			
9	7	佐藤真理奈	90	合格			
10	8	田村一秀	52	不合格			
11	9	塚本明彦	72	合格			
12	10	中山美咲	84	合格			

セルG5には、MAX関数をネストした数式を入力し、最高点が何行目にあるかを調べた（❶）。セルG6ではMIN関数をネストして、最低点の場所を検索している（❷）。セルG7では、検索値としてセルG2を参照し、第3引数を「1」にすることで、「合格点に達した中でもっとも低い得点」の場所を調べている（❸）

第4引数の「検索モード」を指定する使い方は、日付などの値を検索したいときに役立ちます。範囲の先頭から検索したい場合は第4引数を省略または「1」を指定し、末尾から検索したい場合は「-1」を指定します。なお、第4引数を指定する場合は、第3引数を省略することはできないので、初期値のままでよければ「0」（完全一致検索）を指定しましょう。

次に示す例では、カレンダーから月の最初と最後の大安を調べています。この例では、セルを参照して検索値を指定していますが、文字列を直接記述することも可能です。その場合はダブルクォーテーションで囲んで「"大安"」のように入力しましょう。

4月の最初と最後の大安は何日か調べる

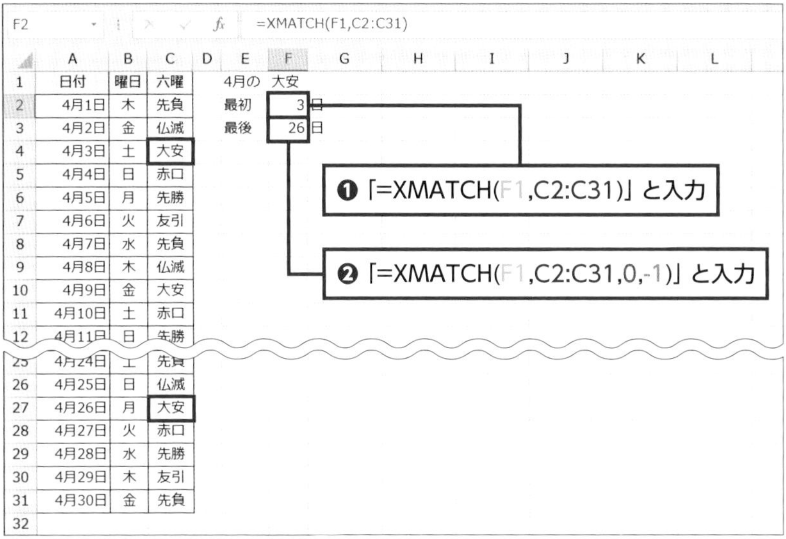

セルF2に「=XMATCH(F1,C2:C31)」と入力し（❶）、セルF3には「=XMATCH(F1,C2:C31,0,-1)」と入力する（❷）。検索値と検索範囲はいずれも同じだが、セルF2の数式は範囲の先頭から、セルF3の数式は末尾から検索するため、それぞれに対応する日付が求められる

COLUMN

XMATCH関数は意外と使い道が少ない？

MATCH関数やXMATCH関数は、戻り値としてセルの場所しか得られないため、単独でできることは限られます。従来のMATCH関数でもっともよく使われてきたのは、INDEX関数との組み合わせでした。これによってVLOOKUP関数では不可能な「検索範囲よりも左の列からデータを取り出す」という処理を実現できるからです。同じことはXMATCH関数でも可能ですが、XMATCH関数が使える環境ならXLOOKUP関数も利用できるため、わざわざそんな面倒なことをする意味がありません。こういった理由から、XMATCH関数は高機能でありながら、MATCH関数に比べると出番が少ないのです。

とはいえ、ここまでのページで紹介したように、MAX関数などと組み合わせるといった使い方もあります。数値を昇順に並べなくても検索できる点は非常に便利なので、うまく活用しましょう。

5-15

時短 15 分

条件に合うデータを一括で抽出して別の表にまとめる

KEYWORD　FILTER 関数、フィルター、データの抽出

大量のデータから特定の条件に一致するものだけを取り出したいときは、FILTER関数を利用しましょう。1つの数式で、該当するデータをまとめて抽出することができます。

FILTER関数で必要なデータを抽出する

売上データの表から、自分が担当している顧客の売上だけをすべて取り出す方法を考えてみましょう。フィルター機能を使って絞り込むという方法もありますが、抽出したデータを元の表とは別の表にまとめたい場合はFILTER関数を使うと便利です。

関数書式

```
=FILTER(配列,含む,[空の場合])
```

第1引数の「配列」では、取り出したいデータがあるセル範囲または配列を指定します。第2引数の「含む」では、フィルターの条件を指定します。「A社とB社のデータを取り出したい」というように複数の条件で抽出したい場合は、「+」で連結して記述しましょう。第3引数の「空の場合」は、条件に一致する値が見つからなかったときに表示する文字列を指定します。エラー値をそのまま表示したい場合は省略し、空白にしたい場合は「""」と指定しましょう。

FILTER関数はスピルに対応しているので、1つの数式で複数の行や列にわたるデータを一括で抽出できます。作業効率がよく、転記漏れなどのミスも防げるのがメリットです。

ATTENTION

FILTER関数は、執筆時点（2021年3月現在）ではMicrosoft 365のExcelのみに対応しています。Excel 2019までのバージョンでは利用できないので注意してください。

売上データの表を用意する

データの抽出元となる表と、FILTER関数を入力する表は、別のシートに分けたほうが作業しやすい。ここでは元の表があるシートに「売上」という名前を付けた

FILTER関数を入力する

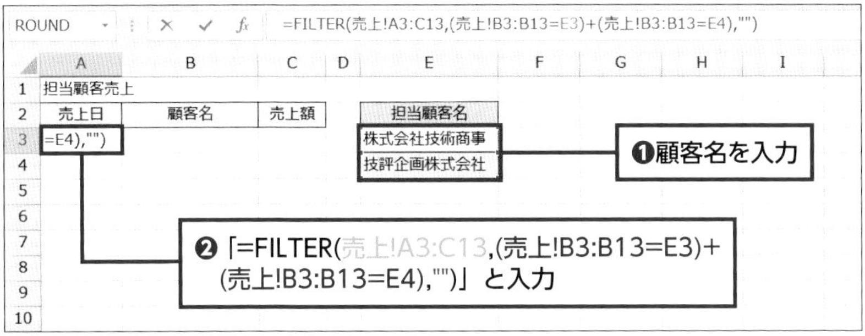

「担当顧客」のシートで、セルE3とE4に抽出したい顧客名を入力しておく（❶）。次に、セルB3に「=FILTER(売上!A3:C13,(売上!B3:B13=E3)+(売上!B3:B13=E4),"")」と入力して（❷）、Enterを押す

指定した顧客のデータが抽出される

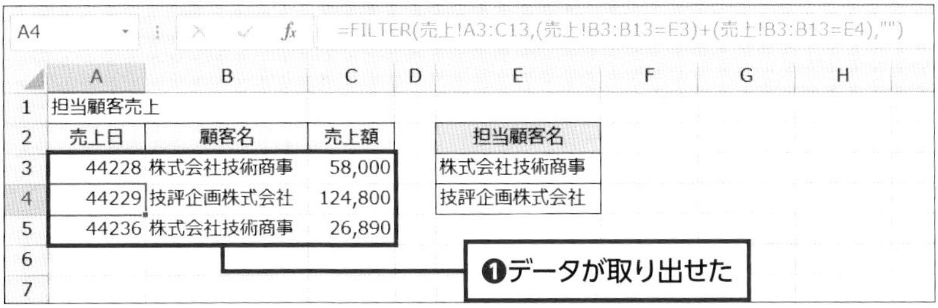

売上データの表から、顧客名がセルE3またはE4に一致するデータだけが抽出される（❶）。スピルの機能により、「売上日」「顧客名」「売上額」の列を一括で取り出せる

あとから追加したデータも自動的に抽出するには

前ページで紹介した数式では、元の売上データに新しい行を追加した場合、第1引数と第2引数のセル参照を変更する必要があります。数式を修正せずに追加したデータも抽出できるようにするには、範囲を列だけで指定しておきましょう。その場合は、以下のように記述します。

入力関数

=FILTER(売上!A:C,(売上!B:B=E3)+(売上!B:B=E4),"")

また、元の表をテーブルに変換して、構造化参照で範囲を指定する方法もあります。

テーブルからデータを抽出する

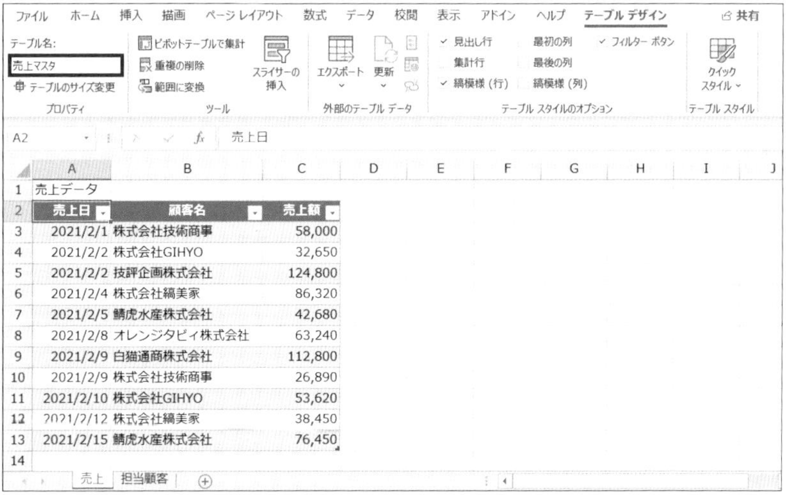

元の表をテーブルに変換しておけば、データが増えた場合でも対処しやすい。ここではテーブル名を「売上マスタ」とした

上図のようなテーブルを参照してデータを抽出する場合は、次のような数式になります。

入力関数

=FILTER(売上マスタ,(売上マスタ[顧客名]=E3)+(売上マスタ[顧客名]=E4),"")

第6章

ミスしやすい 日付・時刻の計算を 確実に行う

エクセルの計算処理で鬼門なのが日付・時刻です。日付や時刻は、シリアル値という値によって管理されているため、ふとした拍子に日付がよくわからない数値に変わってしまったり、時刻に数値を加えたのにうまく正解に至らなかったり、不思議な現象に悩まされてしまいがちです。一方で、通常の数値と同様に足し算や引き算ができる場面もあり、なかなか把握しづらい面があります。そこでマスターしたいのが、日付や時刻に対応した関数です。たとえば、「20日締めで翌々月10日払いなら、この請求書の支払いは何月何日になる？」というような複雑そうに見える計算も、関数を使えば簡単です。また、エクセルで予定表を作成する場合、土日や祝日を色分けしておくと見やすくなります。こういった作業も、関数を活用すれば手軽に実行できます。さまざまな関数を使いこなして、日付をうまく管理できるようにしましょう。

6-01

時短 10 分

ある日付から今日までに何カ月経ったかを計算する

KEYWORD DATEDIF関数、TODAY関数

ある日付から別の日付までに経過した日数を数えたいときは、単純に引き算でもかまいませんが、月数や年数を知りたいときはDATEDIF関数を使うと便利です。

日付同士は四則演算できる

日付はエクセルで扱う値の中で、もっとも厄介なものです。一見すると文字列のように見えますが、実はシリアル値という一種の数値で、セルの書式によって日付表示になっているだけです。

そのため、**日付同士や数値を交えた加減乗除などの演算が可能です**。掛け算や割り算はほぼ意味がありませんが、ある日付から別の日付までに経過した日数を引き算で計算したり、ある日付から特定の日数が経過した日付を足し算で求めたりするケースは十分考えられます。

一例を見てみましょう。

特定の日付から別の日付までの日数を計算する

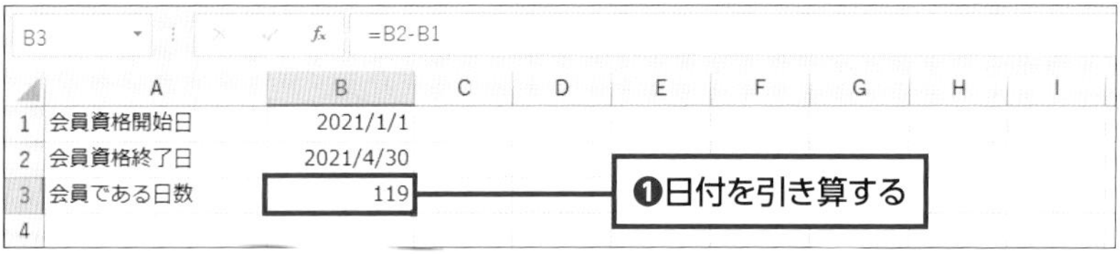

「=B2-B1」と入力して日付同士を引き算すると、何日経ったかが計算できる（❶）

日数を計算するならこれでいいのですが、月数や年数に換算するとなると、単純な数式だけでは不十分です。月数に換算するには毎月の日数の違いを考慮する必要があり、年数に換算するときはうるう年に注意しなければなりません。

そこで、試してみたいのがDATEDIF関数です。

関数書式

=DATEDIF(開始日,終了日,単位)

DATEDIF関数は「開始日」から「終了日」までの期間を「単位」で定めた単位に変換して返します。「単位」には、右の表に挙げた5種類が用意されています。単位はダブルクォーテーションで囲むのを忘れないようにします。

単位	意味
D	日数
M	月数
Y	年数
YM	月数。ただし、年数と日数を無視する
YD	日数。ただし、年数を無視する

「D」は単なる引き算と同じですが、「M」は月数に変換して、月未満の日数を切り捨てます。「Y」は同様に年数に変換します。「YM」は年数を無視して、月数のみ算出します。たとえば、「開始日」を「2020/4/1」に、「終了日」を「2021/5/1」に設定すると、「1」を返します。

ATTENTION

「単位」にはもう1つ、「MD」も用意されており、年数と月数を無視した日数を算出できます。ただし、この単位を利用すると正しい値が計算できないことがあるので、使うべきではありません。また、「YD」はうるう年を計算できないため、2月29日を含む日数の計算では誤りが生じます。使用する場合は、十分注意すべきです。

日付を直接入力するのではなく、常に今日の日付に設定したいときはTODAY関数を利用します。TODAY関数には引数は不要です。

関数書式

```
=TODAY()
```

では、今日の時点での年齢を算出してみましょう。

DATEDIF関数で年齢を求める

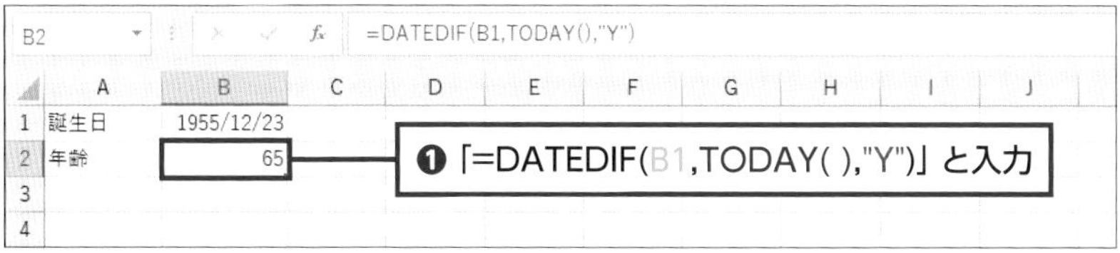

「=DATEDIF(B1,TODAY(),"Y")」と入力（❶）。これでセルB1の日付から今日までの年数が求められる

6-02

時短 05 分

特定の日付から○カ月後の月末の日付を調べる

KEYWORD EOMONTH 関数

特定の日付から数カ月後の月末の日付を調べたい場合は、EOMONTH関数を使うと便利です。引数にマイナスの値を指定することで数カ月前を求めたり、返り値に1を加えることで月初を求めたりも可能です。

EOMONTH関数を使う

たとえば、売上を計上した日から、4カ月後の月末に代金を支払うケースで、支払日を求めるにはEOMONTH関数を利用します。

関数書式

=EOMONTH(開始日,月)

「開始日」には数え始める日付を、「月」には何カ月先かを指定します。**「開始日」は日付の入ったセルを参照するか、「"2021/4/1"」のように日付をダブルクォーテーションで囲んで文字列として指定します。また、「月」は数値で入力しますが、マイナスを入力して前の日付を求めることも可能です。**

4カ月後の月末の日付を求める

E2 =EOMONTH(D2,4)

	A	B	C	D	E
1	顧客名	顧客ID	売上額	売上日	支払日
2	株式会社技術商事	G1001	45,000	2020年10月2日	2021年2月28日
3	株式会社GIHYO	G1002	10,000	2020年10月15日	2021年2月28日
4	技評企画株式会社	G1003	15,000	2020年10月31日	2021年2月28日
5	株式会社縞美家	G1004	100,000	2020年11月3日	2021年3月31日
6	鯖虎水産株式会社	G1005	200,000	2020年11月30日	2021年3月31日

❶「=EOMONTH(D2,4)」と入力

「=EOMONTH(D2,4)」と入力して（❶）、下のセルにもコピーする

POINT

EOMONTH関数は月末の日付を返しますが、数値を加減することで月初や5日、月末の前日なども求めることができます。たとえば、「=EOMONTH(D2,4)+1」とすれば、5カ月後の月初日がわかります。

ただし、4カ月後の25日を求めたいときに「=EOMONTH(D2,4)-5」などとすると、その月が何日かによって日付がばらつきます。むしろ、3カ月後の月末から25日後と考えて、「=EOMONTH(D2,3)+25」のようにすることで4カ月後の25日がわかります。

6-03 締め日から〇カ月後の日付を求める

時短 05 分

KEYWORD EDATE 関数

特定の日付から2カ月後の日付を求めたいときは、EDATE関数を利用します。年月日をバラバラにして別の関数で導き出すことも可能ですが、EDATE関数のほうが圧倒的にシンプルです。

EDATE関数を使う

たとえば、納品から2カ月後が代金の振り込み期限であれば、EDATE関数を使って納品日の2カ月後の日付を求めて振込日を知ることができます。

関数書式

=EDATE(開始日,月)

「開始日」には数え始める日付を、「月」には何カ月先の日付を求めるかを指定します。**「開始日」には日付を文字列として「"2021/4/1"」のように入力するか、日付の入ったセルを参照します。また、「月」は数値で入力しますが、マイナスを入力して前の日付を求めることも可能です。**

EDATE関数を使う

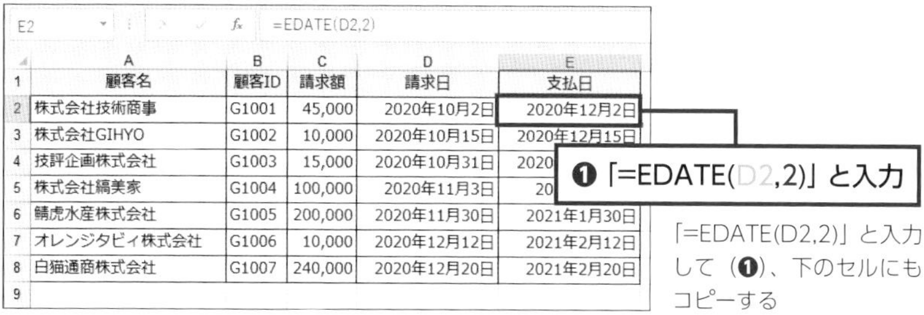
E2 =EDATE(D2,2)

	A	B	C	D	E
1	顧客名	顧客ID	請求額	請求日	支払日
2	株式会社技術商事	G1001	45,000	2020年10月2日	2020年12月2日
3	株式会社GIHYO	G1002	10,000	2020年10月15日	2020年12月15日
4	技評企画株式会社	G1003	15,000	2020年10月31日	2020
5	株式会社縞美家	G1004	100,000	2020年11月3日	20
6	鯖虎水産株式会社	G1005	200,000	2020年11月30日	2021年1月30日
7	オレンジタビィ株式会社	G1006	10,000	2020年12月12日	2021年2月12日
8	白猫通商株式会社	G1007	240,000	2020年12月20日	2021年2月20日
9					

「=EDATE(D2,2)」と入力して（❶）、下のセルにもコピーする

POINT

何年か先の日付を求めるときには、第2引数の数値で調整するのが簡単です。たとえば、セルD2の日付の3年後を求めたいなら、「=EDATE(D2,12*3)」、5年2カ月後を求めるなら「=EDATE(D2,12*5+2)」とします。なお、何日か先の日付を求めるには、関数を使わず、単純な足し算で「=D2+60」（60日後）などとします。

6-04

時短 10 分

別々に入力された年月日を計算できるように変換する

KEYWORD DATE関数

年月日を別々のセルに入力すれば判別しやすくなると思いがちですが、計算しやすさの点では大きな問題が生じてしまいます。これを解決するには、DATE関数を用いるといいでしょう。

2021と4と30から「2021/4/30」を導くには

年月日でデータを管理する際、読みやすくするために年月日をそれぞれ別の列に入力することは少なくないでしょう。ただ、見やすい反面、データの加工は面倒で、たとえば60日後の日付を簡単に求めることはできません。一方で、もともと年月日をまとめて入力した場合は、値がシリアル値なので加工は簡単です。

年月日に分かれた数値から日付としての加工が容易なシリアル値を求めるには、DATE関数を利用します。

関数書式

```
=DATE(年,月,日)
```

「年」に1900から9999までの数値、「月」に1から12までの数値、「日」に1から31までの数値を入力すると、日付のシリアル値を返すので、セルの書式を日付に設定すれば日付が表示されます。なお、数値ではなく、セル参照でも同じ結果が得られます。

バラバラの年月日をまとめる

G2 =DATE(D2,E2,F2)

	A	B	C	D	E	F	G	H
1	顧客名	顧客ID	請求額	年	月	日	請求日	
2	株式会社技術商事	G1001	45,000	2020	10	2	2020/10/2	
3	株式会社GIHYO	G1002	10,000	2020	10	15	2020/10/15	
4	技評企画株式会社	G1003	15,000	2020	10	31	2020/10/31	
5	株式会社縞美家	G1004	100,000	20				
6	鯖虎水産株式会社	G1005	200,000	20				
7	オレンジタビィ株式会社	G1006	10,000	2020	12	12	2020/12/12	
8	白猫通商株式会社	G1007	240,000	2020	12	20	2020/12/20	

「=DATE(D2,E2,F2)」と入力すると（❶）、バラバラの年月日から本来の日付が生成される

IF関数の論理式の日付には注意する

IF関数の第1引数の論理式に日付を入力する際には、注意が必要です。たとえば、「=IF(E2<=2020/10/31, "○", "")」のように直接含めると「2020/10/31」が割り算として解釈されてしまいます。一方、ダブルクォーテーションで挟むと、今度は文字列になってしまい、いずれにしても正しい結果を得ることはできません。

このような場合は、DATE関数を使います。ここでは、「請求日が2020年10月31日までの場合、支払対象に○を付ける」という操作をDATE関数で実現してみましょう。

IF関数の論理式でDATE関数を用いる

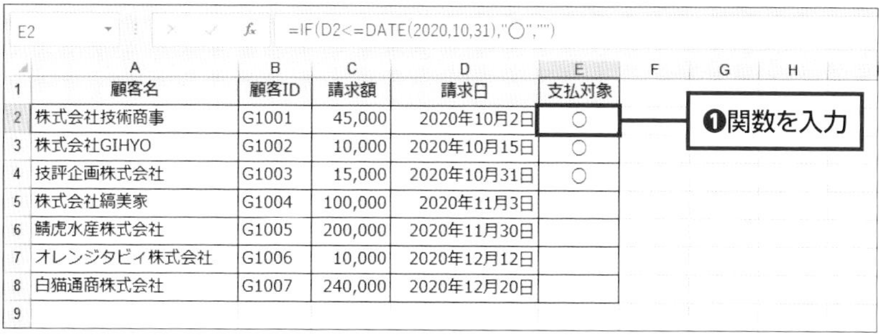

	A	B	C	D	E
1	顧客名	顧客ID	請求額	請求日	支払対象
2	株式会社技術商事	G1001	45,000	2020年10月2日	○
3	株式会社GIHYO	G1002	10,000	2020年10月15日	○
4	技評企画株式会社	G1003	15,000	2020年10月31日	○
5	株式会社縞美家	G1004	100,000	2020年11月3日	
6	鯖虎水産株式会社	G1005	200,000	2020年11月30日	
7	オレンジタビィ株式会社	G1006	10,000	2020年12月12日	
8	白猫通商株式会社	G1007	240,000	2020年12月20日	
9					

セルE2に「=IF(D2<=DATE(2020,10,31),"○","")」と入力する（❶）。セルD2も「DATE(2020,10,31)」もいずれもシリアル値なので、比較演算子を使えることに注目したい。「D2<=DATE(2020,10,31)」はセルD2が2020年10月31日までかどうかを判別する論理式だ

ATTENTION

DATE関数を使うのではなく、演算子の「&」を使って結合した場合、見た目は日付のように見えても、文字列として扱われます。たとえば、「="2021"&"/"&"4"&"/"&"30"」という数式を入力すれば、「2021/4/30」と表示されますが、書式を変更して「2021年4月30日」とすることはできません。

ところが、このセルを別のセルに入力した関数の引数として使ったり、数式で簡単な計算をしたりすると、なんと日付としての性質を取り戻すのです。DATE関数の代わりにこの仕様を利用することもできそうですが、将来変更されることも十分考えられるので、無理をしないほうがいいでしょう。

6-05

時短 15 分

休日を避けて「20日締め、翌々月10日支払い」を行いたい

KEYWORD EOMONTH関数、DAY関数、WORKDAY関数

「20日締めで翌々月10日に支払う。ただし支払日が休日の場合は前日に支払う」といった支払条件をエクセル関数で実現するには、どうすればいいのでしょうか。

3段階に分けて考える

「20日締めの翌々月払い、支払日が休日なら前日に支払う」という条件で支払日を求めるには、いくつか超えねばならないハードルがあります。ここでは、3段階に分けて考えてみましょう。

まず月末までに納品された成果物の代金をすべて翌々月10日に支払うとしてみます。これはEOMONTH関数を使って導くことができます。

納品日の翌々月10日を求める

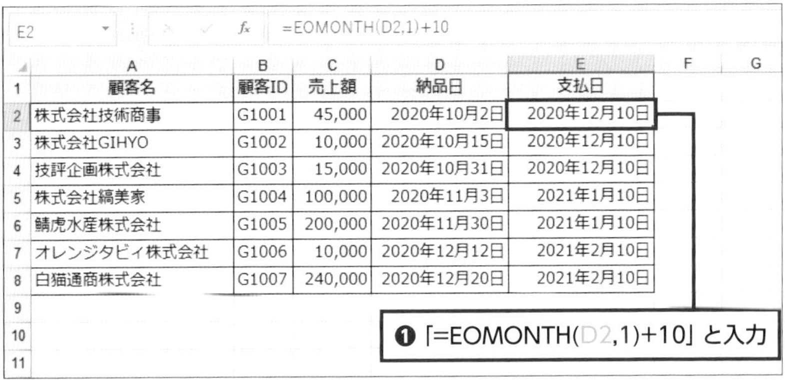

E2 =EOMONTH(D2,1)+10

	A	B	C	D	E	F	G
1	顧客名	顧客ID	売上額	納品日	支払日		
2	株式会社技術商事	G1001	45,000	2020年10月2日	2020年12月10日		
3	株式会社GIHYO	G1002	10,000	2020年10月15日	2020年12月10日		
4	技評企画株式会社	G1003	15,000	2020年10月31日	2020年12月10日		
5	株式会社縞美家	G1004	100,000	2020年11月3日	2021年1月10日		
6	鯖虎水産株式会社	G1005	200,000	2020年11月30日	2021年1月10日		
7	オレンジタビィ株式会社	G1006	10,000	2020年12月12日	2021年2月10日		
8	白猫通商株式会社	G1007	240,000	2020年12月20日	2021年2月10日		
9							
10							
11							

「=EOMONTH(D2,1)+10」と入力すると（❶）、翌月末の10日後、つまり翌々月10日の日付が返ってくる

ATTENTION

「20日締め」とは、前月21日から今月20日までの取引をまとめて今月分とカウントし、支払いや請求を行うときに使われる言葉です。「20日締め」は当月20日の取引を含むので、間違えないようにしましょう。

次に、「20日締め」という条件を考慮します。**納品日からDAY関数を使って日のみ抜き出して、当月の20日以前（20日を含む）かどうかを判別します**。そして、20日以前なら翌月末の10日先、20日より後（20日を含まない）なら翌々月末の10日先……のように考えます。場合分けはIF関数を使います。

関数書式

=DAY(シリアル値)

DAY関数は引数に日付を入れると、日にちだけを返す関数です。

20日締めの翌々月10日を求める

E2　=EOMONTH(D2,IF(DAY(D2)<=20,1,2))+10

	A	B	C	D	E	F	G
1	顧客名	顧客ID	売上額	納品日	支払日		
2	株式会社技術商事	G1001	45,000	2020年10月2日	2020年12月10日		
3	株式会社GIHYO	G1002	10,000	2020年10月15日	2020年12月10日		
4	技評企画株式会社	G1003	15,000	2020年10月31日	2021年1月10日		
5	株式会社縞美家	G1004	100,000	2020年11月3日	2021年1月10日		
6	鯖虎水産株式会社	G1005	200,000	2020年11月30日	2021年2月10日		
7	オレンジタビィ株式会社	G1006	10,000	2020年12月12日	2021年2月10日		
8	白猫通商株式会社	G1007	240,000	2020年12月20日	2021年2月10日		
9							
10							
11							

❶「=EOMONTH(D2,IF(DAY(D2)<=20,1,2))+10」と入力

「=EOMONTH(D2,IF(DAY(D2)<=20,1,2))+10」と入力すると（❶）、20日締めで翌月末の10日後、または翌々月末の10日後が返ってくる

あとは、支払日の10日が休日であれば前日、前日も休日ならさらに前日を求めるだけですが、ここはかなり厄介です。まず、**営業日を求めるWORKDAY関数**を紹介しておきます。

関数書式

=WORKDAY(開始日,日数,［祝日］)

「開始日」はカウントを始める日で、「日数」分、土日を除いた先の日付を返します。祭日や休日に含めたい日を「祝日」で指定します。

では、実際に使ってみましょう。前に使ったブックを編集します。

10日が土日祝の場合は翌日を求める

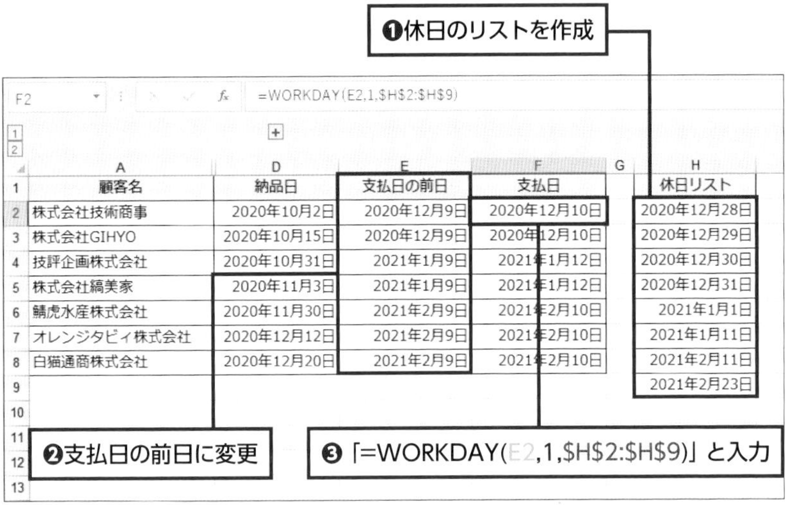

まず土日以外に休みにしたい日のリストを作成する（❶）。支払日の1日前の9日を求める（❷）。支払日のセルに「=WORKDAY(E2,1,$H$2:$H$9)」と入力（❸）

ここで注意したいのは、いったん支払日の前日を算出したうえで、翌日をWORKDAY関数で求めていることです。WORKDAY関数が支払日当日が休日かどうかを識別して、休日ならば翌日を返すことができればいいのですが、なぜかできません。第2引数に0を入力しても、エラーにはならないものの、第1引数の日付がそのまま返ってくるので意味がありません。

そのため、支払日の前日の1日後をWORKDAY関数で求めて、休日ならその翌日を得る、という考え方を採用します。

POINT

ここでは支払日が休日の場合、翌日を支払日にしていますが、前日にすることも可能です。「支払日の前日」の代わりに「支払日の翌日」を求めて、WORKDAY関数の第2引数を「-1」にします。

6-06

時短
20
分

カレンダーの土日祝の行に背景色を設定する

KEYWORD WEEKDAY 関数、条件付き書式

カレンダーの土日や祝日の文字色や背景色を変更したいときは、条件付き書式の設定から数式を入力します。なお、祝日の設定を行うには、あらかじめ祝日リストを作成しておく必要があります。

条件付き書式とWEEKDAY関数を組み合わせる

カレンダーの土曜日の背景を青く、日曜日や祝日を赤くしたいとき、いちいち［セルの書式設定］ダイアログを呼び出して手動で実行していては面倒です。条件付き書式と関数を利用しましょう。

考え方としては、条件付き書式の設定ダイアログで日付の曜日を求めるWEEKDAY関数を使い、土曜日なら背景色を青く、日曜日または祝日なら赤く設定します。

関数書式

=WEEKDAY(シリアル値, ［週の基準］)

戻り値は1から7までで、1は日曜、7は土曜を意味します。「シリアル値」で日付の入ったセルを参照します。「週の基準」で数値を設定すると、戻り値と曜日の対応関係を変更できますが、ここでは使わないので省略します。

では、まず日曜日の行の背景色を設定します。

［新しい書式ルール］ダイアログで設定する

セルA2からC2を選択して、［ホーム］タブの［スタイル］グループで［条件付き書式］から［新しいルール］をクリック。すると、［新しい書式ルール］ダイアログが表示されるので、［数式を使用して、書式設定するセルを決定］を選択し（❶）、［次の書式を満たす場合に値を書式設定］に「=WEEKDAY($A2)=1」と入力（❷）。［書式］をクリックして（❸）セルの背景色を設定する

書式ルールの適用範囲を広げる

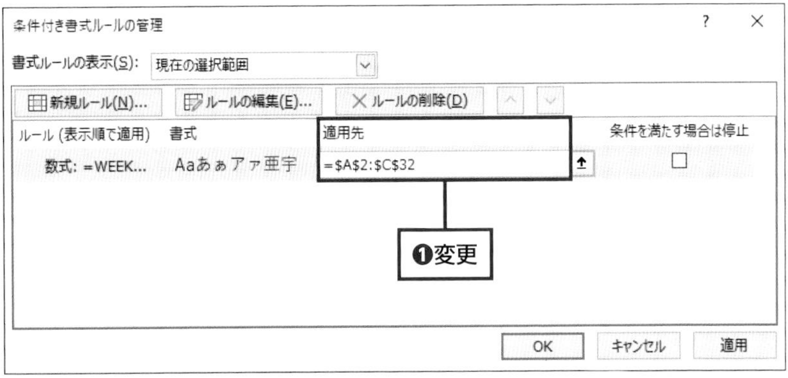

書式ルールの設定範囲をカレンダー全体に広げる。［ホーム］タブの［スタイル］グループで［条件付き書式］から［ルールの管理］をクリック。すると、［条件付き書式ルールの管理］ダイアログが表示されるので、［適用先］をカレンダー全体に変更する（❶）。ここではカレンダーが1月だけなので、「=$A$2:$C$32」となっている

日曜日の行に背景色が設定された

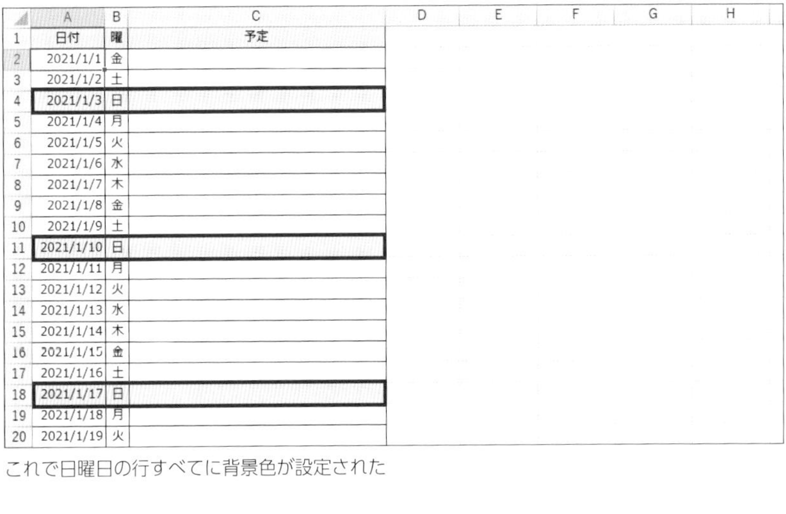

これで日曜日の行すべてに背景色が設定された

土曜日も同様に条件付き書式を利用して設定しますが、書式設定に使用する関数は「=WEEKDAY($A2)=7」とします。

次に、祝日をカレンダーに適用します。祝日のリストを作っておいて、各日付がそのリストのいずれかに一致したら書式を適用します。「リストのいずれかと一致する」という条件が難しそうですが、COUNTIF関数を使うという手が使えます。

祝日リストを使って祝日に背景色を設定する

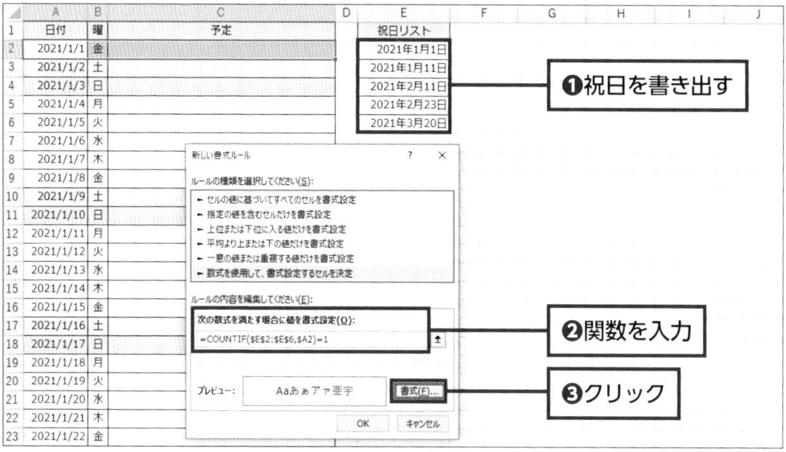

まず祝日に設定したい日付をリストに書き出す（❶）。次に、日曜日や土曜日と同様に書式ルールを設定するが、［次の書式を満たす場合に値を書式設定］には「=COUNTIF($E$2:$E$6,$A2)=1」と入力する（❷）。これはセル範囲E2:E6の中にセルA2の値が1つ含まれていれば「TRUE」を返すという論理式だ。［書式］をクリックして（❸）、セルの背景色を設定する

書式ルールの適用範囲を広げる

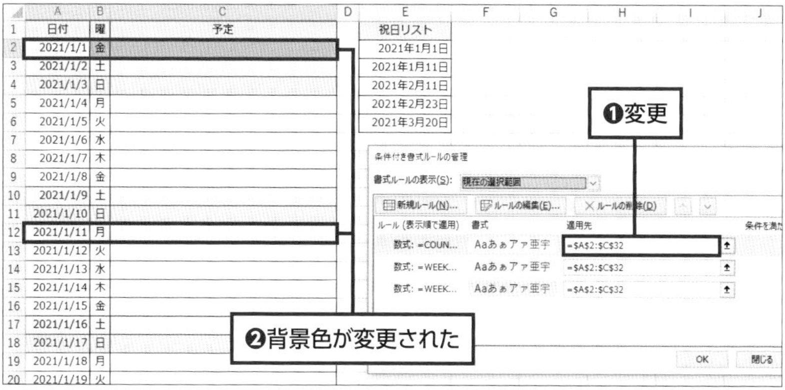

日曜日や土曜日と同様にして、［適用先］のセル範囲をカレンダー全体に変更（❶）。すると、祝日リストに含まれる日の背景色が変更される（❷）

POINT

条件付き書式をうまく使うことで、特定の値を簡単に目立たせることができます。ここではカレンダーに適用していますが、それ以外にも関数との組み合わせでできることはたくさんあります。一定のルールで書式を変更したいときは、いちいち手動で実行するのではなく、関数を使うことをぜひ検討してみてください。

6-07

時短 40分

キックオフから会議までの営業日を数えたい

KEYWORD NETWORKDAYS関数、MONTH関数

キックオフミーティングから進捗報告の会議までの営業日をカウントしたいとき、いちいち数えていては間違いのもとです。営業日を数える関数をうまく使って、サクッと計算してしまいましょう。

3段階に分けてカレンダーを作っていく

キックオフから進捗報告の会議まで何日あるかを知りたいとき、単純に日数を求めればいいのなら、引き算で可能です。しかし、何営業日あるのかを知りたいとなると、とたんに難しくなってしまい、カレンダーを持ってきて数えてしまいがちです。ここでは、そういったアナログな手法に頼らない方法を検討していきます。

まずカレンダーを作ってみます。

2021年4月のカレンダーを作成する

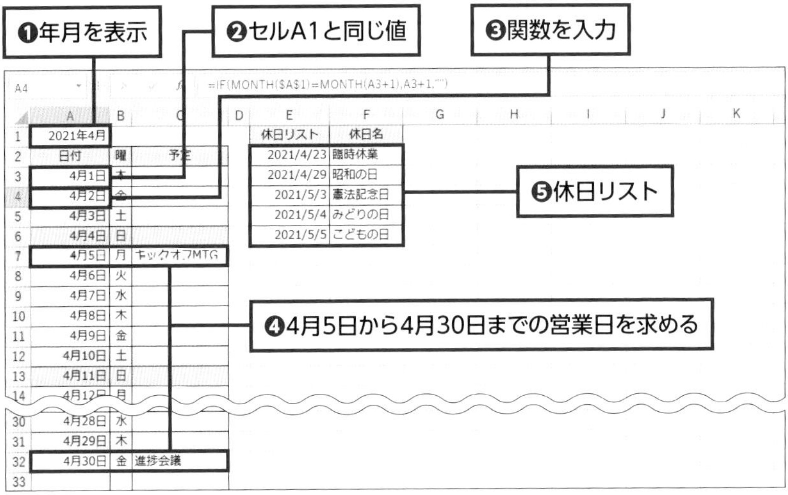

まずセルA1には「2021/4/1」と入力し、書式で年月までの表示としている（❶）。セルA3は「4月1日」と表示されているが、文字列で入力するのではなく、セルA1を参照しつつ、書式を変更する（❷）。セルA4に「=IF(MONTH($A$1)=MONTH(A3+1),A3+1,"")」と入力（❸）。今回は4月5日のキックオフMTGから4月30日の進捗会議までの日数を求める（❹）。あとで使用するので休日リストを作っておく（❺）。ここでは関係ないので解説は省くが、曜日も「木」「金」などの文字ではなく、日付を入力しておき、書式を変更して曜日のみ表示している

このカレンダーはいろいろな仕掛けが施してあり、セルA1の月初日を変更するだけで、日付や曜日、そしてセルの背景色まで自動的に変わるようになっています。セルの背景色は、前節で解説した方法で日曜は赤、土曜日は青、祝日は黄に設定してあります。

注目してほしいのは「日付」列です。セルA3はセルA1を参照していますが、セルA4以下は関数を使っています。

関数書式

=MONTH(シリアル値)

MONTH関数は引数に日付のシリアル値を取り、月を返します。

そのうえで**セルA4以下に入力されている関数の意味を考えると、もしセルA1の月（ここでは4）と直上のセルの翌日の月が同じであれば、つまり前の日とその日が同じ月であれば、そのまま表示します。もし異なる月であれば、非表示にしています。月が変われば、空欄になるわけです。**

なぜこうするかというと、通常はセルA3に「2021/4/1」と入力してオートフィルを用いるでしょうが、その作業を不要にするためです。1カ月分のカレンダーを作るだけなら、オートフィルを使うほうが速いので、この関数はほとんど意味がありません。しかし、何カ月分もカレンダーを作り出すと、細かいマウス操作を要求するオートフィルはできれば使わないほうがいいでしょう。

次に、営業日に○を付けてみましょう。列を追加します。

営業日に○を付ける

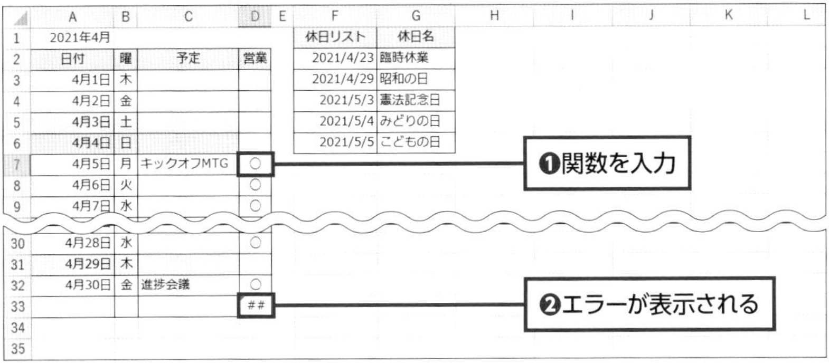

セルD7に「=IF(NETWORKDAYS(A7,A7,$F$2:$F$6)=1,"○","")」と入力する（❶）。日付が入力されていない行にはエラーが表示される（❷）

セルD7にやや複雑な関数が入力されていますが、この関数は「セルA7の日付が営業日なら○を表示し、そうでなければ空欄とする」という内容です。

セルA33が空欄であるため、末尾のセルD33にエラーが表示されています。気になる場合は、IFERROR関数などで表示されないようにするといいでしょう。

このあと、○をカウントする関数を列Dの欄外に表示してもいいのですが、もう1つ列を追加して1から順番に日数を表示していきます。

営業日を数えて表示する

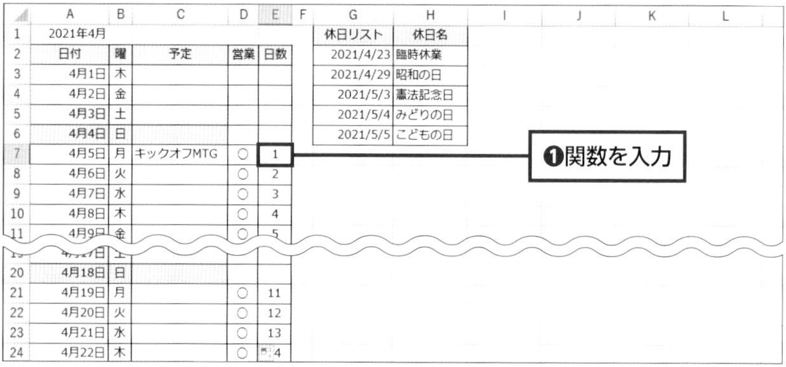

	A	B	C	D	E
1	2021年4月				
2	日付	曜	予定	営業	日数
3	4月1日	木			
4	4月2日	金			
5	4月3日	土			
6	4月4日	日			
7	4月5日	月	キックオフMTG	○	1
8	4月6日	火		○	2
9	4月7日	水		○	3
10	4月8日	木		○	4
11	4月9日	金		○	5
20	4月18日	日			
21	4月19日	月		○	11
22	4月20日	火		○	12
23	4月21日	水		○	13
24	4月22日	木		○	4

	G	H
1	休日リスト	休日名
2	2021/4/23	臨時休業
3	2021/4/29	昭和の日
4	2021/5/3	憲法記念日
5	2021/5/4	みどりの日
6	2021/5/5	こどもの日

「=IF(NETWORKDAYS(A7,A7,$G$2:$G$6)=0,"",NETWORKDAYS($A$7,A7,$G$2:$G$6))」と入力する（❶）

セルD7に入力した関数とほぼ同じですが、IF関数の「偽の場合」が異なり、NETWORKDAYS関数を使っています。全体の内容は「セルA7の日付が営業日なら4月5日からの営業日数を数える。休日なら空欄とし、数えない」となっています。

POINT

オートフィルは、フィルハンドルをドラッグしたり、ダブルクリックしたりするだけで、適切な値を適切な範囲で埋めてくれる大変便利な機能です。しかし、マウスを使わないようにしたいと思った瞬間、厄介な機能になってしまいます。アクセスキーはあるものの、ショートカットキーで直接は代用できず、実はマクロでも同様の機能を実現するのは難しいのです。

第7章

面倒な文字列操作の手間を激減させる

エクセルは数値計算だけでなく、文字列処理の機能も強力です。代表的な利用シーンは、名簿作成でしょう。たとえば「名前のふりがなを入力したい」という場合や、「郵便番号をハイフン付きで入力したが、やっぱり削除したい」という場合、わざわざ手作業で入力・修正していないでしょうか。そんなときは無駄な手間をかけずに、関数を利用しましょう。データが何百件、何千件あったとしても、関数で自動的に処理すれば、あっという間に作業が完了します。
データの入力漏れや大文字と小文字の間違いなども、関数でチェックすれば簡単に見つけることができ、ミスの防止に役立ちます。他人から受け取ったデータに不要なスペースやセル内改行が含まれているとわずらわしいものですが、関数を使えば一括で削除が可能です。さまざまな文字列関数をマスターして、大量のデータを高速かつ正確に処理できるようにしましょう。

7-01 入力した名前のふりがなも表示したい

時短 10 分

KEYWORD PHONETIC関数

名簿などを作成するとき、漢字表記の名前に加えてふりがなも記載したいことがあります。手作業で入力するのは面倒ですが、PHONETIC関数を使えば簡単にふりがなを表示できます。

PHONETIC関数でふりがなを表示する

漢字で名前を入力し、ふりがなも手動で入力すると、二度手間になってしまいます。そんなときはPHONETIC関数を使いましょう。**指定したセルにある文字列の読みを取得し、ふりがなとして表示できます。**

関数書式

=PHONETIC(参照)

関数を使ってふりがなを表示

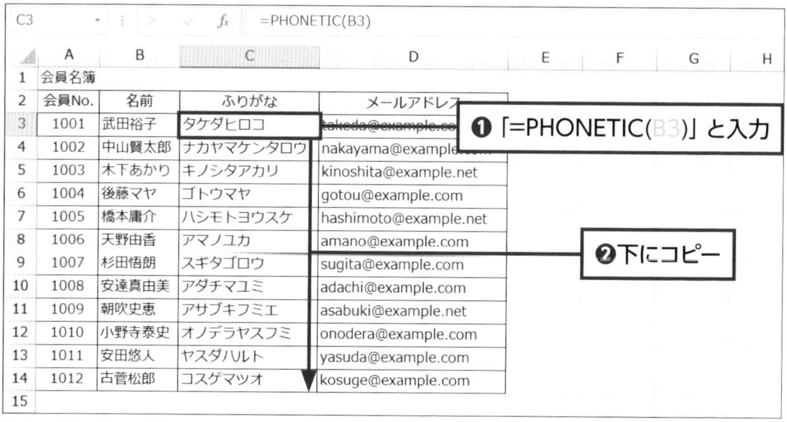

C3 =PHONETIC(B3)

	A	B	C	D	E	F	G	H
1	会員名簿							
2	会員No.	名前	ふりがな	メールアドレス				
3	1001	武田裕子	タケダヒロコ	takeda@example.co				
4	1002	中山賢太郎	ナカヤマケンタロウ	nakayama@example				
5	1003	木下あかり	キノシタアカリ	kinoshita@example.net				
6	1004	後藤マヤ	ゴトウマヤ	gotou@example.com				
7	1005	橋本庸介	ハシモトヨウスケ	hashimoto@example.net				
8	1006	天野由香	アマノユカ	amano@example.com				
9	1007	杉田悟朗	スギタゴロウ	sugita@example.com				
10	1008	安達真由美	アダチマユミ	adachi@example.com				
11	1009	朝吹史恵	アサブキフミエ	asabuki@example.net				
12	1010	小野寺泰史	オノデラヤスフミ	onodera@example.com				
13	1011	安田悠人	ヤスダハルト	yasuda@example.com				
14	1012	古菅松郎	コスゲマツオ	kosuge@example.com				
15								

セルC3に「=PHONETIC(B3)」と入力し（❶）、下のセルにもコピーする（❷）。すると、列Bの文字列から読みが取得され、ふりがなとして表示される

ただし、**対象となるのはエクセルで入力・変換した文字列のみで、別のアプリからコピーした文字列のふりがなは表示できません。**エクセルで入力した文字列をセルごとコピーして貼り付けた場合はOKですが、編集モードでセル内の文字列だけをコピーした場合は対象外です。

また、たとえば「裕子」という名前は「ひろこ」とも「ゆうこ」とも読めますが、「ひろこ」から変換した場合、ふりがなは「ヒロコ」となります。IMEで変換しづらい人名を、別の単語から変換して入力するケースがありますが、このような方法で入力した漢字の読みは正しく取得できないので注意しましょう。

ふりがなを表示できない例

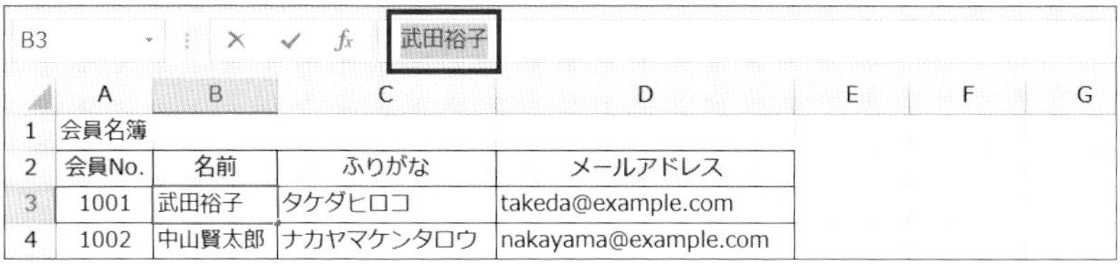

	A	B	C	D
1	会員名簿			
2	会員No.	名前	ふりがな	メールアドレス
3	1001	武田裕子	タケダヒロコ	takeda@example.com
4	1002	中山賢太郎	ナカヤマケンタロウ	nakayama@example.com

このように数式バーで文字列を選択してコピーした場合も、貼り付け先ではPHONETIC関数で読みを取得できないので注意。セル自体を選択・コピーして貼り付ければ問題ない

COLUMN

ふりがなをひらがなで表示するには

PHONETIC関数で取得したふりがなは、初期状態では全角カタカナで表示されますが、ひらがなや半角カタカナに変更することも可能です。下図の手順で［ふりがなの設定］ダイアログを開き、文字の種類を選択しましょう。

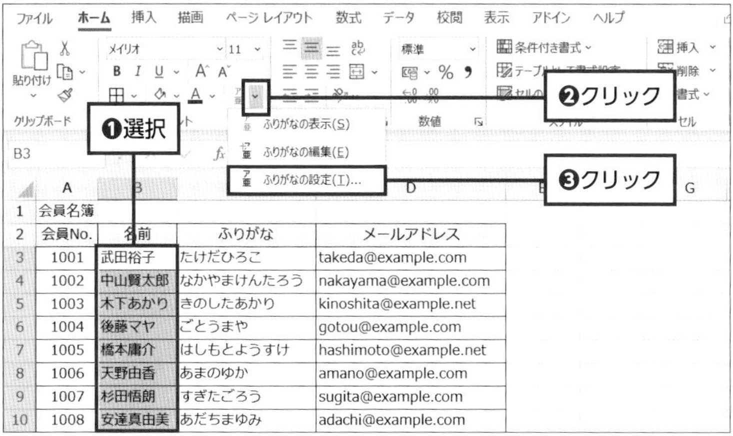

	A	B	C	D
1	会員名簿			
2	会員No.	名前	ふりがな	メールアドレス
3	1001	武田裕子	たけだひろこ	takeda@example.com
4	1002	中山賢太郎	なかやまけんたろう	nakayama@example.com
5	1003	木下あかり	きのしたあかり	kinoshita@example.net
6	1004	後藤マヤ	ごとうまや	gotou@example.com
7	1005	橋本庸介	はしもとようすけ	hashimoto@example.net
8	1006	天野由香	あまのゆか	amano@example.com
9	1007	杉田悟朗	すぎたごろう	sugita@example.com
10	1008	安達真由美	あだちまゆみ	adachi@example.com

PHONETIC関数で参照しているセル（漢字を入力したセル）を選択し（❶）、［ホーム］タブにある［ふりがなの表示/非表示］の［V］をクリックして（❷）、［ふりがなの設定］をクリック（❸）。表示されるダイアログの［種類］で［ひらがな］を選択すると、図のように表示が変わる

7-02 文字列を任意の位置で分割してデータを整理する

時短 40分

KEYWORD MID関数、RIGHT関数、LEFT関数、LEN関数

郵便番号と住所、姓と名など、複数の情報が1つのセルに入っているとデータを管理しづらいことがあります。手作業で分割するのは大変ですが、関数を使えば大量のデータをまとめて整理できます。

特定の文字数で区切って文字列を取り出す

エクセルには文字列を加工するための関数がたくさん用意されており、うまく活用すれば効率的にデータを整理できます。ここでは、1つのセルに入力された郵便番号と住所を分割する方法を紹介します。

まず、先頭の「〒」マークを除いて郵便番号だけを取り出してみましょう。この処理には、MID関数を使います。

関数書式

```
=MID(文字列,開始位置,文字数)
```

MID関数は、指定した文字列の「○文字目から数えて△文字」を取り出す関数です。先頭の「〒」マークを除外するなら、2文字目から取り出せばよいので、第2引数の「開始位置」は「2」となります。郵便番号はハイフンを含めると8文字なので、第3引数の「文字数」は「8」とします。

MID関数で郵便番号を取り出す

	A	B	C	D	E
1	会員名簿				
2	会員No.	名前	郵便番号・住所	郵便番号	
3	1001	松田 美樹	〒154-8504東京都世田谷区世田谷x-x-x	154-8504	
4	1002	小野寺 泰史	〒231-0005神奈川県横浜市中区本町x-x-x	231-0005	
5	1003	森 倫太郎	〒166-8570東京都杉並区阿佐谷南x-x-x	166-8570	
6	1004	阿久田川 悟	〒335-8588埼玉県戸田市上戸田x-x-x	335-8588	
7	1005	齋藤 あゆみ	〒173-8501東京都板橋区板橋x-x-x	173-8501	
8	1006	君島 薫	〒272-8501千葉県市川市南八幡x-x-x	272-8501	
9	1007	杉田 悟朗	〒144-8621東京都大田区蒲田x-x-x	144-8621	
10	1008	御子柴 晶	〒135-8383東京都江東区東陽x-x-x	135-8383	
11	1009	安達 真由美	〒180-8777東京都武蔵野市緑町x-x-x	180-8777	

セルD3に「=MID(C3,2,8)」と入力し（❶）、下のセルにもコピーする（❷）。列Cの文字列のうち「2文字目から数えて8文字」が取り出され、郵便番号だけを抽出できる

続いて、郵便番号を除いた住所だけを取り出してみましょう。この処理には、RIGHT関数を使います。

関数書式

```
=RIGHT(文字列,［文字数］)
```

RIGHT関数は、文字列の末尾（右側）から、指定した文字数の文字を返す関数です。ここでは、第2引数の「文字数」を求めるためにLEN関数を使います。

関数書式

```
=LEN(文字列)
```

住所は文字数がバラバラですが、「郵便番号＋住所」の文字数から郵便番号の文字数（「〒」マークを含めて9文字）を引けば計算できます。これを関数で表すと、以下のようになります。

入力関数

```
=RIGHT(C3,LEN(C3)-9)
```

RIGHT関数とLEN関数で住所を取り出す

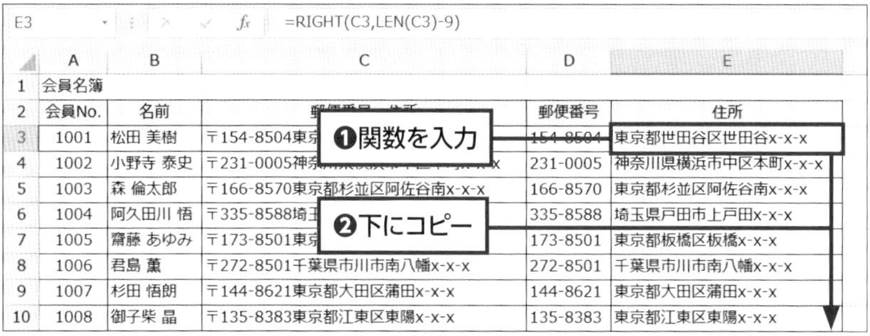
E3 =RIGHT(C3,LEN(C3)-9)

	A	B	C	D	E
1	会員名簿				
2	会員No.	名前	[illegible]	郵便番号	住所
3	1001	松田 美樹	〒154-8504東京	154-8504	東京都世田谷区世田谷x-x-x
4	1002	小野寺 泰史	〒231-0005神奈	231-0005	神奈川県横浜市中区本町x-x-x
5	1003	森 倫太郎	〒166-8570東京都杉並区阿佐谷南x-x-x	166-8570	東京都杉並区阿佐谷南x-x-x
6	1004	阿久田川 悟	〒335-8588埼玉	335-8588	埼玉県戸田市上戸田x-x-x
7	1005	齋藤 あゆみ	〒173-8501東京	173-8501	東京都板橋区板橋x-x-x
8	1006	君島 薫	〒272-8501千葉県市川市南八幡x-x-x	272-8501	千葉県市川市南八幡x-x-x
9	1007	杉田 悟朗	〒144-8621東京都大田区蒲田x-x-x	144-8621	東京都大田区蒲田x-x-x
10	1008	御子柴 晶	〒135-8383東京都江東区東陽x-x-x	135-8383	東京都江東区東陽x-x-x

セルE3に「=RIGHT(C3,LEN(C3)-9)」と入力し（❶）、下のセルにもコピーする（❷）。列Cの文字列から、郵便番号を除いた右側の文字列が取り出され、住所だけを抽出できる

ATTENTION

列Dと列Eの郵便番号と住所は、列Cを参照して表示しているため、当然ながら列Cを削除するとエラーになります。どうしても元のデータを削除したい場合は、列Dと列Eをコピーし、値として貼り付けてから削除しましょう。

氏名を姓と名に分割する

次に、氏名が入力されたセルから姓と名を分けて取り出してみましょう。姓や名の文字数は人によって異なりますが、間がスペースで区切られていれば、比較的簡単に分割が可能です。どこにスペースがあるかを見つけるには、FIND関数を使います。

関数書式

=FIND(検索文字列,対象,［開始位置］)

FIND関数は、「検索文字列」が「対象」の何文字目にあるかを調べるための関数です。姓と名が半角スペースで区切られている場合は、検索文字列を「" "」とします。

また、姓は氏名の先頭（左側）にあるので、LEFT関数を使って取り出しましょう。

関数書式

=LEFT(文字列,［文字数］)

第1引数の「文字列」で氏名が入力されたセルを参照し、第2引数の「文字数」で「先頭から何文字分を取り出すか」を指定します。姓はスペースの1つ前までの文字列なので、FIND関数で求めた値から「1」を引けば文字数を求められます。氏名がセルB3にある場合、姓を取り出す数式は以下のようになります。

入力関数

=LEFT(B3,FIND(" ",B3)-1)

ATTENTION

姓と名がスペースで区切られていない場合、ここで紹介する方法では分割できません。また、スペースは半角でも全角でもかまいませんが、半角・全角が入り混じっているとうまくいかないので、あらかじめ置換機能を使って統一しておきましょう。

LEFT関数とFIND関数で姓を取り出す

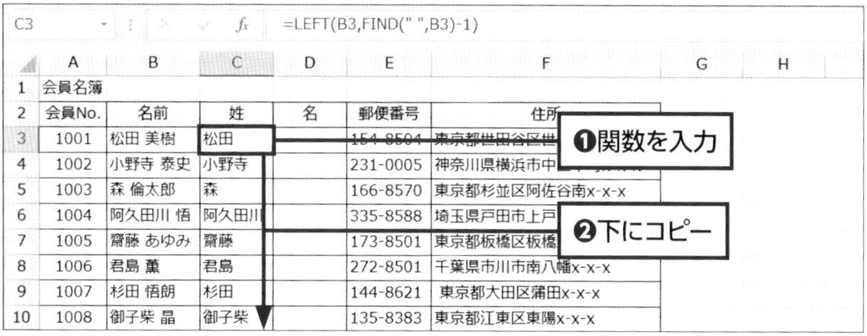

	A	B	C	D	E	F	G	H
1	会員名簿							
2	会員No.	名前	姓	名	郵便番号	住所		
3	1001	松田 美樹	松田		154-8504	東京都世田谷区世		
4	1002	小野寺 泰史	小野寺		231-0005	神奈川県横浜市中		
5	1003	森 倫太郎	森		166-8570	東京都杉並区阿佐谷南x-x-x		
6	1004	阿久田川 悟	阿久田川		335-8588	埼玉県戸田市上戸		
7	1005	齋藤 あゆみ	齋藤		173-8501	東京都板橋区板橋		
8	1006	君島 薫	君島		272-8501	千葉県市川市南八幡x-x-x		
9	1007	杉田 悟朗	杉田		144-8621	東京都大田区蒲田x-x-x		
10	1008	御子柴 晶	御子柴		135-8383	東京都江東区東陽x-x-x		

セルC3に「=LEFT(B3,FIND(" ",B3)-1)」と入力し（❶）、下のセルにもコピーする（❷）。すると、セルB3の文字列からスペースよりも前の部分だけが取り出され、姓を抽出できる

続いて、氏名から名だけを取り出しましょう。名は氏名の末尾（右側）の文字列なので、RIGHT関数を使います。名の文字数は、氏名から氏の文字数＋スペース分の「1」を引いた値です。したがって、以下の数式で名を取り出せます。

入力関数

=RIGHT(B3,LEN(B3)-LEN(C3)-1)

RIGHT関数とLEN関数で名を取り出す

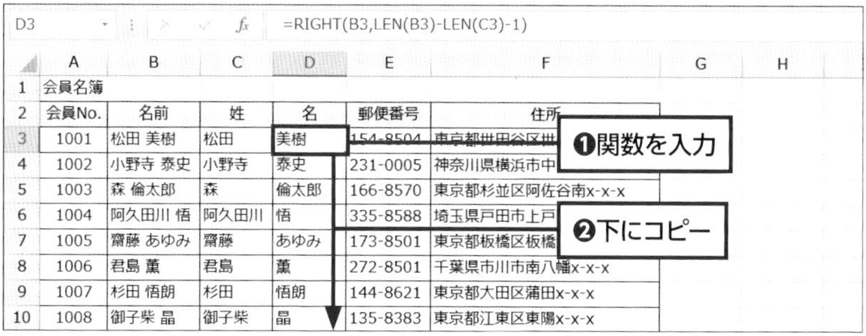

	A	B	C	D	E	F	G	H
1	会員名簿							
2	会員No.	名前	姓	名	郵便番号	住所		
3	1001	松田 美樹	松田	美樹	154-8504	東京都世田谷区世		
4	1002	小野寺 泰史	小野寺	泰史	231-0005	神奈川県横浜市中		
5	1003	森 倫太郎	森	倫太郎	166-8570	東京都杉並区阿佐谷南x-x-x		
6	1004	阿久田川 悟	阿久田川	悟	335-8588	埼玉県戸田市上戸		
7	1005	齋藤 あゆみ	齋藤	あゆみ	173-8501	東京都板橋区板橋		
8	1006	君島 薫	君島	薫	272-8501	千葉県市川市南八幡x-x-x		
9	1007	杉田 悟朗	杉田	悟朗	144-8621	東京都大田区蒲田x-x-x		
10	1008	御子柴 晶	御子柴	晶	135-8383	東京都江東区東陽x-x-x		

セルD3に「=RIGHT(B3,LEN(B3)-LEN(C3)-1)」と入力し（❶）、下のセルにもコピーする（❷）。氏名から「氏の文字数＋スペース」を除いた右側の文字列が取り出され、名だけを抽出できる

また、MID関数を使って名を取り出す方法もあります。MID関数は文字列の途中から何文字かを取り出す関数ですが、うまく工夫すれば末尾を取り出すことも可能です。ここではFIND関数と組み合わせます。

入力関数

```
=MID(B3,FIND(" ",B3)+1,100)
```

第2引数の「開始位置」では、名の先頭が何文字目にあるかを指定します。この値はスペースの位置に「1」を加えれば求められます。第3引数の「文字数」は、正確な文字数がわからなくても、実際よりも大きい値を指定しておけば問題ありません。ここでは「100」としました。

MID関数で名を取り出す

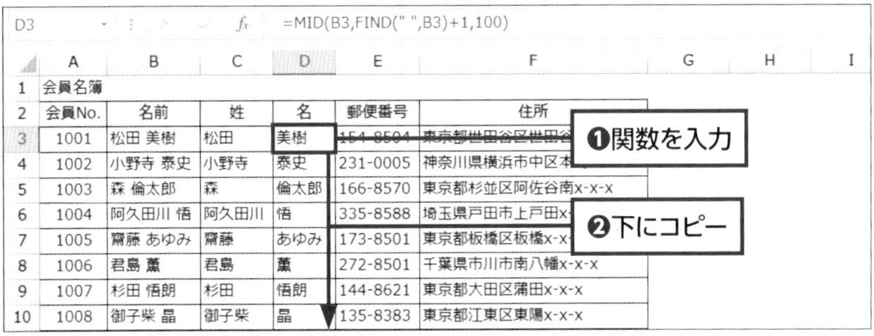

	A	B	C	D	E	F
1	会員名簿					
2	会員No.	名前	姓	名	郵便番号	住所
3	1001	松田 美樹	松田	美樹	154-8504	東京都世田谷区世田谷
4	1002	小野寺 泰史	小野寺	泰史	231-0005	神奈川県横浜市中区本
5	1003	森 倫太郎	森	倫太郎	166-8570	東京都杉並区阿佐谷南x-x-x
6	1004	阿久田川 悟	阿久田川	悟	335-8588	埼玉県戸田市上戸田x-
7	1005	齋藤 あゆみ	齋藤	あゆみ	173-8501	東京都板橋区板橋x-x
8	1006	君島 薫	君島	薫	272-8501	千葉県市川市南八幡x-x-x
9	1007	杉田 悟朗	杉田	悟朗	144-8621	東京都大田区蒲田x-x-x
10	1008	御子柴 晶	御子柴	晶	135-8383	東京都江東区東陽x-x-x

セルD3に「=MID(B3,FIND(" ",B3)+1,100)」と入力し（❶）、下のセルにもコピーする（❷）。この方法でも、氏名から名を取り出せる

COLUMN

住所から都道府県を取り除くには

ここまでに紹介した関数を応用すれば、住所から都道府県を取り除くことも可能です。都道府県のうち「県」を含まないのは「北海道」「東京都」「京都府」「大阪府」の4つで、これらはすべて3文字です。そして、県で文字数がもっとも多いのは、「神奈川県」などの4文字です。したがって、先頭から4文字目までに「県」があれば「県」の後ろで、なければ先頭から3文字目で区切れば、都道府県を除いた住所を取り出せます。住所がセルD3にある場合、以下のような数式になります。

```
=IF(MID(D3,4,1)="県",MID(D3,5,LEN(D3)),MID(D3,4,LEN(D3)))
```

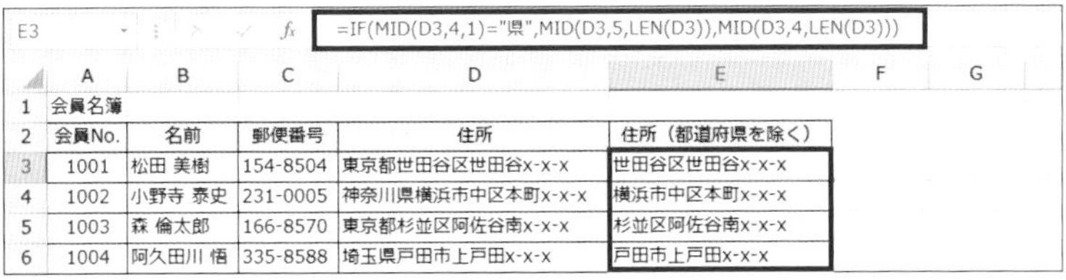

	A	B	C	D	E
1	会員名簿				
2	会員No.	名前	郵便番号	住所	住所（都道府県を除く）
3	1001	松田 美樹	154-8504	東京都世田谷区世田谷x-x-x	世田谷区世田谷x-x-x
4	1002	小野寺 泰史	231-0005	神奈川県横浜市中区本町x-x-x	横浜市中区本町x-x-x
5	1003	森 倫太郎	166-8570	東京都杉並区阿佐谷南x-x-x	杉並区阿佐谷南x-x-x
6	1004	阿久田川 悟	335-8588	埼玉県戸田市上戸田x-x-x	戸田市上戸田x-x-x

7-03

時短
10
分

大文字と小文字を区別して目視での見落としを防ぐ

KEYWORD EXACT関数

入力内容に間違いがないか確認するとき、目視ではどうしても見落としが発生してしまいます。確実に調べたいなら、関数を利用しましょう。大文字と小文字の違いも含めて調べるには、EXACT関数を使います。

EXACT関数を使って確認する

2つのセルの内容が等しいかどうかを判定するには、演算子の「=」を使うのが一般的です。数値や日本語ならこれで問題ないのですが、英字の大文字と小文字は「=」では識別できません。そこで、**大文字・小文字の違いも含めて確認したいときは、EXACT関数を使いましょう**。

関数書式

```
=EXACT(文字列 1,文字列 2)
```

引数として2つのセルを指定すると、双方の内容が比較され、等しければ「TRUE」、等しくなければ「FALSE」を返します。大文字・小文字のほか、全角・半角やスペースの有無なども判別できます。なお、書式の違いは無視されるため、日付の「2021/4/1」とシリアル値の「44287」など、見た目は違っても値が等しければ「TRUE」が返されます。

2つのセルの内容を比較

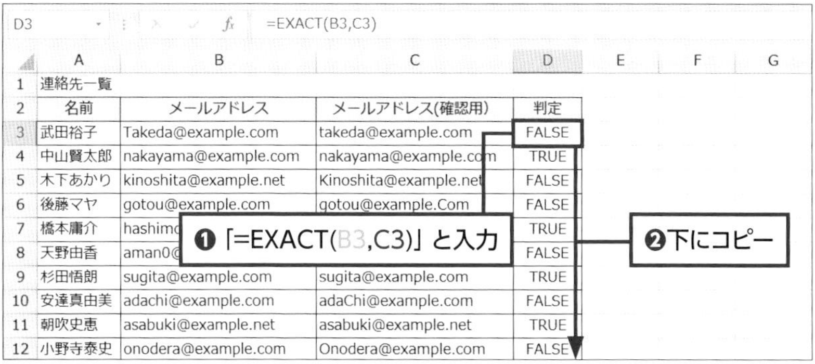

	A	B	C	D
1	連絡先一覧			
2	名前	メールアドレス	メールアドレス(確認用)	判定
3	武田裕子	Takeda@example.com	takeda@example.com	FALSE
4	中山賢太郎	nakayama@example.com	nakayama@example.com	TRUE
5	木下あかり	kinoshita@example.net	Kinoshita@example.net	FALSE
6	後藤マヤ	gotou@example.com	gotou@example.Com	FALSE
7	橋本庸介	hashimo		TRUE
8	天野由香	aman0@		FALSE
9	杉田悟朗	sugita@example.com	sugita@example.com	TRUE
10	安達真由美	adachi@example.com	adaChi@example.com	FALSE
11	朝吹史恵	asabuki@example.net	asabuki@example.net	TRUE
12	小野寺泰史	onodera@example.com	Onodera@example.com	FALSE

セルD3に「=EXACT(B3,C3)」と入力し（❶）、下のセルにもコピーする（❷）。列Bと列Cの各セルが比較され、等しければ「TRUE」、等しくなければ「FALSE」を返す

7-04

時短 05 分

強調したい部分に絵文字を入力して装飾する

KEYWORD UNICHAR関数、UNICODE関数

メールやSNSなどでよく使われる絵文字は、エクセルでも使用できます。書類の装飾などに絵文字を使いたいときは、UNICHAR関数やUNICODE関数を利用すると便利です。

UNICHAR関数でコードを文字に変換する

パソコンで使われる文字コードにはいろいろな規格がありますが、現在主流となりつつあるのがUnicode（ユニコード）です。Unicodeは多言語に対応した大量の文字を収録しているのが特徴で、その中にはUnicode Emojiと呼ばれる絵文字も含まれています。

エクセルではUnicode Emojiを直接入力することも可能ですが、数式で使う場合などは、UNICHAR関数を利用すると便利です。

関数書式

```
=UNICHAR(数値)
```

引数の「数値」で文字コードを指定すると、対応する文字が表示されます。**Unicodeでは、通常は「U+」に続けて16進数の値で文字コードを記述しますが、UNICHAR関数では10進数で指定する必要があります。**

UNICHAR関数で絵文字を表示する

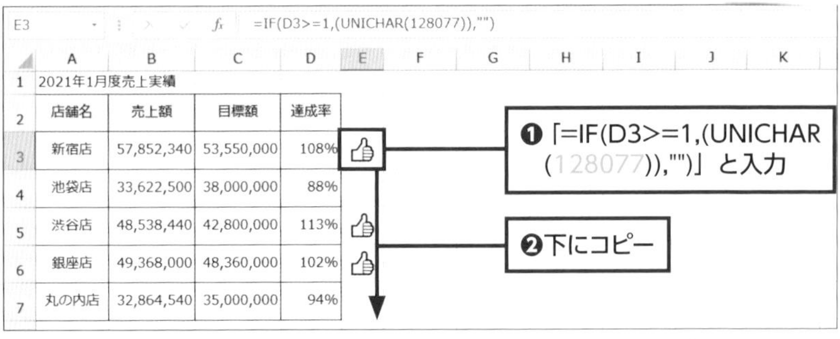

	A	B	C	D	E
1	2021年1月度売上実績				
2	店舗名	売上額	目標額	達成率	
3	新宿店	57,852,340	53,550,000	108%	👍
4	池袋店	33,622,500	38,000,000	88%	
5	渋谷店	48,538,440	42,800,000	113%	👍
6	銀座店	49,368,000	48,360,000	102%	👍
7	丸の内店	32,864,540	35,000,000	94%	

ここでは、IF関数とUNICHAR関数を組み合わせた例を紹介しよう。セルE3に「=IF(D3>=1,(UNICHAR(128077)),"")」と入力し（❶）、下のセルにもコピーする（❷）。すると、売上が目標を達成している場合に図のような絵文字が表示される

UNICODE関数で文字コードを調べる

Windows 10では、⊞+.を押すと「絵文字パッド」が表示され、Unicode Emojiを入力できます。しかし、絵文字パッドでは文字コードが表示されないので、UNICHAR関数で扱いたいときに困ります。そこで、UNICODE関数を使って調べてみましょう。

関数書式

=UNICODE(文字列)

引数で文字列を指定すると、対応する文字コードを確認できます。複数の文字を指定した場合は、先頭の文字コードのみが返されます。

絵文字の文字コードを取得する

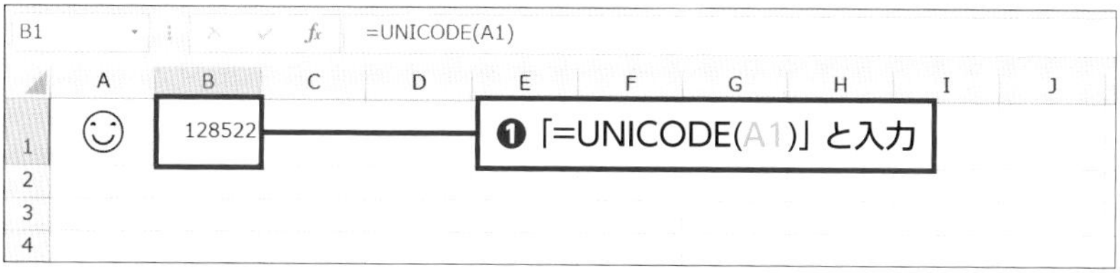

セルA1に入力した絵文字の文字コードを調べてみよう。セルB1に「=UNICODE(A1)」と入力すると（❶）、「128522」とコードが表示された

ATTENTION

Unicode Emojiにはカラフルな色彩が設定されていますが、エクセルで表示するとモノクロになります（フォントの設定で色を変えることは可能）。また、フォントによっては絵文字の字形が異なる場合もあります。なお、Unicodeに対応していないフォントでは絵文字を表示できません。

COLUMN

CHAR関数とCODE関数

UNICHAR関数とUNICODE関数はExcel 2013で追加された関数ですが、それ以前から使われていたものに、CHAR関数とCODE関数があります。この2つも文字と文字コードの変換を行う関数ですが、UnicodeではなくANSIおよびJISに対応しています。書式はUNICHAR関数やUNICODE関数と共通です。

7-05

時短 05 分

名簿に未入力の項目がないかチェックする

KEYWORD COUNTBLANK関数、ISBLANK関数

名簿などに大量のデータを入力するとき、注意深く作業しているつもりでも入力漏れが発生することがあります。目視で確認すると見落としやすいので、関数を使ってチェックしましょう。

COUNTBLANK関数で入力漏れのセルを数える

名簿などに未入力のセルがないか調べるには、COUNTBLANK関数を使いましょう。範囲を指定し、その中にある空白セルの数を確認できます。

関数書式

=COUNTBLANK(範囲)

ただし、**文字列や数値が含まれていなくても、スペースが入力されているセルは空白と判別されないので注意しましょう**。なお、空白文字列を返す関数が入力されている場合は、空白セルとしてカウントされます。

行ごとに空白セルをカウントする

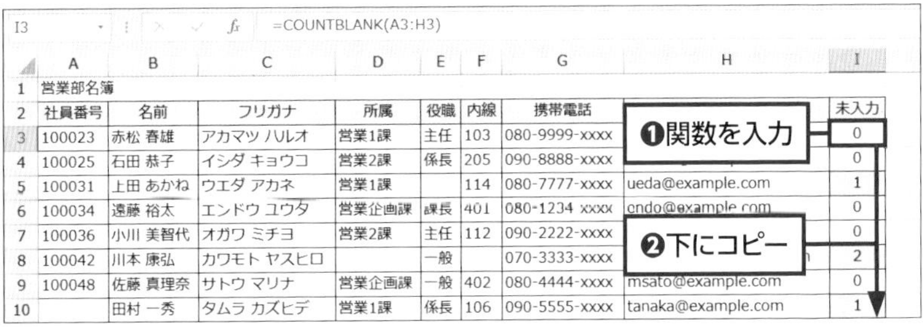

	A	B	C	D	E	F	G	H	I
1	営業部名簿								
2	社員番号	名前	フリガナ	所属	役職	内線	携帯電話		未入力
3	100023	赤松 春雄	アカマツ ハルオ	営業1課	主任	103	080-9999-xxxx		0
4	100025	石田 恭子	イシダ キョウコ	営業2課	係長	205	090-8888-xxxx		0
5	100031	上田 あかね	ウエダ アカネ	営業1課		114	080-7777-xxxx	ueda@example.com	1
6	100034	遠藤 裕太	エンドウ ユウタ	営業企画課	課長	401	080-1234-xxxx	endo@example.com	0
7	100036	小川 美智代	オガワ ミチヨ	営業2課	主任	112	090-2222-xxxx		0
8	100042	川本 康弘	カワモト ヤスヒロ		一般		070-3333-xxxx		2
9	100048	佐藤 真理奈	サトウ マリナ	営業企画課	一般	402	080-4444-xxxx	msato@example.com	0
10		田村 一秀	タムラ カズヒデ	営業1課	係長	106	090-5555-xxxx	tanaka@example.com	1

セルI3に「=COUNTBLANK(A3:H3)」と入力し（❶）、下のセルにもコピーする（❷）。行ごとに空白セルがカウントされ、検出された数が表示される。ここでは条件付き書式を利用して、戻り値が「0」よりも大きいセルに色を付け、目立つようにした

POINT

対象のセルが1個だけなら、ISBLANK関数で調べましょう。「=ISBLANK(A2)」のようにセルを指定すると、空欄なら「TRUE」、空欄でなければ「FALSE」を返します。ただし、スペースや数式を含むセルは空欄とは判別されません。

7-06

時短 10 分

数値に書式を設定して文字列と組み合わせる

KEYWORD TEXT関数、文字列の連結、書式設定

関数などで求めた数値は、演算子「&」を使って文字列と連結できます。ただ、そのまま連結すると数値に書式が設定されないため、わかりにくい表示になってしまいます。これを解消する方法を知っておきましょう。

TEXT関数で書式を指定して文字列に変換する

日付や時刻、通貨などの値は、セルの表示形式を設定することで、見やすい書式を適用できます。しかし、関数で求めた数値や別のセルから参照した数値を文字列と連結した場合、書式の情報は失われ、元の数値がそのまま表示されます。

数値をそのまま連結すると読みづらい

	A	B	C	D
1	2月度売上実績			
2			作成日：44256	
3			全店合計：168244680円	
4	店舗名	売上額(千円)	目標額(千円)	達成率
5	新宿店	45,852	43,550	105%
6	池袋店	29,623	32,800	90%
7	渋谷店	38,538	34,500	112%
8	銀座店	34,368	36,300	95%
9	丸の内店	19,863	22,500	88%
10				

セルC2ではTODAY関数で求めた今日の日付、セルC3ではSUM関数で求めた合計金額を、演算子「&」で文字列と連結している。日付はシリアル値で表示され、金額は桁数が多いので、非常にわかりづらい

これを解消するには、**TEXT関数で数値をわかりやすい形式にしてから文字列と組み合わせましょう。**

関数書式

```
=TEXT(値,表示形式)
```

TEXT関数は、第1引数の「値」に対し、第2引数の「表示形式」を適用して文字列に変換する関数です。第1引数に別の関数をネストすれば、戻り値に表示形式を適用できます。たとえば、上図の例で日付を「令和○年○月○日」と表示したい場合は、次のような数式になります。

入力関数

```
="作成日："&TEXT(TODAY(),"[$-ja-JP]ggge年m月d日")
```

また、金額の桁数が多いときは、千円単位や百万円単位にしてカンマで区切ると見やすくなります。千円単位の場合は表示形式を「#,##0,」、百万円単位の場合は「#,##0,,」と指定します。先ほどの表で、セルC3の金額を千円単位にするには、以下のように記述します。

入力関数

```
="全店合計："&TEXT(SUM(B5:B9),"#,##0,千円")
```


日付や金額が見やすくなる

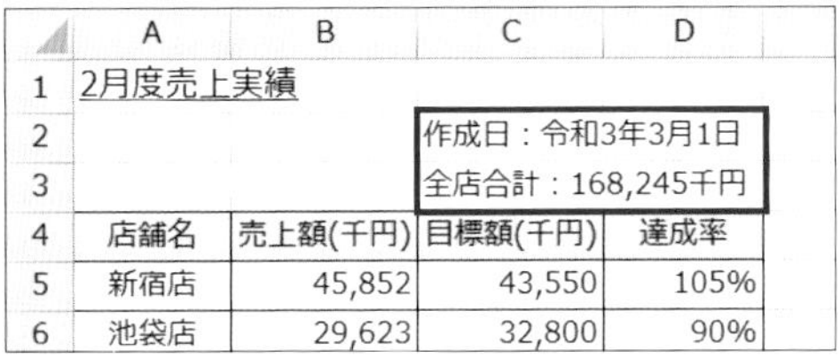

	A	B	C	D
1	2月度売上実績			
2			作成日：令和3年3月1日	
3			全店合計：168,245千円	
4	店舗名	売上額(千円)	目標額(千円)	達成率
5	新宿店	45,852	43,550	105%
6	池袋店	29,623	32,800	90%

TEXT関数を使って表示形式を適用したことで、日付や金額がわかりやすくなった

COLUMN

表示形式の記述方法を調べるには

TEXT関数の第2引数では表示形式を自由に指定できますが、記述方法がわからない場合もあるでしょう。そんなときは［セルの書式設定］ダイアログで調べましょう。下記の手順でコピーした文字列をダブルクォーテーションで囲んで、第2引数として使用します。

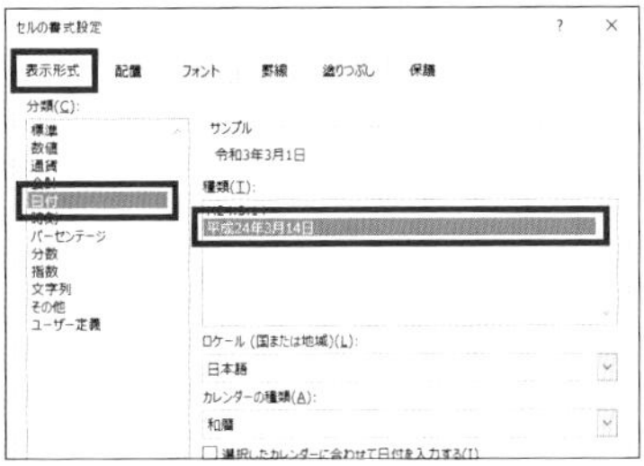

Ctrl＋1を押して［セルの書式設定］ダイアログを開く。［表示形式］タブで［分類］を選択し、［種類］から使用したい形式を選ぶ

そのまま［ユーザー定義］をクリックし、［種類］に表示された内容をコピーする。TEXT関数の引数として使うときは、途中の「"」は削除しよう

7-07

時短 10分

電話番号や郵便番号の「-」を挿入または削除する

KEYWORD SUBSTITUTE 関数、REPLACE 関数

名簿などの作成で問題になりやすいのが、電話番号や郵便番号の桁区切りで「- (ハイフン)」を入れるかどうかです。あとから追加・削除したい場合は、関数を使って一括で処理すると効率的です。

SUBSTITUTE関数で文字列を検索して一括削除

電話番号や郵便番号から「-」を削除したいときは、SUBSTITUTE関数を使います。

関数書式

```
=SUBSTITUTE(文字列,検索文字列,置換文字列,[置換対象])
```

SUBSTITUTE関数は、第1引数で指定した「文字列」の中から、第2引数の「検索文字列」を探し、第3引数の「置換文字列」で置き換える関数です。第1引数で郵便番号が入力されたセル範囲を指定し、第2引数を「-」、第3引数を「""」にすれば、「-」を一括で削除できます。

「-」を検索して削除する

E3 fx =SUBSTITUTE(D3,"-","")

	A	B	C	D	E	F	G	H
1	メンバー一覧							
2	No.	名前	携帯電話	郵便番号	郵便番号(修正)	住所		
3	1	桐山 さゆり	0809999xxxx	980-8671	9808671	宮城県仙台市青葉区国分町		
4	2	君島 薫	0908888xxxx	272-8501	2728501	千葉県市川市南八幡x-x-		
5	3	森 倫太郎	0807777xxxx	166-8570	1668570	東京都杉並区阿佐谷南x-x-x		
6	4	安達 真由美	0801234xxxx	180-8777	1808777	東京都武蔵野市緑町x-x-		
7	5	小野寺 泰史	0902222xxxx	231-0005	2310005	神奈川県横浜市中区本町		
8	6	後藤 道雄	0703333xxxx	920-0962	9200962	石川県金沢市広坂x-x-x		

❶関数を入力

❷下にコピー

セルE3に「=SUBSTITUTE(D3,"-","")」と入力し(❶)、下のセルにもコピー(❷)。すると、すべての郵便番号から「-」を削除した文字列が戻り値として得られる

POINT

第4引数の「置換対象」は、何番目に現れた検索文字列を置換するかを指定します。たとえば「2」を指定すると、先頭から2回目に現れた文字列だけを置換します。省略した場合は、すべての検索文字列が置換されます。

REPLACE関数で「-」を挿入する

逆に、郵便番号や電話番号に「-」を追加したい場合は、REPLACE関数を使いましょう。

関数書式

```
=REPLACE(文字列,開始位置,文字数,置換文字列)
```

REPLACE関数は、文字列の「○文字目から△文字分」を別の文字列に置き換える関数です。第3引数の「文字数」を「0」にすると、元の文字列を残したまま新しい文字列を追加できます。郵便番号の場合、「-」の位置は先頭から4文字目になるので、次のように記述します。

入力関数

```
=REPLACE(D3,4,0,"-")
```

電話番号の場合は、2か所に「-」を挿入する必要があるため、もう少し複雑です。携帯電話番号など、桁数が「3桁+4桁+4桁」の場合は、以下のような数式になります。

入力関数

```
=REPLACE(REPLACE(C3,8,0,"-"),4,0,"-")
```

まず先頭から8文字目に「-」を挿入し、その戻り値の先頭から4文字目に「-」を挿入します。1つ目の「-」を先に挿入すると先頭からの文字数が変わってしまうため、2つ目から先に処理するのがコツです。

電話番号に「-」を追加する

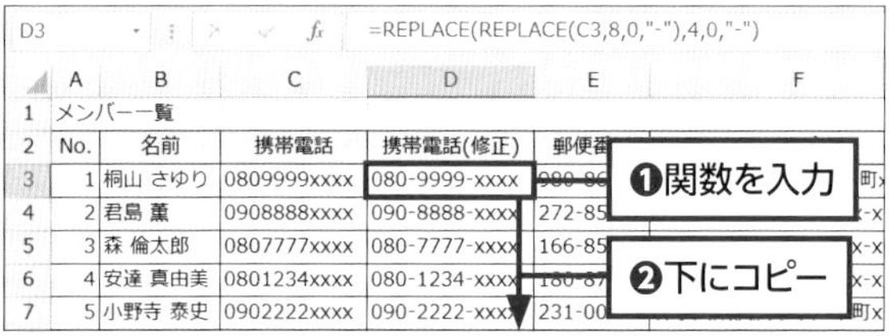

セルD3に「=REPLACE(REPLACE(C3,8,0,"-"),4,0,"-")」と入力し(❶)、下のセルにもコピーする(❷)。電話番号に「-」が挿入され、「3桁・4桁・4桁」で区切られる

なお、固定電話の番号も引数を変えれば対応できますが、地域によって桁数が異なるため、1つの数式で一括処理するのは難しい場合もあります。

7-08 不要なスペースやセル内改行は一括で削除！

時短 10 分

KEYWORD SUBSTITUTE 関数、TRIM 関数、CHAR 関数

不要なスペースやセル内改行が大量にある場合、手作業で1つずつ削除するのは大変です。関数を使って一括で削除すれば、手間が省けるだけでなく、見落としを防ぐためにも役立ちます。

SUBSTITUTE関数やTRIM関数でスペースを削除

セル内の不要なスペースを削除するには、185ページで紹介したSUBSTITUTE関数を使います。第2引数の「検索文字列」を「" "」、第3引数の「置換文字列」を「""」とすれば、一括で削除できます。全角と半角のスペースが混在している場合、まとめて削除するには関数をネストしましょう。文字列の場所がセルB3なら、以下のような数式になります。

入力関数

```
=SUBSTITUTE(SUBSTITUTE(B3,"　",""),"  ","")
```

また、**必要なスペースを残して削除したい場合は、TRIM関数を使いましょう**。単語間のスペースを1つだけ残し、文字列の先頭や末尾にあるスペースや、重複したスペースはすべて削除できます。なお、全角・半角は区別されず、どちらも同様に扱われます。

関数書式

```
=TRIM(文字列)
```

TRIM関数で不要なスペースを削除

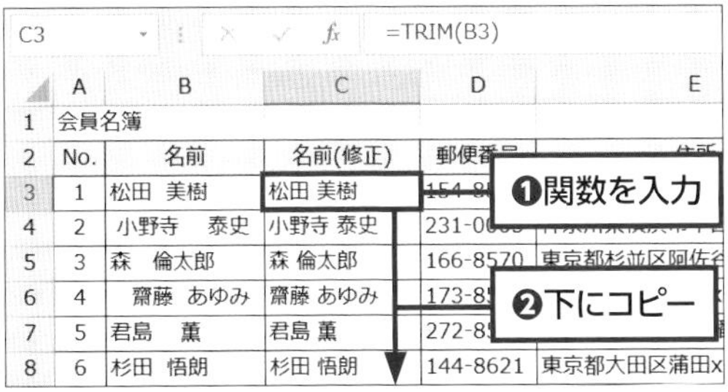

セルC3に「=TRIM(B3)」と入力し（❶）、下のセルにもコピーする（❷）。姓と名の間のスペースを1つだけ残し、それ以外は削除される。2つ以上のスペースが連続している場合は、1つ目だけ残して削除される

セル内改行を検索して別の文字列に置き換える

セル内改行は見栄えを整えるには便利な機能ですが、データを活用するうえで問題が起こりやすいため、安易に使うべきではありません。よけいなセル内改行は、一括で削除してしまいましょう。改行なしでは読みづらいなら、スペースや「／」などの区切り文字に変換するとよいでしょう。

セル内改行を別の文字に置き換えるには、SUBSTITUTE関数を使います。第2引数の「検索文字列」は、CHAR関数を使って指定しましょう。CHAR関数はANSIおよびJISの文字コードを指定して文字列に変換できる関数です。改行には文字コードの「10」が割り当てられているので、これを引数として指定します。

セル内改行を「／」に置換する

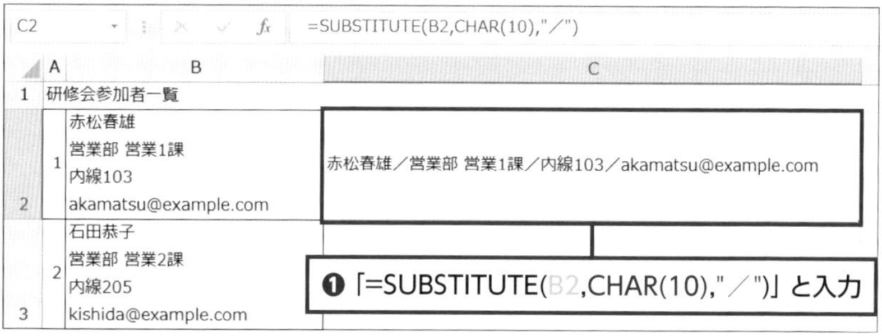

セルC2に「=SUBSTITUTE(B2,CHAR(10),"／")」と入力すると（❶）、セルB2のセル内改行が「／」に置換される。必要に応じて別のセルにもコピーする

COLUMN

CLEAN関数でセル内改行を削除する

セル内改行を除去するには、CLEAN関数を使う方法もあります。単純に改行を削除したいだけなら、こちらのほうが簡単です。

=CLEAN(文字列)

引数には、改行が含まれているセルを指定します。改行のほか、タブなどの制御文字もまとめて削除でき、よけいな文字の混入によるトラブルを防止できます。

第8章

知っておくと便利な関数のテクニック

関数をひととおり使えるようになっても、実際に活用していくうえで疑問やトラブルにぶつかることはあるでしょう。本章では、そんなときに役立つ知識やテクニックを紹介します。たとえば、複数の関数を組み合わせて複雑な計算を行うとき、うまく動作しないと途方に暮れてしまうことがあります。問題を解決するには何からチェックすればいいのか、実例を挙げて説明します。
また、エクセルには関数と組み合わせて使うと便利な機能がいろいろ用意されています。たとえば、ほかのユーザーにデータを入力してもらうとき、いくら注意してもルールを守ってくれない人がいて困った経験はないでしょうか。そんなときは、［データの入力規則］と関数を組み合わせれば、重複データなどの入力を禁止することができます。そのほか、大きな表で入力したい箇所に一瞬でジャンプする方法や、関数の入力や修正を劇的に効率化できる「配列数式」の使い方なども解説します。

8-01

時短 30 分

複雑な関数の組み合わせを検証する際のコツ

KEYWORD エラー、数式バー

複数の関数を組み合わせた処理で計算が誤っていたとき、どこが間違っているのか、わかりづらいことがあります。ここでは、複雑な処理で動作を確認するときのコツを紹介します。

入れ子になっている計算では内側から確認する

エクセルで複雑な処理を行おうとすると、どうしても数式が長くなり、思いどおりの結果が得られないときに何が原因かを突き止めるのが大変です。

そんなときは、入れ子になっている関数や数式の内側から順番に確認していくといいでしょう。ここでは、住所から都道府県を切り出す数式を例に取って説明します。「県」「府」「都」「道」それぞれの住所文字列中の位置をFIND関数で、その最大値をMAX関数で取得します。そして、LEFT関数で先頭から取得した位置までを切り出す数式を入力しましたが、結果が「#VALUE!」エラーになってしまっています。

確認したい部分を選択する

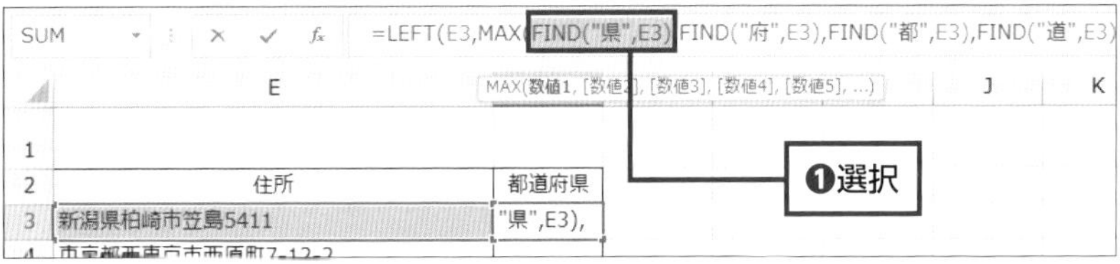

まず一番内側で使っているFIND関数が想定どおりに動作しているかを確認したい。数式中の「FIND("県",E3)」の部分をマウスなどで選択する（❶）

F9を押して選択した部分を実行する

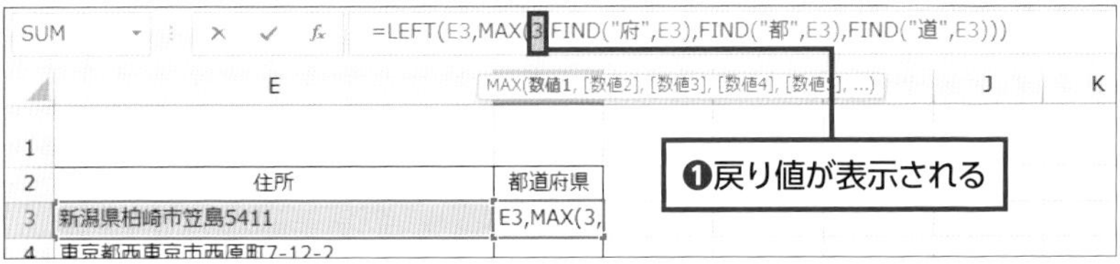

「FIND("県",E3)」を選択した状態でF9を押すと、その部分だけが実行結果に置き換わる。今回は「3」と表示された。「新潟県柏崎市～」の3文字目に「県」があるので、正常に動作していることがわかる

戻り値が想定した値と異なる場合は、関数の選択や引数の設定が誤っていることが考えられるので、関数の書式を再度確認しましょう。

ATTENTION

F9で関数を戻り値に変換した場合、そのまま確定すると数式が書き換えられてしまいます。もとに戻したいときは、Enterを押さず、Escを押します。

数式の一部を別セルに書き出して確認する

F9で関数の一部を戻り値に変換しても問題の箇所が見つからない場合や、確認したい場所が多くて効率が悪い場合は、部分的に実行結果を別のセルに書き出して確認するという方法があります。

ここでは、MAX関数の引数になっている、4つのFIND関数をそれぞれ書き出してみます。

確認したい部分の関数を別セルに入力する

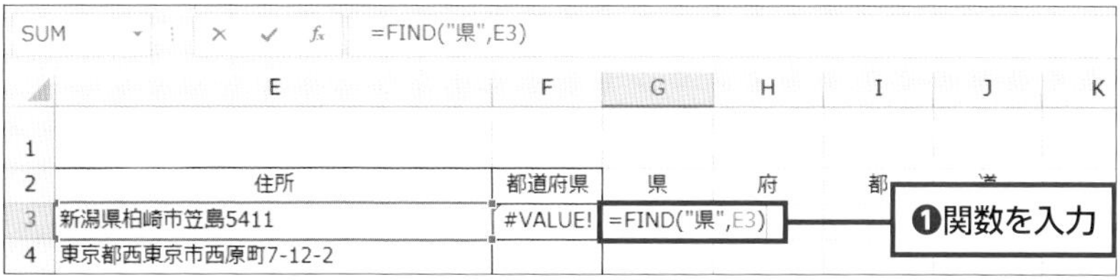

「FIND("県",E3)」の部分を切り出して別のセルに貼り付ける（❶）。「府」「都」「道」についても同様に切り出す

結果を確認して原因を特定する

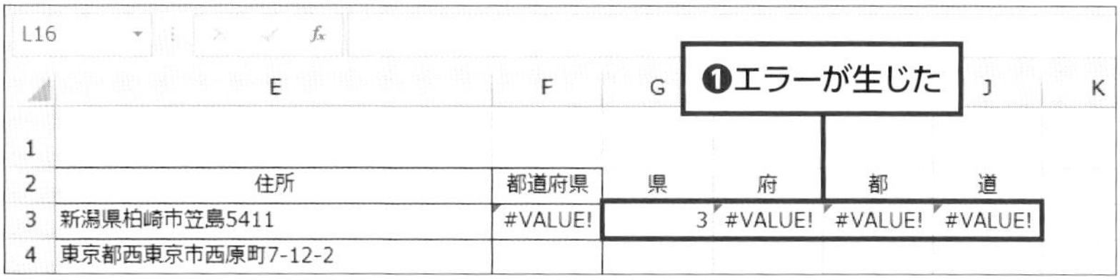

「県」以外、文字列が見つけられなかったFIND関数はすべて「#VALUE!」エラーが生じていることが確認できる。数式の一部に「#VALUE!」が含まれていると、原則としてその数式は「#VALUE」を返すので、ここが原因だとわかる

つまり、FIND関数の一部がエラーを返していたため、全体がエラーになっていたのです。FIND関数の戻り値はMAX関数に影響があるので、0を返すようにIFERROR関数を設定しておきます。

まず切り出した数式で期待したとおりに動作するかを検証します。

●切り出した数式で修正を試す

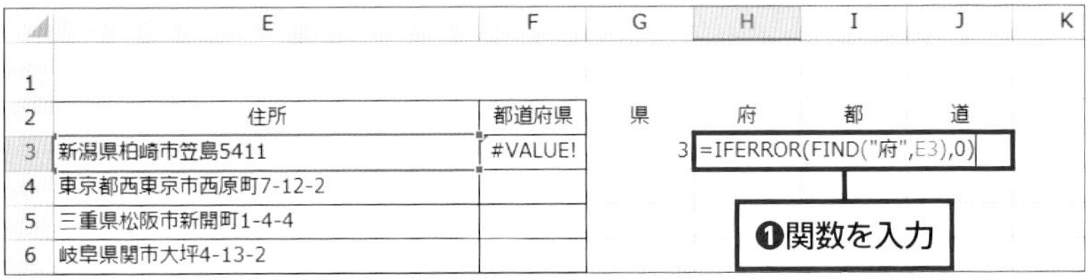

FIND関数がエラーを生じた場合は0を返すように「=IFERROR(FIND("府",E3),0)」と入力する（❶）

●修正した数式の結果を確認する

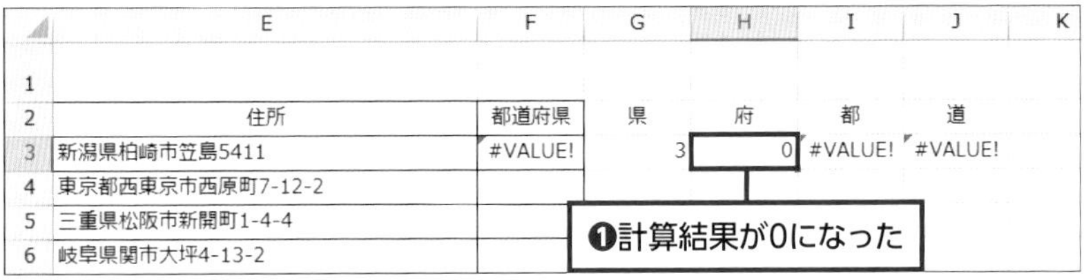

「#VALUE!」だった計算結果が、期待どおり「0」に変更されていることが確認できた（❶）

●動作を確認した修正を本来の数式に反映させる

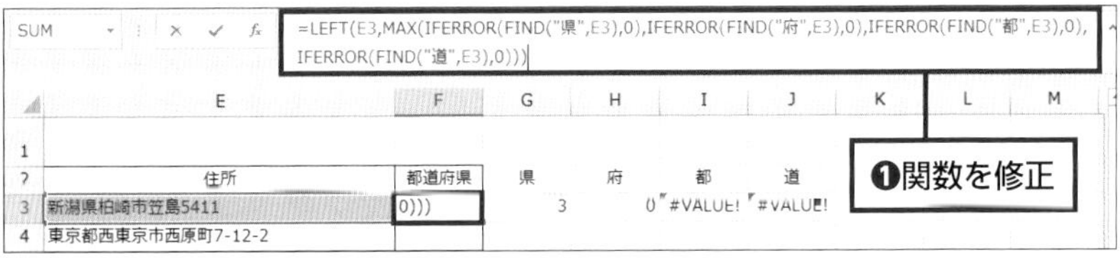

期待していた値が求められるとわかったので、IFERROR関数を含む式を、セルF3に入っているもとの数式の各FIND関数に対して適用する（❶）

●期待どおりの結果になったかを確認する

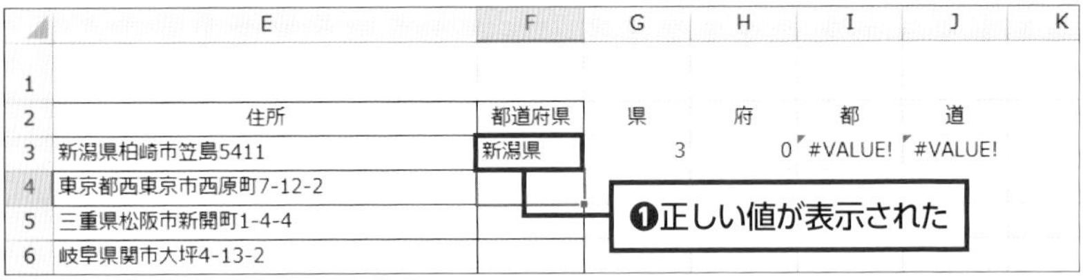

「#VALUE!」エラーが解消され、期待していた「新潟県」が表示されることが確認できた（❶）

長い数式は一部を作業列に分割する

数式が長く、数式バーの中でも数行に折り返して表示されるほどになると、カッコの組み合わせや入れ子の状態などが把握しにくくなり、著しく可読性が下がってしまいます。

このような場合は、数式をいくつかの部分に分けて、途中までの計算結果を表示する作業セルを用意するとよいでしょう。途中までの結果も確認できる、各数式が読みやすい程度に短くなる、などといったメリットがあります。

ただし、**途中結果は表本来の意図とは異なるデータですので、表示させたままでは不適切なケースも多いという欠点もあります**。文字色を白くする、作業セルを印刷領域の外に置く、作業セルの列を非表示にするなどの対処が一般的ですが、作業セルの位置がわからなくなってメンテナンスがしにくくなる可能性もあるので、使いどころには注意すべきでしょう。

確認用の数式の結果を本来の数式に取り込む

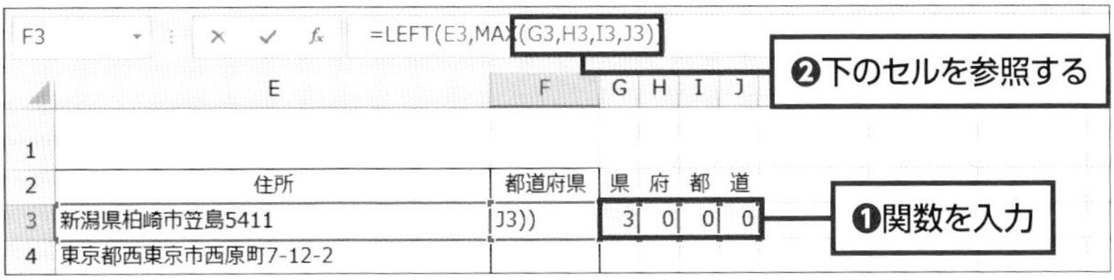

前ページでセルF3に入っていたもとの式を置き換えた「IFERROR(FIND("県",E3),0)」「IFERROR(FIND("府",E3),0)」「IFERROR(FIND("都",E3),0)」「IFERROR("道",E3),0)」をそれぞれセルG3、H3、I3、J3に入力（❶）。これをセルF3の式より参照する（❷）

本来の数式が短くわかりやすくなる

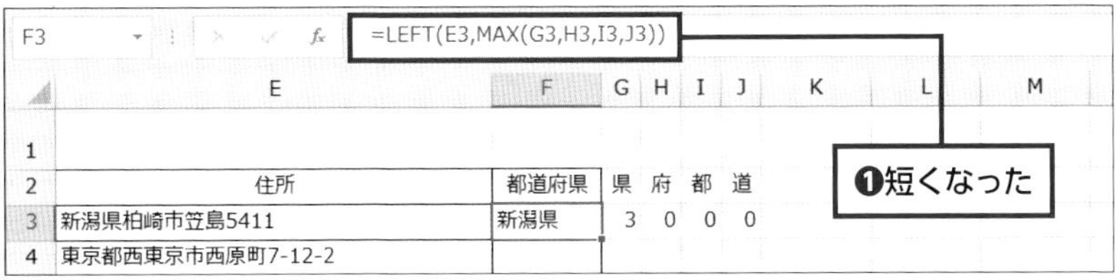

本来の数式が、ひと目で何をしているのかがわかる程度に短くなった（❶）

セルG3からJ3までは作業セルです。もし削除すると、セルF3にはエラーが表示されてしまいます。

COLUMN

改行やインデントで関数を見やすくできる？

エクセルのマクロでは、コードの中に改行やインデントを入れることで可読性を上げるテクニックがよく使われ、むしろ必須のテクニックとされています。実は、関数でも改行やインデントは限定的ではありますが、使うことができます。

たとえば、「=IF(OR(WEEKDAY(A7)=1,WEEKDAY(A7)=7,COUNTIF($G$2:$G$6,A7)=1)," ",NETWORKDAYS($A$7,A7,$G$2:$G$6))」という複雑な数式は以下のように書き換えることができます。

ちなみに、数式バーの中にカーソルが表示された状態で改行するには、Alt+Enterを押します。

```
=IF(
    OR(
        WEEKDAY(A7)=1,
        WEEKDAY(A7)=7,
        COUNTIF($G$2:$G$6,A7)=1
       ),
    "",
    NETWORKDAYS($A$7,A7,$G$2:$G$6)
    )
```

関数名と前カッコの間は改行や空白を入れず、関数名の途中では改行しないというルールを守れば、意外と自由に書き換えられます。特に複数の引数を取る関数や、面倒な入れ子になった数式では、かなり見通しがよくなります。ただし、エクセルのVBAなどプログラミング言語の多くで使えるTabによるインデントは、エクセルの関数では使えません。関数の中にTAB記号が含まれていると、エラーが生じて処理できません。

どんなときにも推奨できる方法ではありませんし、そもそも数式バーの中での数式編集自体が面倒ですが、いくつもの関数を1つの数式にまとめたいときは検討してもいいでしょう。テキストエディタで編集した数式をエクセルにコピー&ペーストするのがおすすめです。

8-02
時短
20
分

住所をGoogleマップで簡単に表示したい

KEYWORD HYPERLINK 関数

住所録に登録した住所をGoogleマップで表示したいとき、いちいち住所をコピーして検索していては面倒です。URLのリンク機能を使って、もっと素早く検索できるように設定してみましょう。

HYPERLINK関数をセルの値と組み合わせる

エクセルでセルにWebページのURLを入力すると、文字列の長いURLがそのまま表示され、見た目が崩れます。また、一見しただけでは、どのページにリンクされているのかがわかりにくい、という問題も起こります。

そういった問題を解決するには、セルに何らかの文字列を入力したあと、[挿入] タブの [リンク] グループで [リンク] → [リンクを挿入] をクリックして、文字列にURLへのリンクを設定します。しかし、セルごとに操作しなければならず、かなり面倒です。

そこで使ってみたいのがHYPERLINK関数です。

関数書式

=HYPERLINK(リンク先, [別名])

「リンク先」にはURL、「別名」にはセルに表示したい文字列を指定します。

● HYPERLINK関数を記述する

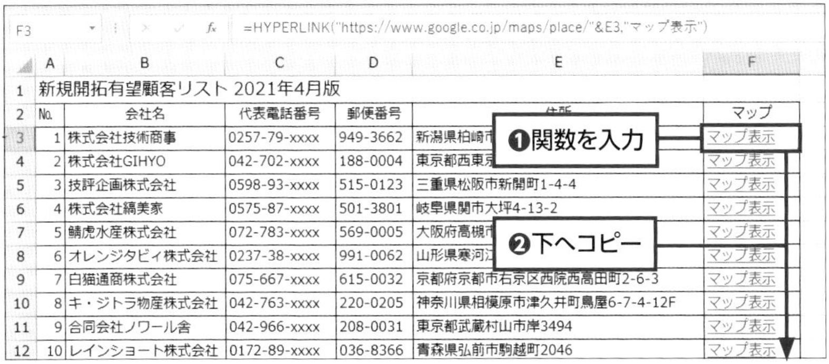

「=HYPERLINK("https://www.google.co.jp/maps/place/"&E3, "マップ表示")」と入力（❶）。下のセルにもコピーしておく（❷）

セルをクリックするとリンク先が表示される

セルをクリックするだけで、Googleマップで住所が検索されて地図が表示される

COLUMN

Wikipediaでの検索結果にリンクする

Googleマップ以外にも、同様の方法で検索結果にリンクできるサイトが多数存在します。たとえば、Wikipediaであれば、前ページの関数で「https://www.google.co.jp/maps/place/」の部分を「http://ja.wikipedia.org/wiki/Special:Search?search=」と変更すれば、キーワードをWikipediaでの検索結果のページを表示できます。また、「http://www.amazon.co.jp/gp/search?ie=UTF8&keywords=」とすれば、Amazon.co.jpでの検索結果を得られます。

これらのURLは、Google Chromeのアドレスバーで検索するときに使われるものです。わざわざWikipediaやAmazon.co.jpのサイトを表示しなくても、WikipediaやAmazon.co.jpで検索できます。

なお、Chrome用の検索URLがすべてが使えるとは言い切れませんが、動作するものが多いと思われます。

Chromeのアドレスバーに「chrome://settings/searchEngines」と入力してEnterを押すと、この画面が表示される。ここに追加できるURLを参考に関数を組み立てるとよい

8-03

時短 10分

ワンクリックで特定のセルに瞬間移動する

KEYWORD HYPERLINK関数

縦横に大きな表では、目的のセルを表示するのに時間がかかってしまうことがあります。どのセルを表示したいかがあらかじめわかっていれば、ジャンプするリンクを作ると便利です。

大きな表に「しおり」を作る

行数が多い表でスクロールするには、マウスホイールを回すのではなく、ショートカットキーを使うと便利です。ただ、右にもスクロールしなければならないときや、巨大な表のあちこちにジャンプする必要があるときは、ショートカットキーを使っても面倒です。

そこで、ジャンプするセルにリンクを張っておき、クリックするだけでアクティブセルを移動する方法を試してみましょう。ここではHYPERLINK関数を使います。

関数書式

```
=HYPERLINK(リンク先, [別名] )
```

「リンク先」にはセル参照を入力します。たとえば、セルA3にジャンプしたいなら「"#A3"」とします。ほかのシートであれば、「"#シート名!A3"」のように書きます。同じフォルダーに保存されている、ほかのブックにジャンプしたい場合は「"[2021年2月.xlsx]Sheet1!A3"」のようにします。

同じシートのセルへのリンクを設定する

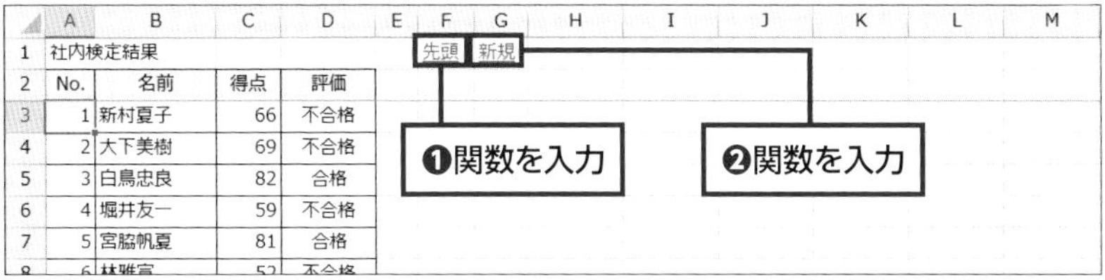

セルA3に戻るためのリンクを「=HYPERLINK("#A3", "先頭")」と入力（❶）。隣のセルに最新行にジャンプするための関数「=HYPERLINK("#A"&COUNTA(B:B)+2, "新規")」を入力したら（❷）、「新規」をクリックしてみよう。なお、上の2行は［ウィンドウ枠の固定］でスクロールしないように固定してある

● データの入っている最終行にジャンプした

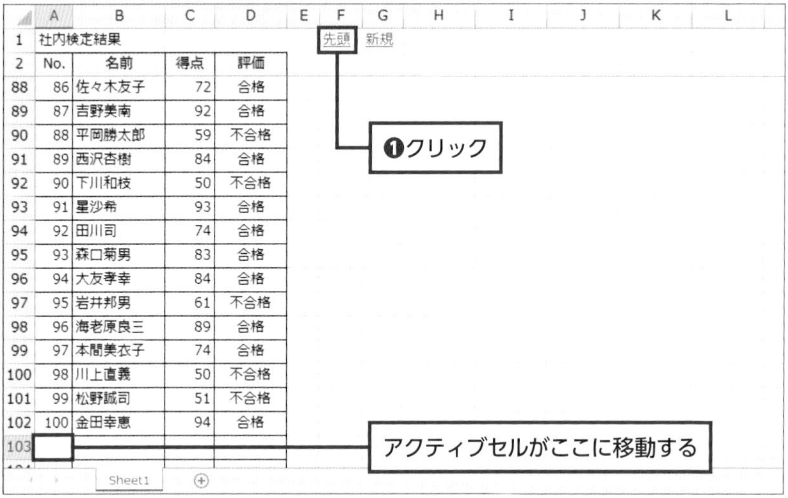

	A	B	C	D	E	F	G
1	社内検定結果					先頭	新規
2	No.	名前	得点	評価			
88	86	佐々木友子	72	合格			
89	87	吉野美南	92	合格			
90	88	平岡勝太郎	59	不合格			
91	89	西沢杏樹	84	合格			
92	90	下川和枝	50	不合格			
93	91	星沙希	93	合格			
94	92	田川司	74	合格			
95	93	森口菊男	83	合格			
96	94	大友孝幸	84	合格			
97	95	岩井邦男	61	不合格			
98	96	海老原良三	89	合格			
99	97	本間美衣子	74	合格			
100	98	川上直義	50	不合格			
101	99	松野誠司	51	不合格			
102	100	金田幸恵	94	合格			
103							

最新行にジャンプできた。上の「先頭」をクリックすると（❶）、前の画面に戻ることができる

「新規」の関数は、COUNTA関数を用いています。**COUNTA関数は空白以外のセルを数える**ので、「COUNTA(B:B)」で列Bにデータがいくつ入っているかがわかります（見出しも含まれます）。あとは、適切な場所にジャンプできるように「+2」で微調整しています。

ATTENTION

「シート名」に半角スペースなどが入っていると正しくジャンプできません。その場合は、シート名をシングルクォーテーションでくるんで「"#'シート名'A3"」のようにします。

POINT

住所録やカレンダーのように、特に切れ目がないデータであれば、ここで紹介した方法でのジャンプが適しています。一方、数行ごとにグループになっている場合は、グループ化の機能を使って必要なデータのみを表示するようにしたほうが便利な場合も考えられます。ケースバイケースで適切な手法を選択しましょう。

8-04 サンプルの数値データを生成したい！

時短 10分

KEYWORD RANDBETWEEN関数、NORM.INV関数

サンプルのダミーデータが欲しいとき、いちいちキーボードを叩いていては手間がかかり、文字や数値の出現頻度に偏りが出てきがちです。データのサンプルが必要なら、関数で求めてみましょう。

関数でランダムな整数を作成する

RANDBETWEEN関数は「最小値」と「最大値」の間の整数をランダムに発生させます。また、正の小数をランダムに生成したい場合は、RAND関数を使います。RAND関数は引数不要で、0から1までの小数を返します。

関数書式

=RANDBETWEEN(最小値, 最大値)

=RAND( )

では、これら2つの関数を使って年齢、身長、性別をランダムに生成したサンプルデータを作ってみましょう。年齢は20から80、身長は140から185、性別は男または女とします。

ランダムな値の名簿を作成する

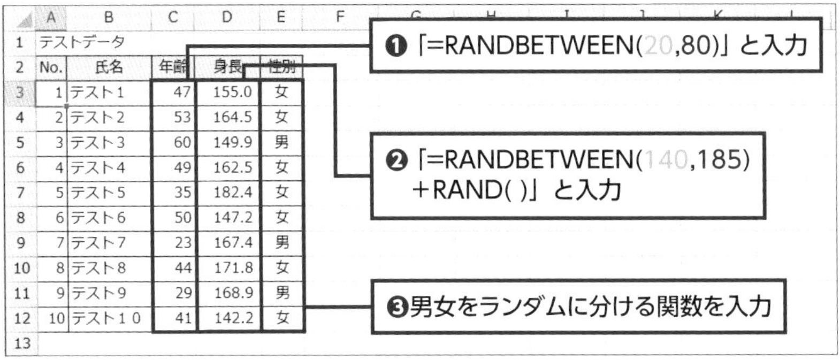

年齢の列には20から80までの整数をランダムに出力するように関数を設定（❶）。同様に、身長は整数部分をRANDBETWEEN関数で、小数部分をRAND関数で算出して、単純に加えている（❷）。セルの書式を小数第1位までとしておくとよい。性別は「=IF(RANDBETWEEN(1,2)=1,"男","女")」として、RANDBETWEEN関数の返り値が1なら「男」、2なら「女」を表示する（❸）

なお、ここでは性別と名前の整合性を考えていないため、名前らしくない文字列を名前に設定しています。実際には、データ作成後に男性と女性に分け、名前をまとめて入力して順序を復元するといいでしょう。

POINT

RANDBETWEEN関数もRAND関数も、シートのどこかのセルで値を編集すると、再計算が行われて値が変化します。もしランダムな値を求める作業が終わったら、関数の入ったセルをコピーし、Ctrl+Alt+Vを押すなどして値のみをペーストすれば、それ以降、値が変化することはなくなります。

ここまでの方法でテストデータとして問題なければいいのですが、「あまりにもランダムすぎる」と感じるかもしれません。

RANDBETWEEN関数は第1引数と第2引数の間の数を完全にランダムに生成します。そのため、大量のダミーデータを作成した場合、平均値近くの値が少なく、違和感が出てくる場合があります。統計処理をすると、なおさら作り物っぽくなっていまいます。

そういう場合は、**正規分布するようにランダムな数値を生成する関数を考えます。使うのはRAND関数とNORM.INV関数です**。

関数書式

```
=NORM.INV(確率, 平均, 標準偏差)
```

「確率」は0より大きく、1未満の数値を取ります。もし0.7であれば、下位から70%の場所（上位から30%の場所）の値を返します。「平均」と「標準偏差」は言葉のままの意味です。

第1引数にRAND関数で0から1までの値をランダムに与え、データの平均値と標準偏差を第2引数と第3引数にそれぞれ与えて、十分な回数の計算を行えば、返り値が正規分布します。

ここでは40代、女性に限定して、年齢と身長のランダムなデータを作成してみます。年齢は40から49までを完全にランダムに求めますが、身長は2019年の国立健康・栄養研究所のデータをもとに、平均158.1、標準偏差5.4として計算します。

40代、女性の身長を正規分布するように生成する

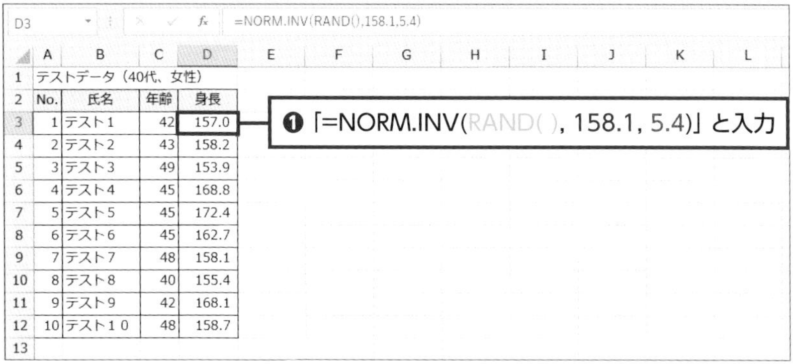

D3 =NORM.INV(RAND(),158.1,5.4)

	A	B	C	D
1	テストデータ（40代、女性）			
2	No.	氏名	年齢	身長
3	1	テスト1	42	157.0
4	2	テスト2	43	158.2
5	3	テスト3	49	153.9
6	4	テスト4	45	168.8
7	5	テスト5	45	172.4
8	6	テスト6	45	162.7
9	7	テスト7	48	158.1
10	8	テスト8	40	155.4
11	9	テスト9	42	168.1
12	10	テスト10	48	158.7
13				

「=NORM.INV(RAND( ), 158.1, 5.4)」と入力すると（❶）、正規分布したランダムな身長を求めることができる

POINT

ちゃんと正規分布しているかどうかは、数百個程度のランダムなデータを生成してグラフを作ってみるとわかります。

COLUMN
名前や電話番号などのダミーデータを作成する

ダミーデータを使った書類を作成したいときに便利なのが、ダミーの個人情報を生成するサービスです。いくつか公開されているので、必要なダミーデータを作れるサービスを選ぶといいでしょう。

「疑似個人情報生成」（http://hogehoge.tk/personal/generator/）は、それらしい住所や電話番号のダミーデータを作成できる

8-05 行や列を削除しても連続番号を振り直さない

時短 05 分

KEYWORD ROW 関数、COLUMN 関数

連続した番号を列方向に振った表で、行を追加・削除すると、番号がずれてしまうことがあります。番号の振り直しは、表が大きくなればなるほど手間がかかるので、関数で確実に処理するようにします。

セル番号を取得して表示する

通し番号を必ず連番で表示したい表では、途中の行に追加・削除が発生すると、番号を振り直す必要が出てきます。オートフィルを使えばいいのですが、追加・削除する度にオートフィルの操作を実行するのは面倒です。関数を使って、メンテナンスの手間を減らしましょう。

使用するのは、**行番号を取得するROW関数**です。ちなみに、列番号を取得するにはCOLUMN関数を使いますが、書式は同じです。

関数書式

```
=ROW( [範囲] )
```

「範囲」にセル参照を入力すると、そのセルの行番号を返します。省略すると、ROW関数が入力されたセルの行番号を返します。ここで解説している用途に用いる場合は、引数を省略します。

● ROW関数で通し番号を算出する

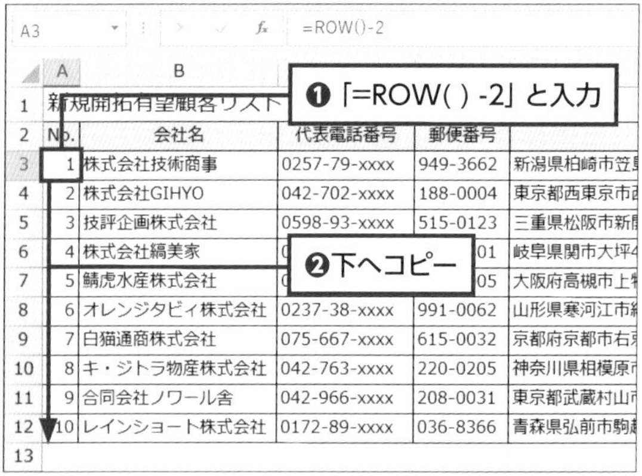

	A	B			
1	新規開拓有望顧客リスト				
2	No.	会社名	代表電話番号	郵便番号	
3	1	株式会社技術商事	0257-79-xxxx	949-3662	新潟県柏崎市笠
4	2	株式会社GIHYO	042-702-xxxx	188-0004	東京都西東京市
5	3	技評企画株式会社	0598-93-xxxx	515-0123	三重県松阪市新
6	4	株式会社縞美家	0	01	岐阜県関市大坪4
7	5	鯖虎水産株式会社	0	05	大阪府高槻市上
8	6	オレンジタビィ株式会社	0237-38-xxxx	991-0062	山形県寒河江市
9	7	白猫通商株式会社	075-667-xxxx	615-0032	京都府京都市右
10	8	キ・ジトラ物産株式会社	042-763-xxxx	220-0205	神奈川県相模原
11	9	合同会社ノワール舎	042-966-xxxx	208-0031	東京都武蔵村山
12	10	レインショート株式会社	0172-89-xxxx	036-8366	青森県弘前市駒
13					

セルA3に「=ROW( )」を入力すると「3」が返ってくるので、「=ROW( ) -2」としておく（❶）。あとは下までコピーしておけば（❷）、追加・削除しても一瞬で通し番号が正しく表示される。なお、セルA3に「=ROW(A1)」と入力しても正しく表示されるように思えるが、行を追加・削除するとエラーが生じる

8-06

時短 05分

1〜10までの数字を重複なくランダムに並べる

KEYWORD RAND関数、RANK.EQ関数

重複なく数字をランダムに並べたいとき、RANDBETWEEN関数では重複する可能性があるので不適切です。簡単かつ確実に行う方法はないでしょうか。

乱数を発生させて順位を計算する

1から10までの数字を単純にランダムに並べたいだけであれば、乱数を生成するRANDBETWEEN関数を使えばいいでしょう。ただし、この関数はその都度、乱数を生成するため、重複する可能性があります。

重複を避けるには、生成した乱数を直接使うのではなく、乱数に順位を付ければ重複の可能性はほとんどなくなります。その場合、順位を求めるにはRANK.EQ関数、乱数の生成にはRAND関数を利用します。

関数書式

=RANK.EQ(数値, 参照, [順序])

「参照」で指定した範囲の中で「数値」が何番目かを返します。「順序」に0を指定するか省略すると降順（大きいほうからカウント）、0以外の数値を指定すると昇順（小さいほうからカウント）で順番を数えます。

乱数を生成して順位を求める

C2 =RANK.EQ(B2,$B$2:$B$11,0)

	A	B	C
1	名前	乱数	順番
2	笠井美和子	0.7526211	4
3	相馬朱音	0.1445315	9
4	河井貞次	0.3303718	8
5	吉川芳人	0.9183836	2
6	平本時雄	0.7142674	5
7	堀田浩次	0.0329574	10
8	秋葉楓花	0.4185333	7
9	中嶋久美子	0.9309847	1
10	細井奈保美	0.6005672	6
11	川端仁	0.8556331	3
12			

❶「=RAND( )」と入力

❷「=RANK.EQ(B2, $B$2:$B$11, 0)」と入力して下へコピー

［乱数］列はRAND関数で乱数を発生させ（❶）、［順序］列で順番を求める（❷）。なお、RANK.EQ関数の第1引数にRAND関数をそのまま書いても動きそうだが、実際にはエラーが生じる

8-07 時短10分

同じデータは入力禁止にする

KEYWORD COUNTIF関数、入力規則

データ入力時に重複を避けたいとき、あとからまとめてチェックするより、入力時にアラートが表示されるほうが時間が無駄になりません。関数と入力規則を組み合わせて、重複入力を避ける方法を紹介します。

[データの入力規則] 機能と関数を組み合わせる

有効なデータベースを作るうえで、どうしても避けたいのがデータの重複です。すでに入力が終わっているデータなら、エクセルの［重複の削除］機能を使うべきですが、これから入力するなら入力時に重複がわかったほうがずっと効率的です。

入力時に重複チェックを行うには、［データの入力規則］機能とCOUNTIF関数を利用します。値を入力してEnterを押したときにデータのチェックが行われるので、そのときにCOUNTIF関数で作成した「入力した値は選択範囲内で1つのみ存在する」という条件を満たせばよし、満たさなければエラーを表示して確定させない、という方法を採ります。

● 数式で入力規則を設定する

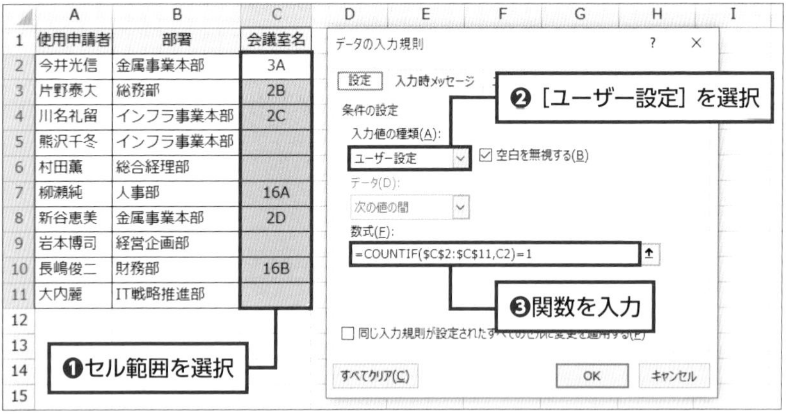

まず入力規則を設定したいセル範囲を選択し（❶）、［データ］タブの［データツール］グループで［データの入力規則］→［データの入力規則］をクリック。［データの入力規則］ダイアログが表示されたら、［設定］タブの［入力値の種類］で［ユーザー設定］を選択（❷）。［数式］に「=COUNTIF($C$2:$C$11, C2)=1」と入力（❸）

エラーメッセージを設定

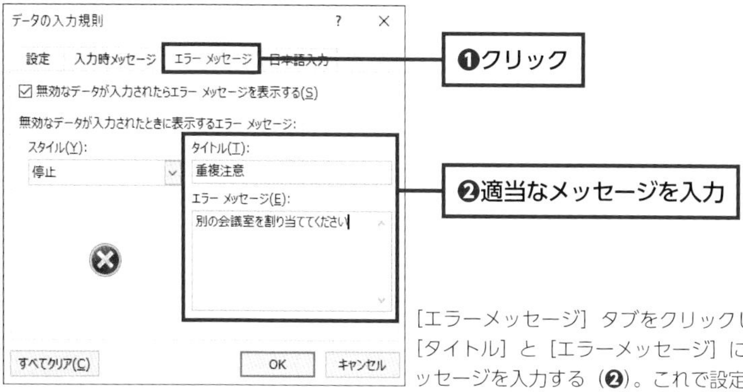

［エラーメッセージ］タブをクリックして（❶）、［タイトル］と［エラーメッセージ］に適当にメッセージを入力する（❷）。これで設定は完了だ

重複した値を入力してみる

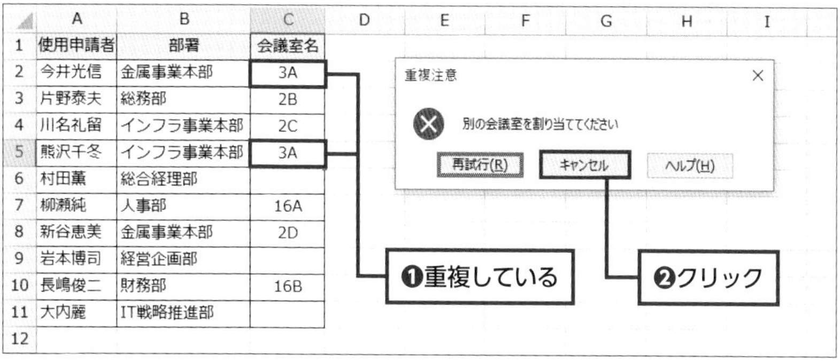

セルC2と同じ値をセルC5にも入力しようとすると（❶）、先ほど設定したメッセージが表示され、入力値を確定できない。［キャンセル］をクリックするしかない（❷）。なお、［再試行］をクリックすると、入力データはそのままで、そのセルの編集状態に戻る

ATTENTION

ここで使用した［データの入力規則］機能は万能ではありません。値のチェック時に、英字の大文字と小文字は同じ文字とされる反面、英数字の全角文字と半角文字は異なる文字とされます。

さらに、セルにキーボードから入力する際はチェックされますが、ほかのセルなどからコピーした値をペーストする際はチェックされません。実務で利用するなら、入力時の規則だけでなく、入力後の重複チェックも必要でしょう。

引退までに2000万円貯めるために運用成績の目標を求める

KEYWORD PMT関数、ゴールシーク

「年金以外の老後の資金として、約2000万円が必要だ」という金融庁の報告書が話題になったことがありました。もし投資に回せる金額が決まっていれば、どのくらいの利回りを目指すべきでしょうか。

投資期間と目標額を決めれば、利回りの目標がわかる

投資をどう生活に取り入れていくかは、さまざまな要素によって、最適な選択が変わってきます。ここでは、まず目標となる金額を決めて、利回りを固定したときにいくらずつ毎月積み立てていけばいいのかを考えます。これは投資を預金だけで行う場合にも、使える考え方です。

使用するのはPMT関数です。本来、ローンで何かを購入したとき、元利均等返済方式で返済する場合の1回ごとの支払額を算出するための関数ですが、ここでは逆に積立金額の計算に用いています。

関数書式

```
=PMT(利率, 期間, 現在価値, [将来価値] , [支払期日] )
```

「利率」は返済完了までにかかる利率を入れますが、毎月かかると考えるので、年利を12で割ります。**「期間」は返済までの支払回数の合計が入ります**。ここでは、毎月の支払額を算出したいので、年を12倍しています。**「現在価値」は借入額**のことです。**「将来価値」は「期間」が満了したときに残る金額**を設定します。「現在価値」と「将来価値」を加えた金額を「期間」中に支払うことになります。**「支払期日」は、0または省略すると各期の期末、1なら各期の期首に支払いを行います**。期末の支払いより期首の支払いのほうが、利率が0ではない場合、若干毎月の支払金額が減ります。

では、PMT関数を積み立てに活用してみましょう。「利率」には投資商品の利回り、「期間」は積立期間、「現在価値」は現在手元にある金額、「将来価値」は積み立ての目標金額です。「支払期日」は投資では重要ではないので、ここでは省略します。

条件を入力して毎月の積立額を算出する

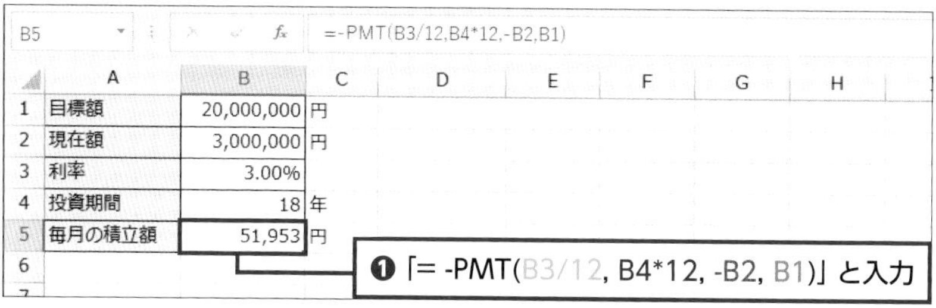

積み立ての目標金額、現在手元にある金額、購入する投資商品の利率、投資できる期間を入力してPMT関数を入力すると、毎月の積立額が表示された（❶）

今回は、貯めたい金額は「将来価値」マイナス「現在価値」なので、「現在価値」の前にマイナスが付いていることに注意してください。

さて、この計算の結果から、手元資金が300万円のとき、もし18年間利回りがまったく変化しない投資商品があったとすれば、月額5万円強を投資に回すと2000万円になります。

しかし、月額3万円しか投資できない場合はどうすればいいでしょうか。投資信託では3%を超える利回りの商品がたくさんあるので、リスクを取って投資するという方法が考えられます。どのくらいのリスクを取ればいいかを「ゴールシーク」という機能を使って考えてみます。

ここでは、毎月の積立額を3万円に固定し、利率がいくらなら目標額と現在額、投資期間を変更しないで済むかをゴールシークで計算します。

ゴールシークに必要な情報を入力する

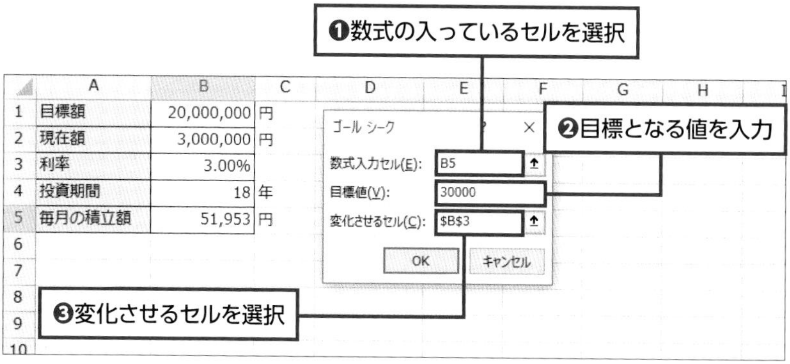

［データ］タブの［予測］グループで［What-If分析］から［ゴールシーク］をクリック。すると、［ゴールシーク］ダイアログが表示されるので、［数式入力セル］でセルB5を選択（❶）、［目標値］に「30000」と入力する（❷）。［変化させるセル］は利率の入っているセルB3を選択する（❸）

利率が算出された

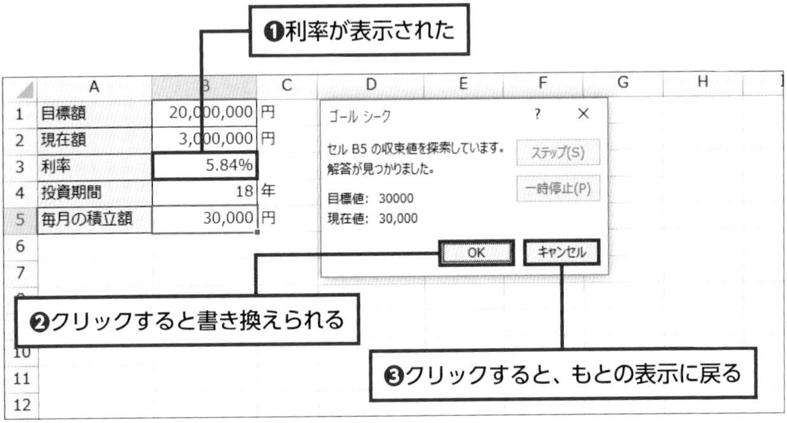

計算できたら利率が表示される（❶）。[OK] をクリックすると、計算した前提の数値に置き換えられる（❷）。もとに戻したいときは［キャンセル］をクリックする（❸）

これで、購入すべき商品の利回りがわかりました。5.84%以上の利回りの商品を購入して毎月3万円ずつ投資すれば、18年で2000万円貯まることになります。

POINT

PMT関数を使えば、銀行の口座に毎月積み立てたときの将来の積立額を利率を含めて求めることができます。しかし、やってみればわかりますが、普通預金や定期預金の利息は計算してもほとんど意味のない金額にしかなりません。逆に、投資信託など数%以上の利回りが期待できる商品では、計算すると夢が持てるかもしれません。

ATTENTION

投資商品の利回りはいろいろで、10年以上運用し続ける前提の商品ばかりではありません。実際にこういった計算を活用したい場合は、もっと多くの商品を組み合わせる前提で計算すると、より確実でしょう。

8-09

時短 10 分

1つの計算式で複数のセルに一気に入力する

KEYWORD 配列数式、スピル

参照するセルを1つずつずらしながら、同じ数式を何度も入力しなければならないとき、配列数式を使えば修正が劇的に簡単になります。また、後継機能であるスピルはさらに便利です。

配列を理解して繰り返し作業を減らす

まず、次の画像を見てください。各列は当該の日付における商品の名前と単価、売上数を表しています。行ごとに売上金額を求めたいとき、セルE2に「=C2*D2」と入力し、オートフィルでセルE13まで数式をコピーする人が大半でしょう。

●同じ数式を複数のセルに入力する

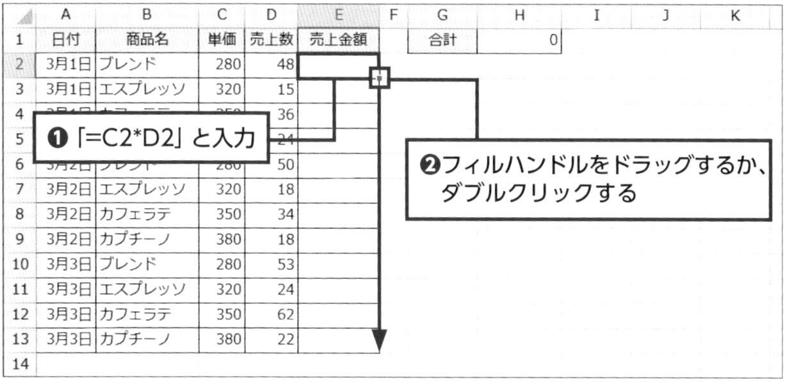

	A	B	C	D	E	F	G	H
1	日付	商品名	単価	売上数	売上金額		合計	0
2	3月1日	ブレンド	280	48				
3	3月1日	エスプレッソ	320	15				
4				36				
5				24				
6				50				
7	3月2日	エスプレッソ	320	18				
8	3月2日	カフェラテ	350	34				
9	3月2日	カプチーノ	380	18				
10	3月3日	ブレンド	280	53				
11	3月3日	エスプレッソ	320	24				
12	3月3日	カフェラテ	350	62				
13	3月3日	カプチーノ	380	22				
14								

列Cと列Dの各セルの値を掛けて、その積を列Eに表示したいとき、セルE2に「=C2*D2」と入力（❶）。セルE2右下のフィルハンドルを下にドラッグするか、ダブルクリックすれば（❷）、数式を簡単にコピーできる

これで正しい値が表示されるのですが、表が大きくなるとドラッグで数式をコピーするのは手間がかかります。また、うっかり途中のセルで数式を削除・変更してしまうなどのミスを防ぐのが難しくなります。

そこで試してみたいのが配列数式です。**本来、1つしか数式が入らないセルにまとめて複数の数式を入力し、その結果を複数のセルに表示する機能を持ちます。**

配列数式でセル範囲同士の掛け算を行う

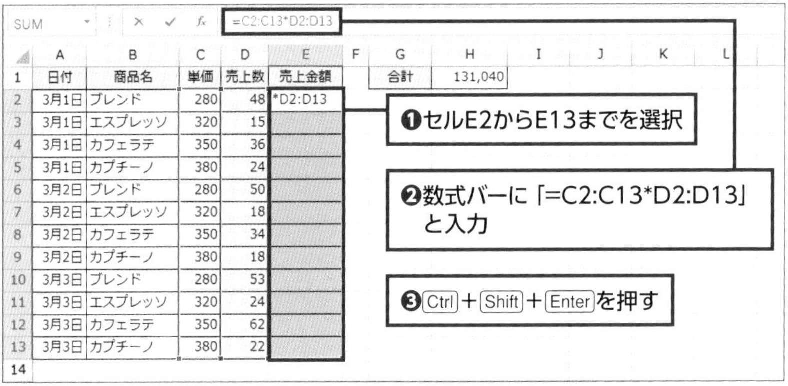

	A	B	C	D	E	F	G	H
1	日付	商品名	単価	売上数	売上金額		合計	131,040
2	3月1日	ブレンド	280	48	*D2:D13			
3	3月1日	エスプレッソ	320	15				
4	3月1日	カフェラテ	350	36				
5	3月1日	カプチーノ	380	24				
6	3月2日	ブレンド	280	50				
7	3月2日	エスプレッソ	320	18				
8	3月2日	カフェラテ	350	34				
9	3月2日	カプチーノ	380	18				
10	3月3日	ブレンド	280	53				
11	3月3日	エスプレッソ	320	24				
12	3月3日	カフェラテ	350	62				
13	3月3日	カプチーノ	380	22				
14								

まず配列数式を入力したいセル範囲を選択（❶）。数式バーをクリックして数式を入力し（❷）、Ctrl+Shiftを押しながらEnterを押す（❸）

配列数式が入力できて値が表示される

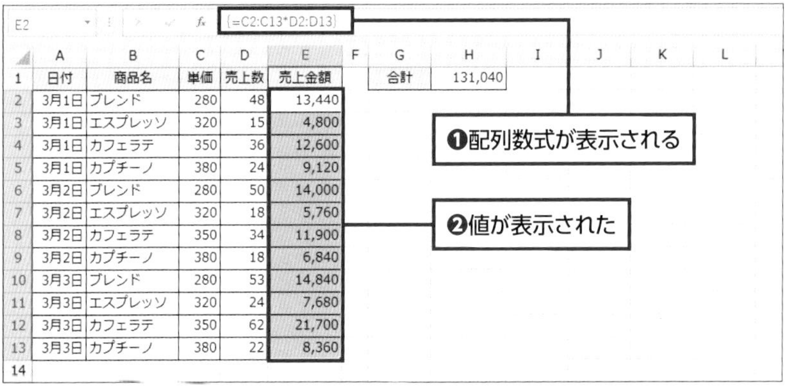

	A	B	C	D	E	F	G	H
1	日付	商品名	単価	売上数	売上金額		合計	131,040
2	3月1日	ブレンド	280	48	13,440			
3	3月1日	エスプレッソ	320	15	4,800			
4	3月1日	カフェラテ	350	36	12,600			
5	3月1日	カプチーノ	380	24	9,120			
6	3月2日	ブレンド	280	50	14,000			
7	3月2日	エスプレッソ	320	18	5,760			
8	3月2日	カフェラテ	350	34	11,900			
9	3月2日	カプチーノ	380	18	6,840			
10	3月3日	ブレンド	280	53	14,840			
11	3月3日	エスプレッソ	320	24	7,680			
12	3月3日	カフェラテ	350	62	21,700			
13	3月3日	カプチーノ	380	22	8,360			
14								

数式バーには「{=C2:C13*D2:D13}」と表示され（❶）、セルE2からE13まで値が表示された（❷）

配列数式が通常の数式と異なるのは、セルE2からE13まで、すべてのセルに「{=C2:C13*D2:D13}」という数式が表示されることです。また、どこか1つのセルだけ数式を削除・変更するということはできません。変更しようとすると、「配列の一部を変更することはできません」というダイアログが表示されて、変更前の状態に戻ってしまいます。

また、関数との組み合わせも可能です。列Cと列Dの積を合計したいとき、いちいち列Eに値を表示してSUM関数などで合計するのではなく、配列数式を引数に取れば1つの式で間に合います。

配列数式を関数の引数にする

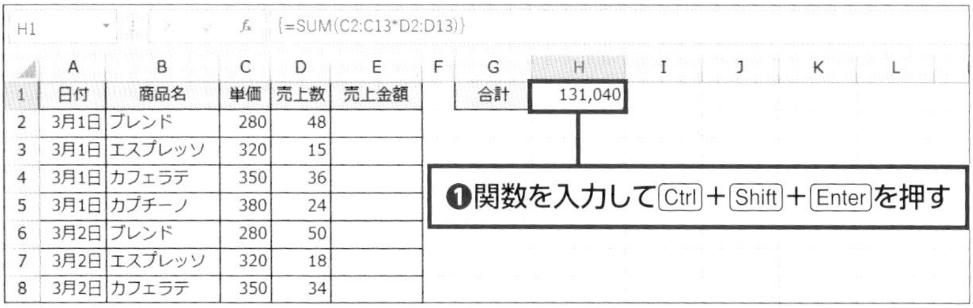

H1 | {=SUM(C2:C13*D2:D13)}

	A	B	C	D	E	F	G	H	I	J	K	L
1	日付	商品名	単価	売上数	売上金額		合計	131,040				
2	3月1日	ブレンド	280	48								
3	3月1日	エスプレッソ	320	15								
4	3月1日	カフェラテ	350	36								
5	3月1日	カプチーノ	380	24								
6	3月2日	ブレンド	280	50								
7	3月2日	エスプレッソ	320	18								
8	3月2日	カフェラテ	350	34								

「=SUM(C2:C13*D2:D13)」と入力して、Ctrl＋Shift＋Enterを押すと（❶）、C2*D2、C3*D3……C13*D13の合計が計算できる

さらに便利なスピルを活用する

配列数式はうまく使えば便利ですが、入力前に数式が入るセル範囲を正しく選択しなければなりません。また、入力した範囲全体に同じ数式が表示されるため、ブックを作成した人以外にはわかりづらいという欠点があります。さらに、配列数式に含まれる範囲に行・列を追加することも不可能です。

これに対して、Microsoft 365のExcelで追加されたスピルでは、事前にセル範囲を選択することなく、同様のことを実現可能です。行を追加して範囲を広げても、前後のセルと同じ計算ができます。さらに、**スピルで数式が埋められているセル範囲は、ドロップシャドウが薄く表示される**ため、わかりやすくなっています。

スピルでセル範囲同士の掛け算を行う

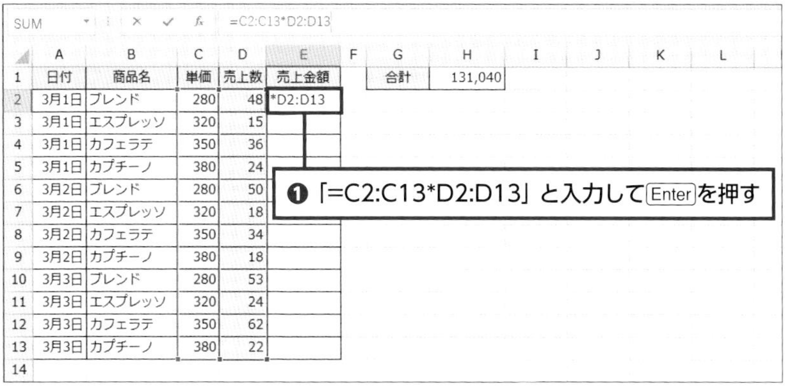

SUM | =C2:C13*D2:D13

	A	B	C	D	E	F	G	H	I	J	K	L
1	日付	商品名	単価	売上数	売上金額		合計	131,040				
2	3月1日	ブレンド	280	48	*D2:D13							
3	3月1日	エスプレッソ	320	15								
4	3月1日	カフェラテ	350	36								
5	3月1日	カプチーノ	380	24								
6	3月2日	ブレンド	280	50								
7	3月2日	エスプレッソ	320	18								
8	3月2日	カフェラテ	350	34								
9	3月2日	カプチーノ	380	18								
10	3月3日	ブレンド	280	53								
11	3月3日	エスプレッソ	320	24								
12	3月3日	カフェラテ	350	62								
13	3月3日	カプチーノ	380	22								
14												

事前にセル範囲を指定することなく、セルE2に数式を入力すして Enter を押す（❶）

数式が入力できて値が表示される

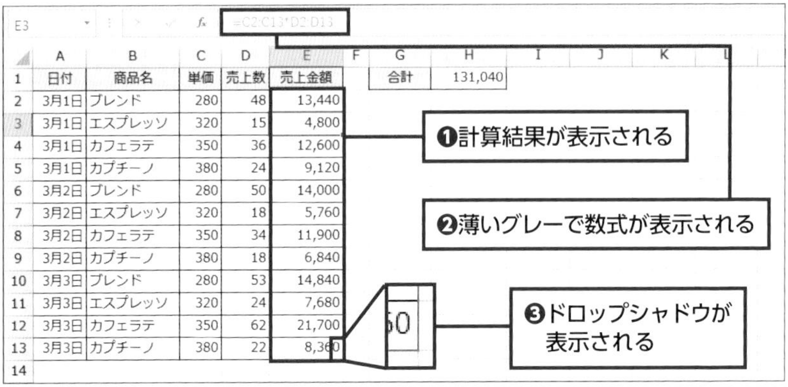

計算結果の値が表示される（❶）。直接数式を入力したセル以外を選択すると、数式バーの中の数式が薄いグレーで表示されるので（❷）、どのセルに数式を入力したかがわかりやすい。また、スピルで数式が埋められた範囲のセルを選択すると、ドロップシャドウが表示される（❸）

関数の引数としてスピルを用いる

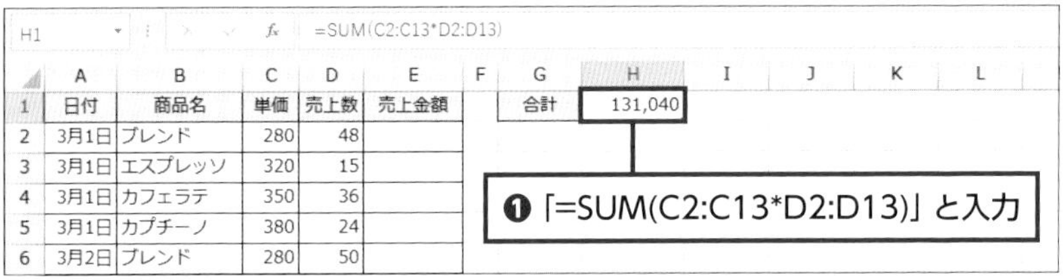

列Cと列Dをそれぞれ掛け算して、すべて合計した値を求めたいとき、「=SUM(C2:C13*D2:D13)」と入力して、そのままEnterを押す（❶）。すると、計算結果が表示される

スピルで数式や関数を入力する際は、Enterのみ押します。CtrlやShiftを押す必要はありません。

また、スピルには配列数式にない機能もあります。スピルで拡張された範囲をまとめて指定できるのです。

スピルで埋められた範囲を引数に取る

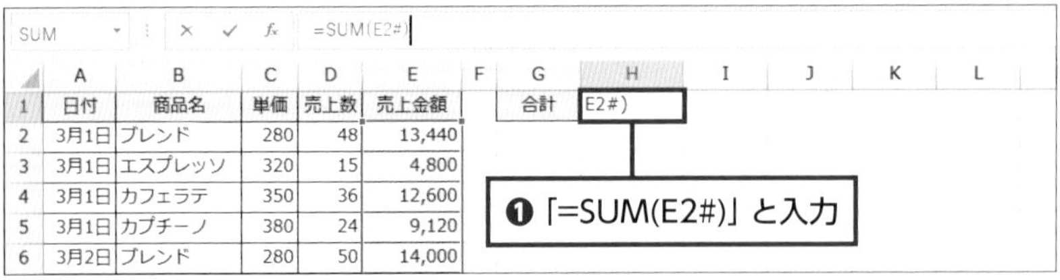

セルH2には、E2からE13の数値の合計を表示したい。その際、「=SUM(E2:E13)」とするのではなく、「=SUM(E2#)」とすると（❶）、セルE2からE13までの範囲を一括して引数に指定できる

8-10

時短 05分

重複なく値を取り出す

KEYWORD UNIQUE関数

データベースを扱ううえで、重複したデータほど嫌なものはありません。入力前なら［データの入力規則］機能が使えますが、入力済みのデータで重複が生じている場合はどうすればよいでしょうか。

UNIQUE関数を利用する

一部のデータを重複して入力してしまった場合、削除するにはエクセルの［重複の削除］機能を使うと便利です。以前のバージョンでは結果がたまに誤っていることがあり、信頼できない機能でしたが、最近ではほぼ問題ないようです。

同様の作業を関数で実行したいときは、UNIQUE関数を利用します。なお、Microsoft 365のExcelのみで使用可能です。

関数書式

=UNIQUE(配列,［列の比較］,［回数指定］)

「配列」にはセル範囲または配列が入ります。「列の比較」は「FALSE」が既定で、縦方向に重複がないかを調べます。「TRUE」なら横方向です。「回数指定」は「FALSE」が既定で、重複なく値を取り出します。「TRUE」にすると、重複のない値のみ取り出します。

重複せずに値を取り出す

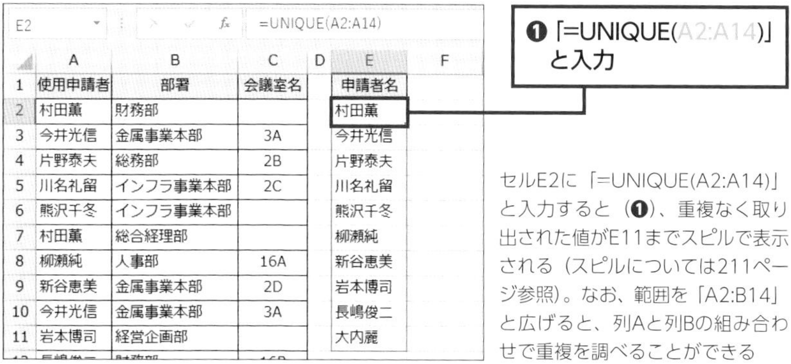

セルE2に「=UNIQUE(A2:A14)」と入力すると（❶）、重複なく取り出された値がE11までスピルで表示される（スピルについては211ページ参照）。なお、範囲を「A2:B14」と広げると、列Aと列Bの組み合わせで重複を調べることができる

関数を使ってデータを順番に並べ替えたい

KEYWORD SORT関数、SORTBY関数

データの順序を一定のルールにしたがって変更したいときは、フィルターと並べ替えの機能を使うことが多いでしょう。しかし、関数ならもっと簡単にできるケースがあります。

SORT関数+スピルで高速並べ替えができる

降順や昇順でデータの順序を変えたいとき、フィルターと並べ替えの機能で実行するより、SORT関数を使うほうが高速かつ便利です。

関数書式

=SORT(配列,［並べ替えインデックス］,［並べ替え順序］,［並べ替え基準］)

「配列」は順序を変えたいセル範囲などを指定します。「並べ替えインデックス」は基準となる列が「配列」で指定したセル範囲の何行目にあたるかを数値で設定します。「並べ替え順序」は昇順なら1、降順なら-1とします。「並べ替え基準」は「FALSE」で行方向、「TRUE」で列方向に並べ替えを実行します。

また、複数の基準で整序するにはSORTBY関数を使います。なお、両方ともMicrosoft 365のExcelのみ対応しています。

● 並べ替えを関数で実行する

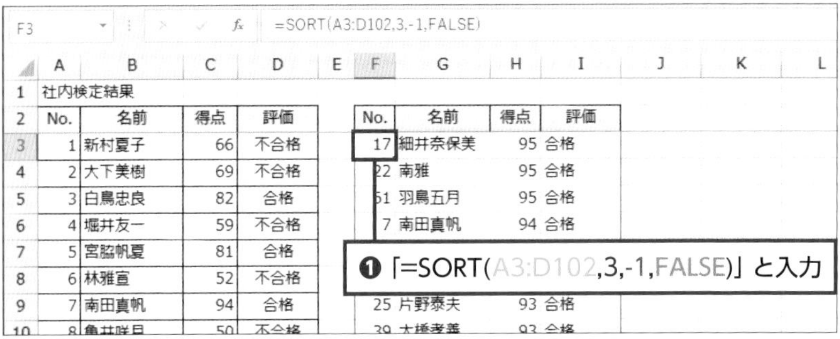

セルF3に「=SORT(A3:D102,3,-1,FALSE)」と入力すると（❶）、「得点」列を基準に降順に並べ替えが実行できる。注目したいのは、SORT関数はスピルに対応しているので、セルF3に関数を入力するだけで整序されたデータが表示されることだ

8-12 エクセルのバージョンごとの互換性を調べる

時短 05 分

KEYWORD 互換性チェック

本書では最新のエクセルでしか動作しない機能についても、積極的に取り上げてきました。もし古いバージョンで動作するかどうかが気になる場合は、ここで紹介するチェックを実行してみてください。

[互換性チェック] を実行して互換性を調べる

バージョンの異なるエクセルで作成したブックでも、たいていの場合は正しく開くことができます。しかし、139ページで紹介したXLOOKUP関数や前節で紹介したスピルのように、大変便利だが古いバージョンでは動作しない関数や機能もあります。また、エクセルと似た機能を持つ、互換アプリでは、新しいバージョンのエクセルで動作する関数などが用意されていないことも考えられるでしょう。

そのため、誰が開くかがわからないブックを配布するときは、**最新機能が使われていないか、エクセルの [互換性チェック] 機能で確認する**といいでしょう。

「互換性チェック」を実行する

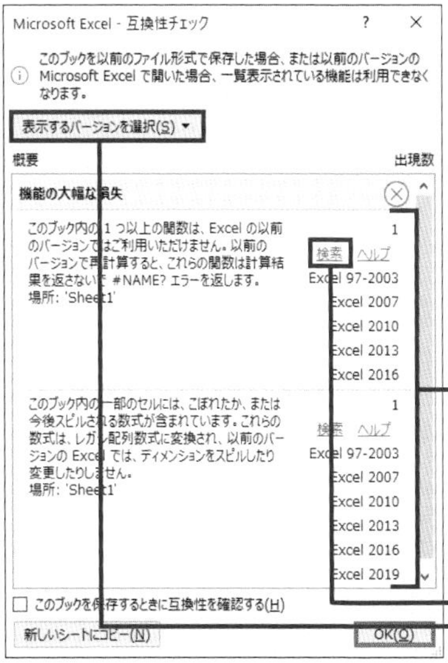

[ファイル] メニューから [情報] をクリックし、[ブックの検査] の左の [問題のチェック] → [互換性チェック] をクリック。すると、そのブックの互換性がチェックされ、新しい機能が使われていれば、その内容が表示される (❶)。[検索] をクリックすると (❷)、その機能が使われているセルにジャンプできる。なお、[表示するバージョンを選択] をクリックして (❸)、バージョンのチェックを外すと確認するバージョンを変更できる

関数一覧表

AND《アンド》(論理式1,［論理式2］,...) P.107
論理式がすべて真なら「TRUE」、それ以外は「FALSE」を返す。

AVERAGE《アベレージ》(数値1,［数値2］,...) P.76
引数として指定した数値の平均（算術平均）を求める。

AVERAGEIF《アベレージ・イフ》(範囲,条件,［平均対象範囲］) P.77
条件に一致するセルの平均（算術平均）を求める。

AVERAGEIFS《アベレージ・イフ・エス》(平均範囲,条件範囲1,条件1,［条件範囲2,条件2］,...) P.77
複数の条件に一致するセルの平均（算術平均）を求める。

CHAR《キャラクター》(数値) P.181
ANSIまたはJISの文字コードを文字に変換する。

CHOOSE《チューズ》(インデックス,値1,［値2］,...) P.66, 102
値のリストから、「インデックス」で指定した位置にあるものを返す。

CLEAN《クリーン》(文字列) P.188
改行やタブなどの制御文字を削除する。

CODE《コード》(文字列) P.181
指定した文字列に対応するANSIまたはJISの文字コードを返す。

COLUMN《カラム》(［参照］) P.120
「参照」で指定したセル（省略した場合は数式を入力したセル）のセル番号を返す。

CONCAT《コンカット》(テキスト1,［テキスト2］,...) P.128
指定した文字列すべてを結合する。引数はセルやセル範囲を指定可能。

COUNT《カウント》(値1,［値2］,...) P.41
数値の個数（または指定した範囲の中で数値を含むセルの数）を求める。

COUNTA《カウント・エー》(値1,［値2］,...) P.197, 198
範囲に含まれる空白ではないセルの数を返す。

COUNTBLANK《カウント・ブランク》(範囲) P.182
範囲に含まれる空白セルの数を返す。

COUNTIF《カウント・イフ》(範囲,検索条件) P.40, 204
範囲の中で、検索条件に一致するセルの数を返す。

COUNTIFS《カウント・イフ・エス》(条件範囲1,検索条件1,[条件範囲2,検索条件2],...) P.42
指定した条件すべてに一致するデータの数を返す。

DATE《デイト》(年,月,日) P.160
指定した年、月、日から日付のシリアル値を返す。

DATEDIF《デイトディフ》(開始日,終了日,単位) P.156
開始日から終了日までの期間（日数・月数・年数）を求める。

DAY《デイ》(シリアル値) P.163
シリアル値に対応する日付の「日」を1～31の整数で返す。

E D A T E《エクスピレーション・デイト》(開始日,月) P.56, 159
開始日から数えて、指定した月数だけ前または後の日付に対応するシリアル値を返す。

EOMONTH《エンド・オブ・マンス》(開始日,月) P.158
開始日から数えて、指定した月数だけ前または後の月の最終日をシリアル値で返す。

EXACT《イグザクト》(文字列1,文字列2) P.179
2つの文字列を比較し、等しければ「TRUE」、異なれば「FALSE」を返す。

FILTER《フィルター》(配列,含む,［空の場合］) P.152
配列または範囲から値を検索し、条件に一致するデータを取り出す。

FIND《ファインド》(検索文字列,対象,［開始位置］) P.176
検索文字列が対象の先頭から何文字目にあるかを調べる。

FLOOR.MATH《フロア・マス》(数値,［基準値］,［モード］) P.84
数値を基準値の倍数に切り下げる。

GEOMEAN《ジオメトリック・ミーン》(数値1,［数値2,...］) P.87
数値の相乗平均を求める。

HARMEAN《ハーモニック・ミーン》(数値1,［数値2,...］) P.86
数値の調和平均を求める。

HLOOKUP《エイチ・ルックアップ》(検索値,範囲,行番号,［検索方法］) P.132
値を横方向に検索し、指定した条件に一致する値を取り出す。

HYPERLINK《ハイパーリンク》(リンク先,［別名］) P.195

ウェブページなどを開くためのハイパーリンクを作成する。

IF《イフ》(論理式,［真の場合］,［偽の場合］) P.94

論理式が真であるか偽であるかによって異なる値を返す。

IFERROR《イフ・エラー》(値,エラーの場合の値) P.109

エラーの場合に、指定した値を表示する。

IFS《イフ・エス》(論理式1,真の場合1,［論理式2,真の場合2］,...) P.99

複数の論理式を順にテストし、最初に真であると判定されたものに対する値を返す。

INDEX《インデックス》(参照,行番号,［列番号］,［領域番号］) P.133

指定した位置にあるセルの値、またはセル参照を返す。

INDIRECT《インダイレクト》(参照文字列,［参照形式］) P.137

指定した文字列と同じ名前が付いた範囲への参照を返す。

INT《イント》(数値) P.78

整数になるように切り捨てた数値を返す。

ISBLANK《イズ・ブランク》(テストの対象) P.182

セルの内容が空白の場合に「TRUE」を返す。

ISERROR《イズ・エラー》(テストの対象) P.110

セルの内容がエラーの場合に「TRUE」を返す。

ISNUMBER《イズ・ナンバー》(テストの対象) P.106

セルの内容が数値の場合に「TRUE」を返す。

ISTEXT《イズ・テキスト》(テストの対象) P.106

セルの内容が文字列の場合に「TRUE」を返す。

LARGE《ラージ》(配列,順位) P.71

配列または範囲から、指定した順位の大きさの値を返す。

LEFT《レフト》(文字列,［文字数］) P.176

文字列の先頭から、指定した数の文字を返す。

LEN《レングス》(文字列) P.175

指定した文字列の文字数を返す。

MATCH《マッチ》(検索値,検索範囲,［照合の種類］) P.135

範囲から値を検索し、見つかったセルの相対的な位置を返す。

MAX《マックス》(数値1,［数値2］,...) P.68

数値の中から最大値を求める。

MAXIFS《マックス・イフ・エス》(最大範囲,条件範囲1,条件1,［条件範囲2,条件2］,...) P.69

指定した範囲から条件に合うデータを検索して最大値を求める。

MEDIAN《メジアン》(数値1,［数値2］,...) P.89

指定した数値の中央値を返す。

MID《ミッド》(文字列,開始位置,文字数) P.174

文字列の中から、指定した開始位置と文字数にしたがって文字を返す。

MIN《ミニマム》(数値1,［数値2］,...) P.68

数値の中から最小値を求める。

MINIFS《ミニマム・イフ・エス》(最小範囲,条件範囲1,条件1,［条件範囲2,条件2］,...) P.69

指定した範囲から条件に合うデータを検索して最小値を求める。

MODE.SNGL《モード・シングル》(数値1,［数値2］,...) P.89

指定した数値から最頻値を求める。

MONTH《マンス》(シリアル値) P.56, 65

シリアル値に対応する日付の「月」を1～12の整数で返す。

MROUND《ラウンド・トゥ・マルチプル》(数値,倍数) P.81

数値を、指定した値の倍数になるように丸める。

NETWORKDAYS《ネットワーク・デイズ》(開始日,終了日,［祝日］) P.59

開始日から終了日に含まれる稼働日（土日と祝日を除く）の日数を求める。

NETWORKDAYS.INTL《ネットワーク・デイズ・インターナショナル》(開始日,終了日,［週末］,［祝日］) P.60

週末として扱う曜日と日数を指定して、開始日から終了日に含まれる稼働日を数える。

NORM.INV《ノーマル・インバース》(確率,平均,標準偏差) P.200

指定した平均と標準偏差に対する累積正規分布の逆関数の値を返す。

NOT《ノット》(論理式) P.108

論理式が真の場合は「FALSE」、偽の場合は「TRUE」を返す。

OR《オア》(論理式1，［論理式2］，...) P.107

複数の論理式のうち、いずれかが真であれば「TRUE」を返す。

PHONETIC《フォネティック》(参照) P.172

参照したセルの文字列から、ふりがなを取り出す。

PMT《ペイメント》(利率,期間,現在価値，［将来価値］，［支払期日］) P.206

一定利率の支払いを定期的に行う場合のローン返済額を求める。

RAND《ランダム》() P.199

0以上1未満の実数の乱数を返す（この関数には引数はない）。

RANDBETWEEN《ランダム・ビトウィーン》(最小値,最大値) P.199

指定した最小値から最大値の間で、整数の乱数を返す。

RANK.AVG《ランク・アベレージ》(数値,参照，［順序］) P.74

指定した数値の順位を求める。複数の値が同じ順位なら、平均の順位を返す。

RANK.EQ《ランク・イコール》(数値,参照，［順序］) P.72, 203

指定した数値の順位を求める。複数の値が同じ順位なら、最上位の順位を返す。

REPLACE《リプレース》(文字列,開始位置,文字数,置換文字列) P.186

指定した開始位置と文字数にしたがって文字列を置き換える。

RIGHT《ライト》(文字列，［文字数］) P.175

文字列の末尾から、指定した文字数の文字を返す。

ROUND《ラウンド》(数値,桁数) P.81

数値を四捨五入して、指定した桁数にする。

ROUNDDOWN《ラウンド・ダウン》(数値,桁数) P.79

数値を指定した桁数で切り捨てる。

ROUNDUP《ラウンド・アップ》(数値,桁数) P.81

数値を指定した桁数に切り上げる。

ROW《ロウ》(［範囲］) P.202

指定した範囲（省略した場合は関数を入力したセル）の行番号を返す。

SMALL《スモール》(配列,順位) P.71

値を小さい順に並べた場合に、指定した順位になる値を返す。

SORT《ソート》(配列,［並べ替えインデックス］,［並べ替え順序］,［並べ替え基準］) P.214
配列またはセル範囲のデータを、昇順または降順で並べ替える。

SORTBY《ソート・バイ》(配列,基準配列1,［並べ替え順序1］,...) P.214
複数の基準にしたがって、データを昇順または降順で並べ替える。

STDEV.P《スタンダード・ディビエーション・ピー》(数値1,［数値2］,...) P.82
引数を母集団全体であるとみなして、母集団の標準偏差を返す。

STDEV.S《スタンダード・ディビエーション・エス》(数値1,［数値2］,...) P.83
引数を標本とみなして、母集団の標準偏差の推定値（不偏標準偏差）を返す。

STDEVA《スタンダード・ディビエーション・エー》(値1,［値2］,...) P.83
引数（文字列や論理値を含む）を母集団の標本とみなして、標準偏差の推定値を返す。

STDEVPA《スタンダード・ディビエーション・ピー・エー》(値1,［値2］,...) P.83
引数（文字列や論理値を含む）を母集団全体とみなして、母集団の標準偏差を返す。

SUBSTITUTE《サブスティテュート》(文字列,検索文字列,置換文字列,［置換対象］) P.185
文字列の中から特定の文字列を検索し、別の文字列に置き換える。

SUBTOTAL《サブトータル》(集計方法,範囲1,［範囲2］,...) P.52
指定した集計方法（合計、平均など）で、範囲に含まれる値を集計する。

SUM《サム》(数値1,［数値2］,...) P.38
指定した数値すべての合計を求める。

SUMIF《サム・イフ》(範囲,検索条件,［合計範囲］) P.44
指定した条件に一致する値の合計を求める。

SUMIFS《サム・イフ・エス》(合計対象範囲,条件範囲1,条件1,［条件範囲2,条件2］,...) P.45
複数の条件を指定し、すべてに一致する値の合計を求める。

SUMPRODUCT《サム・プロダクト》(配列1,［配列2］,...) P.88
複数の配列で、各配列内での位置が同じ要素同士の積を合計する。

SWITCH《スイッチ》(検査値,値1,結果1,［値2,結果2］,...,［既定の結果］) P.103
検査値で値の一覧を評価し、最初に一致する値に対応する結果を返す。

TEXT《テキスト》(値,表示形式) P.64, 183
数値に対し、指定した表示形式を適用する。

TODAY《トゥデイ》() P.157

現在の日付に対応するシリアル値を返す（この関数には引数はない）。

TRIM《トリム》(文字列) P.187

単語間のスペースを1つだけ残し、それ以外のスペースを削除する。

TRIMMEAN《トリム・ミーン》(配列,割合) P.90

データ全体の上限と下限から指定した割合のデータを除いて平均を求める。

TRUNC《トランク》(数値,［桁数］) P.79

数値の小数部分を切り捨てて、整数または指定した桁数にする。

UNICHAR《ユニコード・キャラクター》(数値) P.180

Unicodeの文字コードを指定すると、対応する文字が返される。

UNICODE《ユニコード》(文字列) P.181

指定した文字列の最初の文字に対応するUnicodeの文字コードを返す。

UNIQUE《ユニーク》(配列,［列の比較］,［回数指定］) P.213

配列またはセル範囲から、重複なしに値の一覧を取り出す。

VLOOKUP《ブイ・ルックアップ》(検索値,範囲,列番号,［検索方法］) P.111, 114

表を縦方向に検索し、指定した条件に一致する値を取り出す。

WEEKDAY《ウィークデイ》(シリアル値,［週の基準］) P.58, 165

指定した日付に対応する曜日を返す。

WEEKNUM《ウィーク・ナンバー》(シリアル値,［週の基準］) P.62

指定した日付に対応する週番号を返す。

WORKDAY《ワークデイ》(開始日,日数,［祝日］) P.163

開始日から数えて、指定した稼働日数だけ前または後の日付を返す。

XLOOKUP《エックス・ルックアップ》(検索値,検索範囲,戻り範囲,［見つからない場合］,［一致モード］,［検索モード］) P.139

範囲を検索し、指定した条件に一致する値を取り出す。

XMATCH《エックス・マッチ》(検索値,検索範囲,［一致モード］,［検索モード］) P.148

範囲から値を検索し、一致するセルの相対的な位置を返す。

YEAR《イヤー》(シリアル値) P.67

指定した日付に対する「年」を1900～9999の整数で返す。

おわりに

エクセルの関数をめぐる事情は、これからの数年で大きく変わっていくと考えられます。きっかけになったのは、VLOOKUP関数やIF関数といった重要な関数の後継として、XLOOKUP関数やIFS関数、SWITCH関数などが提供されたこと、そしてそれと関係してスピルというしくみが取り入れられたことです。XLOOKUP関数はMicrosoft 365ユーザーのワークシートからVLOOKUP関数を放逐してしまうでしょうし、スピルは配列数式を過去の遺物としてしまうだけでなく、今まで配列数式が難しくて利用できなかった人に新たな計算方法を与えてくれるものです。さらに、LAMBDA関数やLET関数のように、使用するハードルは高いながら、今までとは異なる関数の使い方を可能にするものも、近日中に一般ユーザーが使えるようになると予測されています。

関数があまり得意でない人は、本書を手がかりにして関数の世界に飛び込んでいただければ嬉しく思います。

最後に少しだけ関数利用時の注意点に触れておきます。関数を使えるようになってきたら、「これは関数で処理すべきか」を常に意識するようにしてください。「関数でもできるが、フィルターやピボットテーブルを使ったほうが簡単で速い」というときは、関数以外の手段を採ることも検討すべきです。

エクセルによる作業目的は関数を使うことではなく、できるだけ高速かつ正確に結果を得ることです。業務で共有するワークシートに、他人が読み解けないような複雑な関数を散りばめて悦に入っているようでは、「エクセルを使いこなしている」とはいえません。関数を使って関係者全体の作業時間の総和を最小にすることができてはじめて、本当に関数を使いこなしているといえるのです。本書を読み終わったあとはそこを忘れないようにしながら、さらなる時短へと踏み出してください。

著者プロフィール

守屋 恵一（もりや けいいち）

岡山県出身。テクニカルライター。塾講師を経て、パソコンやネット関係の雑誌記事執筆をきっかけに出版に関わるようになる。これまでパソコン・スマホ・ネット関係だけで300冊近いムックや書籍を構成・編集・執筆し、関わった本の総ページ数は数万に及ぶ。裏方として50冊を超えるパソコン活用本を構成・執筆する中で、ExcelなどITツールによる業務の最適化に目覚め、オフィス環境改善に励む日々を送る。

●本書サポートページ
https://gihyo.jp/book/2021/978-4-297-12026-9
本書記載の情報の修正／補足については、当該Webページで行います。

●カバーデザイン：小口翔平＋三沢稜（tobufune）
●本文デザイン・DTP：スタジオ・キャロット
●編集：クライス・ネッツ／オフィス・ミュウ
●担当：小竹香里

■お問い合わせについて

本書に関するご質問については、記載内容についてのみとさせて頂きます。本書の内容以外のご質問には一切お答えできませんので、あらかじめご承知置きください。また、お電話でのご質問は受け付けておりませんので、書面またはFAX、弊社Webサイトのお問い合わせフォームをご利用ください。
なお、ご質問の際には、「書籍名」と「該当ページ番号」、「お客様のパソコンなどの動作環境」、「お名前とご連絡先」を明記してください。

〒162-0846
東京都新宿区市谷左内町21-13
株式会社技術評論社
『Excel関数［最強］時短仕事術　誰も教えてくれない！仕事がラクになるテクニック』係
FAX：03-3513-6173
URL：https://book.gihyo.jp

お送りいただきましたご質問には、できる限り迅速にお答えをするよう努力しておりますが、ご質問の内容によってはお答えするまでに、お時間をいただくこともございます。回答の期日をご指定いただいても、ご希望にお応えできかねる場合もありますので、あらかじめご了承ください。
ご質問の際に記載いただいた個人情報は質問の返答以外の目的には使用いたしません。また、質問の返答後は速やかに破棄させていただきます。

Excel《エクセル》関数《かんすう》［最強《さいきょう》］時短仕事術《じたんしごとじゅつ》
誰《だれ》も教《おし》えてくれない！ 仕事《しごと》がラクになるテクニック

2021年5月4日 初版 第1刷発行

著　　者　守屋《もりや》 恵一《けいいち》
発 行 者　片岡 巌
発 行 所　株式会社技術評論社
東京都新宿区市谷左内町21-13
TEL：03-3513-6150　販売促進部
TEL：03-3513-6177　雑誌編集部
印刷・製本　日経印刷株式会社

ISBN978-4-297-12026-9 C3055
Printed in Japan